Heinrich Zankl

Der große Irrtum

Heinrich Zankl

Der große Irrtum

Wo die Wissenschaft sich täuschte

PRIMUS
VERLAG

Einbandgestaltung: Jutta Schneider, Frankfurt a. M.
Foto: picture-alliance/dpa/stockfood

Die Deutsche Bibliothek verzeichnet diese Publikation
in der Deutschen Nationalbibliografie;
detaillierte bibliografische Daten sind im Internet über
http://www.dnb.ddb.de abrufbar

Gedruckt auf säurefreiem und alterungsbeständigem Papier
Printed in Germany

www.primusverlag.de

ISBN 3-89678-510-9

Inhalt

Einleitung

Irren ist menschlich

„Es irrt der Mensch, solang' er strebt." Dieser berühmte Satz aus Goethes ›Faust‹ gilt zweifellos in ganz besonderem Maße für alle Forscher und Wissenschaftler. Nicht selten führt aber bei ihnen das mächtige Verlangen nach Erkenntnisgewinn und Anerkennung dazu, dass Zweifel vorschnell beiseite geschoben werden und der Gedanke an die Möglichkeit des Irrtums verdrängt wird. In dem vorliegenden Buch sollen einige besonders folgenschwere wissenschaftliche Verirrungen vorgestellt werden. In den meisten Wissenschaftsgebieten führen Irrtümer zu einer mehr oder minder starken Behinderung des wissenschaftlichen Fortschritts. So hat beispielsweise die Phlogistontheorie die chemische Forschung über mehr als ein Jahrhundert in eine falsche Richtung gelenkt (S. 159). Im medizinischen Bereich haben irrtümliche Forschungsberichte manchmal besonders dramatische Folgen. Nicht selten wird dadurch die Gesundheit oder sogar das Leben von vielen Patienten gefährdet. Makabre Beispiele sind in dieser Hinsicht die Contergan-Katastrophe (S. 105) und die Geschichte des plötzlichen Kindstodes (S. 89). Sie machen deutlich, welch große Verantwortung auf den Wissenschaftlern ruht, die in diesem Umfeld Forschung betreiben.

Die Auswahl der „Irrtumsgeschichten" erfolgte nach durchaus subjektiven Kriterien, die sich aus den Interessengebieten des Autors ergaben. Es wurde versucht, eine thematisch möglichst breite Palette darzustellen, um deutlich zu machen, dass alle Wissenschaftsgebiete irrtumsbehaftet sind. Allerdings sind dem Autor manche Disziplinen so fremd, dass er sich nicht zutraute, in ihnen nach wissenschaftlichen Irrtümern zu suchen. Auch für die vorgestellten Bereiche musste er zum Teil auf das Fachwissen anderer zurückgreifen, die sich freundlicherweise bereit erklärt hatten, die entsprechenden Kapitel kritisch durchzusehen.

In dieser Hinsicht danke ich insbesondere Dr. Jochen Foth aus dem Fachbereich Physik und Professor Dr. Wolfgang Trommer aus dem Fachbereich Chemie der Universität Kaiserslautern.

Herr Dr. Burkhard Lehmann vom Zentrum für Fernstudien und Universitäre Weiterbildung hat sich dankenswerterweise dem psychologisch orientierten Teil des Buches gewidmet. Für das archäologisch-historisch ausgerichtete

Kapitel konnte ich auf die familiäre Unterstützung meiner Brüder Dr. Franz Zankl und Peter Zankl zurückgreifen, wofür ich mich herzlich bedanke. Auch meiner Frau Dr. med. Merve Zankl danke ich sehr für die Durchsicht des medizinisch-pharmakologischen Bereichs.

Das Schreiben des Manuskripts lag wieder in den bewährten Händen von Frau Gabriele Seidel, die dabei von Frau Vera Fritzinger unterstützt wurde. Beiden bin ich zu besonderem Dank verpflichtet. Nicht zuletzt möchte ich mich bei Herrn Christian Geinitz von der Wissenschaftlichen Buchgesellschaft bedanken, der das Buch verlegerisch begleitet hat.

1. Archäologie und Geschichte

Ein erfolgreicher Phantast

Die Irrtümer des Heinrich Schliemann

Heinrich Schliemann war zweifellos ein sehr erfolgreicher Altertumsforscher, der im Rahmen seiner vielfältigen Ausgrabungskampagnen hoch interessante Entdeckungen gemacht hat. Es fehlte ihm jedoch eine wissenschaftlich-archäologische Ausbildung und er litt an einem deutlichen Mangel an Selbstkritik. Das führte bei der Beurteilung seiner Funde manchmal zu gravierenden Fehleinschätzungen und Irrtümern.

Schliemann war eine große Karriere keinesfalls in die Wiege gelegt, denn er wurde 1822 in recht ärmlichen Verhältnissen als fünftes von acht Kindern geboren. Seine Mutter starb, als Heinrich neun Jahre alt war. Sein Vater war Pfarrer, der aber wegen seines nicht sehr christlichen Lebenswandels seine Stellung verlor. Wegen der familiären Schwierigkeiten konnte Heinrich nur kurz das Gymnasium besuchen und musste bald auf die Realschule wechseln. Danach war er fünf Jahre lang in einem Krämerladen beschäftigt, bevor er nach Hamburg und von dort nach Amsterdam zog. Hier glückte es ihm, eine Stellung als Buchhalter im Handelshaus Schröder und Co. zu bekommen. Schliemann war recht tüchtig, überschritt aber auch manchmal seine Kompetenzen, weshalb er mehrfach abgemahnt wurde. Da er inzwischen mehrere Sprachen erlernt hatte, schickte ihn sein Chef öfter ins Ausland und übertrug ihm schließlich eine selbstständige Agentur in St. Petersburg. Mit viel Geschick und einer gewissen Risikofreude erarbeitete sich Schliemann ziemlich schnell ein recht beachtliches Vermögen.

Als er erfuhr, dass einer seiner Brüder als Goldgräber in Amerika arbeitete, entschloss sich Schliemann recht spontan auch nach Amerika zu gehen. Er gründete in Sacramento eine florierende Goldbank, kam aber schon bald um einiges reicher geworden wieder nach Europa. Nach einer kurzen Visite in seiner Heimat in Mecklenburg kehrte er nach Petersburg zurück und heiratete dort Jekaterina Petrowna Lyschina, die aus einer sehr wohlhabenden und einflussreichen Familie stammte. Die Ehe verlief nicht besonders glücklich, wie aus einem Brief Schliemanns hervorgeht. Dort schrieb er: „Nur bis zur ersten Schwangerschaft gab sie mir willig, was alle Frauen ihren Männern gewähren.

Ich muss sagen, daß ich ihr die letzten zwei Kinder stehlen mußte." Vermutlich war das problematische Verhältnis zu seiner Frau einer der Hauptgründe, warum Schliemann 1858 beschloss, eine große Reise zu unternehmen. Sie führte ihn zunächst nach Italien. Von dort setzte er nach Ägypten über und gelangte über Jerusalem und Damaskus nach Athen, das ihn sehr beeindruckte. Aus geschäftlichen Gründen musste Schliemann aber dann recht plötzlich nach Petersburg zurückkehren.

Nachdem er weitere Reichtümer angehäuft hatte, begab er sich 1864 wieder auf Reisen und durchquerte in zwei Jahren fast die ganze Welt. Da ihn aber das Reisen auf Dauer auch nicht befriedigte, ließ er sich 1866 in Paris nieder und nahm als 44-Jähriger an der berühmten Sorbonne ein Studium auf. Er interessierte sich vor allem für Archäologie, Philosophie und Sprachwissenschaften. Aber schon nach wenigen Monaten reiste er wieder ab und kehrte kurzfristig nach Petersburg zurück, um sich mit seiner Frau zu versöhnen. Als dieser Versuch kläglich misslang, ging er wieder auf Reisen. Im Winter 1866/1867 setzte er seine Studien in Paris fort, bevor er 1868 erneut nach Griechenland aufbrach.

Dort begann er auf der Insel Ithaka eine erste Ausgrabung. Als Basis für seine Nachforschungen dienten Schliemann bekanntlich vor allem Homers ›Odyssee‹ und ›Ilias‹. Im Gegensatz zu den meisten damaligen Wissenschaftlern hielt er diese Epen nicht für ein Phantasieprodukt des Dichters, sondern für eine weitgehend wahrheitsgetreue Erzählung historischer Ereignisse. Dementsprechend war er sofort davon überzeugt, dass er den Palast des Odysseus entdeckt hatte, als er auf der höchsten Erhebung Ithakas, dem Berg Aetos, einige alte Mauerreste fand. Und nachdem er dort nach wenigen Stunden einige kleine mit Asche gefüllten Vasen ausgegraben hatte, schrieb er euphorisch nieder: „… und es ist wohl möglich, daß ich in meinen 5 kleinen Urnen die Asche des Odysseus und der Penelope oder ihrer Nachkommen bewahre." Heute steht weitgehend fest, dass Schliemann nicht den Palast des Odysseus entdeckt hatte und auch seine Urnen völlig falsch einschätzte. Es stimmt schon bedenklich, wie schnell und unkritisch Schliemann sich sein Urteil bildete. Diese Eigenschaft brachte ihn auch bei seinen späteren Grabungen noch mehrfach in Schwierigkeiten. Andererseits waren es aber auch der grenzenlose Enthusiasmus und die Naivität, die ihn von den ausgetretenen Wegen der damaligen Archäologie abweichen ließen und ihn zu seinen großen Entdeckungen führten.

Schliemanns nächstes Ziel war Kleinasien, wo er an der türkischen Westküste das von Homer beschriebene Troja ausgraben wollte. Damals wurde allgemein angenommen, dass dieses sagenumwobene Troja in der Nähe des

Dorfes Burnabaschi (heute Pinarbasi) verborgen liegt. Auch Schliemann begann zunächst dort zu graben, fand aber keinerlei Spuren einer antiken Siedlung. Er wollte deshalb nach Konstantinopel weiterreisen, verpasste aber in Canakkale sein Schiff und musste zwei Tage warten. Dadurch ergab sich zufällig die Begegnung mit dem Archäologen Frank Calvert, der ihm riet, auf dem Hügel Hissarlik zu graben. Zunächst kehrte Schliemann aber nach Paris zurück und veröffentlichte dort sein Buch ›Ithaka‹, in das er auch viele Informationen einfließen ließ, die er von Calvert erhalten hatte. Mithilfe dieser Publikation und vermutlich auch durch gute Beziehungen erreichte Schliemann, dass die Universität Rostock ihm in einem sehr ungewöhnlichen Schnellverfahren die philosophische Doktorwürde verlieh.

Von Paris aus organisierte Schliemann dann seine erste große Grabungskampagne, wobei er weitgehend auf die Unterstützung Calverts angewiesen war, der schon jahrelang vor Ort wohnte und auch bereits einige Grabungserfahrung hatte. Dafür verfügte Schliemann über das notwendige Geld, um eine umfangreiche Grabung finanzieren zu können. Es dauerte allerdings ziemlich lange, bis die türkischen Behörden die Grabungserlaubnis erteilten. In der Zwischenzeit ließ Schliemann sich scheiden und heiratete in Athen die blutjunge Griechin Sophia Engastromenos.

Am 9. April 1870 konnte Schliemann dann endlich auf dem Hügel Hissarlik mit etlichen Helfern die Ausgrabung beginnen. Er nahm sich zunächst den höchsten Punkt vor, gab dort aber nach zwei Tagen auf. Dann legte er an der Westseite einen schmalen Graben an. Als er auf das erste große Mauerstück stieß, meinte er sofort, er sei auf einen Tempel oder Palast gestoßen, und verfasste einen Bericht darüber, der sich später als weitgehend falsch erwies. Nachdem der Versuch, das Grabungsgelände zu kaufen, fehlgeschlagen war, verhandelte Schliemann lange mit den Behörden in Konstantinopel, um eine erweiterte Grabungserlaubnis zu erhalten. Erst im Oktober 1871 konnte er dann mit 70 Arbeitern im Norden des Hügels einen großen Graben anlegen. Zu seiner großen Verblüffung stieß er dort auf prähistorische Steinwerkzeuge, fand aber keinen Hinweis auf das homerische Troja.

Bei der nächsten Kampagne von Frühjahr bis Sommer 1872 setzte Schliemann noch mehr Arbeiter ein und grub von Norden quer durch den Hügel. Es wurden zahlreiche griechische Funde gemacht, darunter auch ein großer Marmorfries, der den Gott Helios mit seinen vier unsterblichen Rossen zeigt. Diese so genannte „Heliosmetope“ steht heute im Pergamonmuseum in Berlin. Aber immer noch gab es keine Hinweise auf das alte Troja. Im Juli stieß der inzwischen 14 Meter tiefe Graben auf 6 Meter hohe Mauerreste. Schliemann sah darin den westlichen Turm der Burgmauer. Diesen Fund beschrieb er mit großem Pathos: „Es gab und gibt auf Trojas Baustelle keine erhabenere als diese und ich vermute daher, daß es Iliums großer Turm war, auf welchen Andromache stieg, weil sie gehört hatte, die Trojaner seien bedrängt ..." Ein Jahr später wurde jedoch klar, dass es sich gar nicht um einen Turm, sondern nur um zwei spitz aufeinander zulaufende Mauern handelte.

Diese Enttäuschung überwand Schliemann aber schnell, denn bei der 73er Kampagne gelang ihm ein viel spektakulärerer Fund, den er wie folgt schilderte: „Hinter dem Haus [des Priamos] legte ich in 8–10 Meter Tiefe die vom Skäischen Tor weitergehende trojanische Ringmauer bloß und stieß beim Weitergraben auf dieser Mauer unmittelbar neben dem Haus des Priamos auf einen kupfernen Gegenstand höchst merkwürdiger Form, der um so mehr meine Aufmerksamkeit auf sich zog, als ich hinter demselben Gold zu bemerken glaubte ... und während meine Arbeiter aßen und ausruhten, schnitt ich den Schatz mit einem großen Messer heraus, was nicht ohne allergrößte Kraftanstrengung und furchtbarste Lebensgefahr möglich war, denn die große Festungsmauer, welche ich zu untergraben hatte, drohte jeden Augenblick auf mich einzustürzen."

Für Schliemann stand sofort fest, dass der reichhaltige Schatz, der aus 8833 Einzelteilen bestand, von Priamos, dem König von Troja, stammen musste. Der enorm wertvolle Fund machte Schliemann mit einem Schlag weltberühmt. Da er mit den meisten deutschen Archäologen in Fehde lag, stellte Schliemann seinen sagenhaften Fund erstmals in London öffentlich aus. Diese Ausstellung hatte eine so ungeheure Resonanz, dass man in Deutschland darüber nachdachte, wie man Schliemanns Schatz „heim ins Reich" holen könnte. Das Vorhaben gelang schließlich mithilfe des berühmten Rudolf Virchow, der gute Kontakte zu Schliemann hatte. Die Bedingungen für die Überführung des Priamos-Schatzes nach Deutschland waren allerdings sehr anspruchsvoll: Schliemann wollte dafür mit dem kaiserlichen Orden Pour le Mérite ausgezeichnet werden und außerdem die Ehrenbürgerwürde von Berlin verliehen bekommen. Nach langen Verhandlungen wurden diese Ehrungen zugesagt, sodass im Juni 1881 der Schatz in Berlin zur Besichtigung freigegeben werden konnte.

Angesichts der hohen Ehrungen, die Schliemann zuteil geworden waren, zweifelte zunächst niemand an der Richtigkeit der Bezeichnung „Schatz des Priamos". Bei einer weiteren Grabungskampagne, die Schliemann einige Jahre später gemeinsam mit dem wissenschaftlich ausgebildeten Archäologen Dr. Wilhelm Dörpfeld durchführte, ergab sich aber die wohl größte Enttäuschung in Schliemanns Forscherleben: Nach wenigen Grabungswochen stellte Dörpfeld fest, dass die von Schliemann gefundenen Siedlungsreste nicht das homerische Troja sein konnten. In einem Brief nach Berlin beschrieb Dörpfeld die Situation folgendermaßen: „Die dritte sogenannte verbrannte Stadt, welche Schliemann als Troja des Priamos bezeichnete, ist nur ein elendes Dorf, das nach der Zerstörung Trojas über den Ruinen der Akropolis erbaut worden ist ..." Heute geht man davon aus, dass der Schatz des Priamos erheblich älter ist als das homerische Troja.

Auch bei seinen Ausgrabungen in Mykene war Schliemann einerseits sehr erfolgreich, andererseits irrte er sich ganz erheblich bei der Zuordnung der Fundstücke. In seiner schon fast wahnhaften Gläubigkeit an die Angaben Homers verbreitete er nach der Freilegung eines Gräberfeldes die Nachricht, er habe die Gräber Agamemnons und seiner Leute gefunden. An den König von Griechenland schickte er das folgende Telegramm: „In höchster Freude melde ich Ew. Majestät, daß ich die Gräber aufgedeckt habe, welche die von Pausanias vertretene Überlieferung als die Grabstätten von Agamemnon, Kassandra, Eurymedon und ihren Gefährten bezeichnete ... Ich habe in den Gräbern unermeßliche Schätze gefunden, die in der Tat uralt sind und aus reinem Gold ..." In den Gräbern wurden auch Goldmasken entdeckt, die diesen Fund weltberühmt machten. Schliemann widerstand zunächst der Versuchung, die Masken bestimmten homerischen Personen zuzuordnen. Als er aber unter einer Maske ein mumifiziertes Gesicht zu erkennen glaubte, telegrafierte er an eine Zeitung, dieser Körper ähnele sehr dem Bild, das er sich von Agamemnon gemacht habe.

Es kamen allerdings schon bald Zweifel auf, ob es sich bei den mykenischen Gräbern wirklich um die von Agamemnon und seinen Heroen handelte. Insbesondere als ein sechstes Grab auftauchte, obwohl Homer nur von fünf Gräbern berichtet hatte, kamen sogar Schliemann Bedenken. Da er aber seinen Irrtum nicht zugeben wollte, schrieb er 1877 nieder: „Niemals ist mir eingefallen zu sagen, daß ich die Gräber Agamemnons und seiner Gefährten gefunden habe. Ich habe einfach zu beweisen versucht, daß es die Gräber sind, welche von Pausanias als die jener Helden bezeichnet werden." Heute kann als gesichert gelten, dass die Gräber nicht aus der Zeit des Trojanischen Krieges stammen, sondern etwa 300 Jahre älter sind.

Auch nach seinen großartigen Grabungserfolgen in Troja und Mykene fand Schliemann keine Ruhe. Rastlos durchstreifte er Griechenland und die umgebenden Länder auf der Suche nach antiken Schätzen. Im Frühjahr 1890 traten bei Schliemann Wesensveränderungen auf, die von den Ärzten auf Gewebswucherungen zurückgeführt wurden, die von den Ohren ausgehend langsam ins Gehirn vordrangen. Nach einer Operation unternahm Schliemann gegen den Rat seiner Ärzte eine Reise nach Neapel. Dort verstarb er am

26. Dezember. Sein Leichnam wurde in Athen mit großem Pomp beigesetzt, wobei die Einzelheiten der Beerdigung von Schliemann bereits zu Lebzeiten festgelegt worden waren. Auch für die Zeit nach seinem Tod hatte er gründlich vorgesorgt, wobei er wie in seinem ganzen Leben vor allem darauf bedacht war, sich selbst ins rechte Licht zu rücken.

Unerwartete Schätze

Die Entdeckung des antiken Baktra

Das antike Baktra spielte im Leben Alexanders des Großen (356–323 v. Chr.) eine ganz besondere Rolle. Die Stadt war die vorläufige Endstation seiner Feldzüge gegen die Perser. Als 22-Jähriger begann er 334 v. Chr. den Krieg gegen das damals unbesiegbar erscheinende Perserreich. Mit über 37000 Soldaten zog er nach Kleinasien und besiegte in einer ersten großen Schlacht am Fluss Granikos die zahlenmäßig weit überlegenen persischen Truppen des Großkönigs Dareios III. Dank einer sehr riskanten, aber auch höchst erfolgreichen Taktik erlitt Alexanders Armee nur relativ geringfügige Verluste. Er war deshalb sowohl moralisch als auch militärisch gut gerüstet für die große Schlacht bei Issos, die uns allen aus dem Geschichtsunterricht durch den einprägsamen Spruch „3, 3, 3 – bei Issos Keilerei" gut im Gedächtnis geblieben ist. Alexander errang wieder einen grandiosen Sieg über die gewaltige persische Armee, die von Dareios III. persönlich befehligt wurde. Der Perserfürst ergriff die Flucht. Erstaunlicherweise verfolgte Alexander ihn nicht, sondern wandte sich nach Süden und eroberte Ägypten. Von dort aus startete er dann den dritten Angriff auf Persien. Dareios hatte inzwischen Zeit gehabt, ein gewaltiges Heer zu sammeln, das mit allen Alliierten auf 40000 Reiter und 200000 Mann Fußvolk geschätzt wird. Er stellte sich damit in der Ebene von Gaugamela Alexanders Truppen zur Schlacht. Obwohl das Perserheer den Truppen Alexanders zahlenmäßig etwa 6fach überlegen war, gelang ihm erneut ein großartiger Sieg. Dareios floh nach Osten, wurde aber von rebellierenden Adligen als Großkönig abgesetzt und wenig später ermordet. Nachfolger wurde Bessos, der Satrap der Provinz Baktrien. Alexander verfolgte ihn und überquerte im Frühjahr 329 mit seinem Heer unter schwierigsten Umständen das Hindukusch-Gebirge. Danach fiel Baktrien mit seiner Hauptstadt Baktra kampflos in die Hand des mazedonischen Eroberers. Damit war die Eroberung des persischen Großreiches weitgehend abgeschlossen und Alexander gönnte sich und seinen Truppen erstmals eine längere Ruhepause. Die war auch dringend nötig, denn innerhalb eines Jahres hatte die Armee eine Distanz von etwa 5000 km überwunden. Als Standort wählte Alexander Baktra. Vor dort aus regierte er sein riesiges Reich zwei Jahre lang. In dieser Zeit heiratete er auch mit gewaltigem Pomp die aus Sogdien stammende Prinzessin Roxane. Mit der Heirat leitete Alexander eine große Versöhnungsaktion ein, mit der er das Vertrauen der iranischen Adligen gewinnen wollte. Den Vater von Roxane nahm er in seinen engsten Beraterkreis auf, einer ihrer Brüder wurde Mitglied der Königsschwadron seiner Kavallerie.

Auch wenn Alexander nach der Rast in Baktra schon bald wieder zu einem Indien-Feldzug aufbrach und wenige Jahre später verstarb, so blieb die Stadt doch auch unter seinen Nachfahren zwei Jahrhunderte einer der wichtigsten Außenposten der griechisch-mazedonischen Zivilisation.

Diese von Mythen umgebene Stadt im Grenzland zwischen Persien und Indien erweckte schon früh das Interesse der Archäologen. Insbesondere der große französische Orientforscher Alfred Foucher suchte jahrelang intensiv, aber erfolglos nach der sagenumwobenen Stadt, die durch ihre Lage an der Seidenstraße auch ein wichtiges und reiches Handelszentrum war. „Gnädiger Gott, wo sind die Überreste? Ein Säulenschaft oder ein Kapitell aus der Zeit der Achämeniden? Ein Fragment eines griechischen Architravs? Ein noch aufrecht stehender Bogen der Sassaniden? Nein, nichts von alledem, und schlimmer noch: nicht einmal ein einziges Stück einer Mauer aus Stein." So beschrieb Foucher 1925 tief enttäuscht das Ergebnis seiner ergebnislosen Grabungen. Aufgrund des totalen Fehlens von steinernen Überresten kam Foucher zu der Auffassung, dass das antike Baktra weniger eine Stadt, sondern eher ein basarähnliches großes Handelszentrum gewesen war. Dort herrschte seiner Meinung nach zwar ein geschäftiges Treiben zwischen vielen Völkern, aber die Errichtung von größeren Gebäuden aus Stein war unterblieben. Dieser Einschätzung des damals führenden Orientforschers schlossen sich die meisten seiner Kollegen an, sodass man für etliche Jahrzehnte die Suche nach Baktra einstellte, das man unter der afghanischen Stadt Balkh vermutet hatte. Auch die politischen Umstände waren für weitere Grabungen durch die verworrenen Verhältnisse in Afghanistan zunehmend schlechter geworden. Erst seit die Schreckensherrschaft des Taliban-Regimes durch den massiven Einsatz westlicher Militärmacht beendet worden ist, besteht wieder die Möglichkeit zu archäologischen Forschungsprojekten.

Im Mai 2002 bekam der französische Wissenschaftler Roland Besenval von der UNESCO den Auftrag, die alten Grabungsstätten zu besuchen und einen Bericht über deren Zustand zu erstellen. Im Rahmen dieser Bestandsaufnahme fuhr Besenval auch nach Balkh. Kurz vor Erreichen der Stadt fielen ihm in dem Dorf Masar-i-Scharif an einem Haus antike Bruchstücke griechischer Herkunft auf. Als er den Besitzer des Hauses darauf ansprach, zeigte ihm dieser im Hinterhof noch weitere Fundstücke. Auch in den Nachbarhäusern wurde Besenval fündig, dort wurden antike Säulen unter anderem zur Abstützung von Dächern verwendet. Über den Fundort schwiegen sich die afghanischen Bauern zunächst aber aus, vermutlich weil sie fürchteten, die damit verbundene Einnahmequelle zu verlieren. Aber Besenval wusste, wie man ihr Vertrauen gewinnen konnte: „Man redet mit den Leuten, man geht weg, kommt wieder … bringt Medikamente für den Sohn mit – so geht das in Afghanistan." Schließlich erreichte Besenval tatsächlich, dass man ihm den nahe gelegenen Fundort zeigte.

Archäologen waren hier noch nie tätig gewesen, wohl aber Raubgräber, die in der Hoffnung auf wertvolle Fundstücke tiefe Stollen angelegt hatten. Sie waren allerdings bei einem Erdbeben eingestürzt, sodass Besenval sie nicht betreten konnte. Er informierte umgehend seinen Chef, Jean François Jarrige, den Direktor des Pariser Museums Guimet für asiatische Kunst. Dieser eilte höchstpersönlich nach Afghanistan, um eine Probegrabung durchzuführen. Dabei stieß er auf eine Steinmauer mit Pilastern (flache Wandpfeiler). Die Ausgestaltung erlaubte eine Zuordnung des Fundes zur Kushan-Dynastie, die Baktra am Ende der Griechenherrschaft erobert hatte. Jarrige war begeistert und berichtete: „Noch nie ist eine solche Struktur zum Vorschein gekommen. Unsere Vorgänger haben 1924 bis 1982 Hunderte von Probegrabungen unternommen, aber nie etwas gefunden, das vor die islamische und die buddhistische Zeit zurückreichte."

Inzwischen hatte man auch die afghanischen Behörden eingeschaltet, um mit ihrer Hilfe zu verhindern, dass weitere Raubgrabungen durchgeführt werden. Damit die örtliche Bevölkerung das Grabungsverbot auch einhält, wurden ihr bei Wohlverhalten Nahrungsmittel, medizinische Hilfe und andere materielle Leistungen zugesagt. Da die offiziellen Stellen sich in dieser Hinsicht als nicht ausreichend flexibel erwiesen, wurden auch nichtstaatliche Hilfsorganisationen wie „Ärzte ohne Grenzen" und „Acted" (Agency for Technical Co-operation and Development) um Hilfe gebeten.

Es ist zu hoffen, dass bald offizielle Grabungen stattfinden können, um das antike Baktra freizulegen. Allerdings sind die äußeren Bedingungen denkbar schlecht, denn nicht nur die Plünderer, sondern auch der Krieg haben schwere Schäden hinterlassen. Jarrige sagte dazu: „Die Gegend sieht aus wie Schweizer Käse. Der Boden ist durchlöchert und übersät mit Kratern. Wir müssen zwanzig Jahre Plünderungen beenden."

Während des Talibanregimes wurde der Antiquitätenraub offensichtlich in großem Umfang geduldet. In ihrem religiösen Wahn nahmen die islamischen Fundamentalisten keinerlei Rücksicht auf das reiche kulturelle Erbe Afghanistans, sondern sahen die Schätze bestenfalls als Handelsware. Nicht selten wurden Kulturschätze aber auch als antiislamisch bezeichnet und fielen der Zerstörungswut anheim. Ein besonders abschreckendes Beispiel war in dieser Hinsicht die Sprengung der riesigen Buddha-Statuen von Bamian, die weltweit Abscheu erregte.

Das „archäologische Potenzial" von Baktra schätzt Jarrige aber trotz aller bereits erfolgten Zerstörungen immer noch sehr hoch ein. Glücklicherweise liegt über der griechischen Stadt eine mehrere Meter dicke Schicht, sodass die Bomben und Granaten vermutlich keine allzu großen Schäden angerichtet haben dürften. Und auch die Raubgrabungen sind nur an wenigen Stellen bis in diese tiefen Schichten vorgestoßen.

Jarrige erscheinen die Umstände, unter denen das antike Baktra gefunden wurde, recht makaber. Er sagte dazu: „Wonach wir Archäologen 60 Jahre lang vergeblich suchten, das haben ausgerechnet die Kräfte der Zerstörung gefunden – und gerettet."

Den großen Irrtum seines Vorgängers Foucher erklärte Jarrige damit, dass dieser an der höchsten Stelle der heutigen Stadt Balkh gegraben hatte, weil die Zitadelle meist den ältesten Punkt einer Ansiedlung darstellt. Das ist prinzipiell auch richtig, aber in Baktra bauten die Einwohner nach einer der vielen Zerstörungen und Plünderungen die Stadt ausnahmsweise nicht auf den alten Grundmauern wieder auf, sondern etwa 1,5 km daneben. Welche Gründe sie dafür hatten, wird wohl für immer ein Geheimnis bleiben.

Seltsame Texte

Die Bedeutung der Qumran-Schriftrollen

Die Qumran-Schriftrollen werden vor allem in der englischsprachigen Literatur auch als Schriftrollen vom Toten Meer bezeichnet. Die ersten von ihnen wurden 1947 zufällig von einem Hirtenjungen in einer Höhle im Wadi Qumran in der Nähe des Toten Meeres gefunden. Weil ihm und seinen Freunden die Schrift auf den schon stark verwitterten Rollen recht seltsam erschien, brachten sie einen Teil ihres Fundes zu einem ihnen bekannten Scheich nach Bethlehem. Der konnte ihnen aber lediglich sagen, dass es sich nicht um arabische Schriftzeichen handelte. Da er vermutete, es könnten Dokumente in syrischer Schrift sein, empfahl er den Knaben, zu dem Händler Chalil Eskander zu gehen. Er gehörte der syrisch-orthodoxen Gemeinde von Bethlehem an, konnte aber den Knaben auch nichts Näheres zu den Schriftrollen sagen. Deshalb überredete er sie, ihm eine Rolle auszuhändigen, damit er sie dem Erzbischof Athanasius Yeshue Samuel zeigen konnte. Gemeinsam mit seinem Freund George Isaiah besuchte Herr Eskander den Erzbischof im Kloster St. Markus in der Altstadt von Jerusalem und übergab ihm die Rolle. Der erkannte sofort, dass es sich um hebräische Schriftzeichen handelte. Um festzustellen, aus welchem Material die Rollen bestanden, brach er ein Stückchen ab und verbrannte es. Am Geruch erkannte er, dass es Pergament oder Leder war. Deshalb nahm er an, dass die Rollen nicht ganz wertlos waren, und gab zu verstehen, dass er den ganzen Fund kaufen wolle.

Es dauerte allerdings ein paar Wochen, bis die beiden Kaufleute die Gruppe von Jugendlichen auf dem Markt von Bethlehem wieder trafen, um ihnen den Kaufwunsch des Erzbischofs mitzuteilen. In der Zwischenzeit waren die Knaben wohl ungeduldig geworden und boten eine andere Rolle einem arabischen Antiquitätenhändler in Bethlehem an. Sie verlangten einen Preis von zwanzig Pfund, aber da der Händler die Rolle für eine Fälschung hielt, lehnte er den Handel ab. Nach diesem missglückten Geschäft gingen die Beduinenjungen mit George Isaiah zum Kloster, um dem Erzbischof ihre Rollen zu bringen. Aber obwohl Chalil Eskander den Besuch telefonisch angekündigt hatte, wurden sie abgewiesen. Der Klosterbruder an der Pforte sagte ihnen, die schmutzigen, zerfetzten Rollen seien wertlos und sie sollten den Erzbischof damit nicht belästigen. Verständlicherweise waren die Beduinenknaben durch diese Zurückweisung verärgert und suchten auf dem Nachhauseweg in der Stadt nach einem anderen Käufer. Tatsächlich interessierte sich auch ein jüdischer Antiquitätenhändler für die Rollen und bot einen ganz guten Preis. George Isaiah gelang es aber, den Verkauf zu verhindern, indem er versprach, der Erzbischof würde mehr bezahlen.

Als dieser von dem missglückten Besuch erfuhr, war er sehr ärgerlich und telefonierte sofort mit Eskander, der ihm berichten konnte, dass zwei der Beduinenknaben weiterhin bereit wären, ihre Rollen zu verkaufen. Der dritte Junge hatte allerdings schon einen anderen Käufer gefunden.

Zwei Wochen später kam dann endlich im Markus-Kloster der Verkauf von fünf Schriftrollen doch noch zustande. Dabei überredete der Erzbischof die Knaben, George Isaiah die Höhle zu zeigen, in der sie die Rollen gefunden hatten. Dort angekommen, fand Isaiah viele als Rollen verpackte Handschriften, die zum Teil in Tonkrügen steckten und in Leintücher eingewickelt waren. Eine vollständige Bergung des Fundes erfolgte jedoch nicht, da die Krüge zu schwer waren, um sie durch die glühend heiße Wüste zu tragen.

In den nächsten Wochen zeigte der Erzbischof die Rollen verschiedenen Gelehrten, um Genaueres über den Inhalt und damit auch über deren Alter bzw. Wert zu erfahren. Als Ersten sprach er Stephan Hannah Stephan an, der Angestellter im Amt für Altertümer Palästinas war und als erfahrener Orientalist galt. Nach einer kurzen Untersuchung der Rollen erklärte er sie für wertlos. Samuel war mit diesem Urteil aber noch nicht zufrieden und schaltete zusätzlich Pater A. S. Marmadji ein, der an der französischen Dominikanerschule für Archäologie tätig war. Er erkannte gemeinsam mit seinem Kollegen J. P. M. van der Ploeg, dass die größte der fünf Rollen das Buch Jesaja enthielt. Hinsichtlich des Alters der Rollen konnten die beiden aber keine genaueren Angaben machen.

Samuel nahm die Rollen sogar mit nach Syrien und zeigte sie dort seinem Patriarchen, der ihm aber auch nicht weiterhelfen konnte. In Jerusalem suchte Samuel nochmals den Rat von Stephan Hannah Stephan, der die Rollen aber weiterhin für eine Fälschung hielt. Er versprach aber den jüdischen Spezialisten Tobiah Wechsler zu befragen. Der nahm die Schriftrollen gründlich in Augenschein und kam wie Hannah zu dem Ergebnis, dass die Dokumente nicht alt und daher weitgehend wertlos seien. Bei dieser negativen Beurteilung spielten vor allem einige handschriftliche Zusätze auf den Dokumenten eine wichtige Rolle, weil deren Tinte so schwarz war, dass ein hohes Alter unwahrscheinlich erschien.

Während sich der Erzbischof Samuel weiter bemühte, Klarheit über die Herkunft und das Alter der Schriften zu schaffen, wurden dem jüdischen Archäologieprofessor E. L. Sukenik von einem Antiquitätenhändler in Bethlehem einige Schriftrollen in Tongefäßen zum Kauf angeboten. Es handelte sich vermutlich um die Fundstücke, die der eine Beduinenjunge selbstständig verkauft hatte. Obwohl Sukenik sie für Fälschungen hielt, kaufte er sie, da der Preis recht niedrig war.

Gerade zu dieser Zeit wurde von der UNO die Aufteilung Palästinas zwischen Juden und Arabern beschlossen. Dadurch verschlechterte sich das Verhältnis zwischen den beiden Volksgruppen rapide. Deshalb konnte ein geplantes Treffen zwischen Erzbischof Samuel und Prof. Sukenik nicht stattfinden. Ein Mitarbeiter des Erzbischofs brachte aber drei Schriftrollen zu Sukenik und gab ihm drei Tage Zeit für eine genauere Untersuchung. Sukenik erkannte sofort, dass die Rollen mit den seinen zusammengehörten, und schrieb einige Spalten der Jesaja-Handschrift ab, bevor er die Rollen zurückgab. Ihm war inzwischen auch klar geworden, dass die Schriften durchaus wertvoll waren, und deshalb schlug er ein neues Treffen mit Erzbischof Samuel vor, an dem auch der Präsident der Hebräischen Universität von Jerusalem teilnehmen sollte, um einen Ankauf der erzbischöflichen Rollen zu besprechen.

Diese Zusammenkunft kam aber auch nicht zustande und deshalb suchte Samuel eigene Wege, um sich Klarheit über die Schriftrollen zu verschaffen. Auch er hatte inzwischen erkannt, dass sie wertvoll sein mussten, da sich ansonsten nicht der Jerusalemer Universitätspräsident dafür interessiert hätte.

Einer der Mönche im St.-Markus-Kloster kam schließlich auf die Idee, mit dem amerikanischen Institut für Orientforschung in Jerusalem Kontakt aufzunehmen, was wegen der politischen Verhältnisse allerdings sehr schwierig war. Schließlich gelang es aber doch, die Schriftrollen in das amerikanische Institut zu bringen. Da der Leiter des Instituts zu dieser Zeit aber nicht anwesend war, begnügte man sich damit, die Schriftrollen zu fotografieren. Den damit betrauten Mitarbeitern wurde dabei aber schon bewusst, dass die Schriften sehr alt sein mussten. Einige der Fotografien gingen per Post an Professor William F. Albright an der Johns-Hopkins-Universität in Baltimore (USA). Er war einer der besten Spezialisten für alte hebräische Schriften und wurde deshalb um ein Gutachten gebeten. Als der Chef des Orient-Instituts, Dr. Millar Burrows, von seiner Dienstreise zurückkam, wurde er sofort über die Rollen informiert. Er besuchte umgehend Erzbischof Samuel und begutachtete die Schriftrollen. Als man ihm ein abgerissenes Stückchen der vierten Rolle zeigte, rief er spontan aus: „Das ist ja aramäisch!“ Samuel erlaubte den Amerikanern die Rollen mitzunehmen, um sie genauer zu untersuchen.

Beim nächsten Treffen mit dem Erzbischof äußerte Burrows die Vermutung, dass die Jesaja-Rolle die älteste bisher bekannte biblische Schrift sei. Man unterhielt sich auch darüber, in welcher Form dieser höchst bedeutende Fund publiziert werden sollte. Besonders intensiv wurde erörtert, wie man an den Fundort gelangen könnte, um zusätzliche Informationen über das Alter der Schriften zu erhalten und weitere Fundstücke sicherzustellen. Ein entsprechender Plan scheiterte aber daran, dass die Israelis in der Nähe des Fundortes ein Manöver abhielten. Wenig später brach der erste israelisch-arabische Krieg aus und das amerikanische Institut musste geschlossen werden. Vor der Abreise verhandelten die Amerikaner noch einmal mit Erzbischof Samuel über das weitere Schicksal der Rollen. Er bot sie angeblich für eine Million Dollar zum Kauf an. Als dieses Geschäft aber nicht zustande kam, lieh er drei Rollen an das Orient-Institut aus.

Burrows schrieb einen ersten Pressebericht über die Schriftrollen. Bis heute ist nicht geklärt, wieso in dieser Pressemeldung fälschlicherweise verbreitet wurde, dass die Rollen „viele Jahrhunderte lang in der Bibliothek des syrisch-orthodoxen Klosters St. Markus in Jerusalem aufbewahrt worden" seien.

Als Professor Sukenik von der Universität Jerusalem diese Meldung las, verfasste er eine Gegendarstellung, in der er bekannt gab, dass die Rollen erst vor einem Jahr in einer Höhle am Toten Meer gefunden worden seien. Erst jetzt wurde allgemein bekannt, dass sich Rollen vom gleichen Fundort bei zwei verschiedenen wissenschaftlichen Institutionen befanden. Diese Aufteilung führte dazu, dass auch die Publikationen über die Schriften ohne Abstimmung erfolgten. Dadurch kam es zu zahlreichen Missverständnissen und Prioritätsstreitigkeiten. Diese ungünstigen Umstände riefen auch einige Pseudowissenschaftler auf den Plan, die mit hoch spekulativen Veröffentlichungen erheblich zur allgemeinen Verwirrung beitrugen.

Wegen der komplizierten politischen Lage, vor allem aber auch aufgrund der anfänglichen Fehleinschätzung der Rollen, konnten erst 1949, also zwei Jahre nach der Entdeckung der Qumran-Höhle, Wissenschaftler den Fundort systematisch untersuchen. Sie fanden noch weitere sieben Schriftrollen, obwohl inzwischen die Beduinen mehrfach in der Höhle waren und alles mitgenommen hatten, was ihnen wertvoll erschien. In den folgenden Jahren begannen umfangreiche Ausgrabungen in dem Gebiet, wobei zahlreiche weitere Höhlen entdeckt wurden, die zum Teil ebenfalls Schriftrollen enthielten.

Die Bedeutung der Rollen fasste Millar Burrows in einer seiner Veröffentlichungen wie folgt zusammen: „Alles was für das Judentum in den letzten zwei oder drei Jahrhunderten vor Christus und im ersten Jahrhundert danach wichtig ist, hat ebenso für das Christentum Bedeutung. Dadurch, daß die Schriftrollen vom Toten Meer unser Verständnis des Judentums zur Zeit der Entstehung des christlichen Glaubens bereicherten, lieferten sie uns auch Stoff zur besseren Erkenntnis des Neuen Testaments und der christlichen Urgemeinde. Man hat gesagt, daß ihre Entdeckung die neutestamentliche Forschung revolutionieren werde. Das mag einige Aufregung verursachen; indes besteht keine Gefahr, daß die Schriftrollen vom Toten Meer unser Verständnis des Neuen Testaments völlig umstürzen und an die Grundtatsachen des christlichen Glaubens rühren."

Im Laufe der Jahre gelang es dem Staat Israel, fast alle Schriftrollen unter seine Kontrolle zu bringen. Die wichtigsten von ihnen werden in Jerusalem im Schrein des Buches aufbewahrt.

Ohne Kultur?

Die verfälschte Geschichte der Kelten

„Ganz Gallien besteht aus drei Teilen, deren einen die Belgen, deren anderen die Aquitanier bewohnen, während im dritten Teil das Volk lebt, das sich selbst Kelten nennt, in unserer Sprache aber Gallier heißt." So beginnt Caesar seinen Bericht über den Gallischen Krieg von 58–51 v. Chr., mit dem Generationen von Schülern im Lateinunterricht traktiert wurden. Die ersten Hinweise auf die Kelten stammen jedoch schon aus dem 8. Jahrhundert vor Christus. Ihr Ursprungsgebiet wird vor allem aufgrund von Orts- und Gewässernamen in einem Gebiet von Ostfrankreich über West- und Süddeutschland bis nach Böhmen vermutet. Die Bezeichnung Kelten (griechisch Keltoi; lateinisch Celtae) wird heute mit „die Erhabenen", „die Hohen" oder „die Kühnen" übersetzt. Allerdings waren die Gallier bzw. Kelten nie ein einheitliches Volk, sondern bestanden aus zahlreichen Stämmen. Bis ins 3. Jahrhundert vor Christus weiteten die Kelten ihr Siedlungsgebiet erheblich aus und gelangten nach England und Schottland, aber auch nach Italien, Griechenland und Anatolien. In Italien drangen sie zunächst bis in die Poebene vor, wo sie auf die Etrusker trafen, die sie mehrfach besiegten. Auch aus den ersten Auseinandersetzungen mit den Römern gingen die Gallier siegreich hervor. 387 v. Chr. plünderten sie nach der Schlacht an der Allia Rom. Etwa 100 Jahre später bedrohten keltische Volksstämme sogar das griechische Delphi.

Es ist deshalb kein Wunder, dass weder die Römer noch die Griechen gut auf sie zu sprechen waren und sie gerne als kulturlose Barbaren verunglimpften. Aristoteles (384–322 v. Chr.) soll den Kelten jegliche „Denkfähigkeit und Kunstfertigkeit" abgesprochen haben. Gleichzeitig rühmte er aber ihr Übermaß an Kühnheit. Der Sizilianer Diodor wusste nur Grausiges zu berichten. Er schilderte einen keltischen Schädelkult folgendermaßen: „Die Häupter der erschlagenen Feinde baumelten als Siegeszeichen am Pferdegeschirr. Über den Türen grinsten festgenagelte Menschenköpfe …" Der römische Dichter Lucan beschrieb ähnlich „barbarische" Sitten und Gebräuche. Ein heiliger Kelten-Hain in der Nähe von Marseille bestand nach seinen Angaben aus plumpen hölzernen Götterfiguren und Schlachtaltären triefend vom Blut der Menschenopfer. Es wimmelte dort auch von Schlangen und der Ort war angeblich so grauenvoll, dass kein Vogel sich dort hintraute, auch kein Windhauch, nicht einmal ein Blitz. Lucan berichtete außerdem, Caesars Soldaten seien so verängstigt gewesen, dass sie dort keine Bäume fällen wollten. Erst als Caesar selbst die Axt ergriff, seien sie seinem Beispiel gefolgt.

Diese sehr einseitigen Schilderungen der Griechen und Römer bestimmen bis heute noch weitgehend unsere Vorstellungen von den Kelten bzw. Galliern. Fast immer werden sie als sehr kraftvoll und kampfesmutig, aber wenig intelligent und nicht gerade kultiviert beschrieben. Ein Paradebeispiel dafür ist zweifellos die Gestalt des Obelix, der dauernd irgendwelche Römer verprügelt, wenn er nicht gerade einen Hinkelstein herumträgt oder ein Wildschwein jagt.

Der Hauptgrund, warum so lange ein derart verzerrtes Bild der Kelten bestehen blieb, ist wohl darin zu sehen, dass sie nur wenige schriftliche Überlieferungen hinterlassen haben. Vermutlich benutzten sie die Schrift hauptsächlich in den Bereichen des täglichen Lebens, während sie über ihre Mythen und religiösen Vorstellungen fast nichts niedergeschrieben haben. Die Überlieferung erfolgte in diesem Bereich wohl weitgehend mündlich. Das hatte wahrscheinlich den Sinn, die Macht und das Ansehen der Druiden zu schützen, die bei den Kelten wichtige Funktionen als Opferpriester, Lehrer, Medizinmänner und Richter hatten. Lediglich von einem keltischen Druiden ist der Name Divitiacus bekannt, weil er im Jahre 61 v. Chr. in politischem Auftrag in Rom war. In Ermangelung anderer Quellen haben sich die Historiker lange an römischen oder griechischen Texten orientiert, die aber keinesfalls objektiv, sondern stark von Angst und Abneigung geprägt waren.

Erst in den letzten Jahrzehnten haben die Archäologen und Sprachforscher in mühsamer Kleinarbeit viele Hinweise auf eine hoch entwickelte Keltenkultur zusammengetragen. Auch die von Römern und Griechen so grausig beschriebenen Kultstätten erscheinen heute in einem deutlich anderen Licht. So wird beispielsweise das große Heiligtum von Ribemont-sur-Ancre von einigen Archäologen nicht mehr als Schauplatz eines furchterregenden Menschenopfers gesehen, sondern als ein Bestattungsort, der auch der Totenverehrung diente. Die dort gefundene Vielzahl von Leichen wurde offenbar nach einem strengen Ritual der Verwesung zugeführt. Anschließend wurden die Knochen sortiert und aufgeschichtet, teilweise auch gespalten und verbrannt. Insbesondere die Leipziger Professorin Sabine Rieckhoff meint dazu: „All das lässt sich auch bei ganz regulären keltischen Bestattungen nachweisen." Frau Rieckhoff stützt ihre Auffassung vor allem auch darauf, dass im Verhältnis zur Größe der keltischen Siedlungen in ihrer Umgebung viel zu wenig Leichen zu finden sind. Deshalb nimmt sie an, dass die Kelten in einem aufwändigen Ritual die sterblichen Überreste ihrer Toten vernichtet haben.

Obwohl die Kelten kein einheitliches Volk, sondern nur ein loser Verband von Stämmen waren, hatten sie doch einige kulturelle Gemeinsamkeiten, die sie für die Griechen und Römer als Einheit erscheinen ließen. Heute nimmt man an, dass die Kelten die Träger der so genannten Hallstatt- bzw. Latène-Kultur waren, die zur mitteleuropäischen Eisenzeit gerechnet werden. Die Hallstatt-Kultur ist nach dem oberösterreichischen Ort Hallstatt benannt, wo zahlreiche wichtige Funde gemacht wurden. Sie umfasst etwa die Zeit von 800–400 v.Chr. und stand in enger Verbindung zur Villanova-Kultur in Norditalien, aber auch zu den Kulturkreisen der Etrusker und Griechen. Die Hallstatt-Kultur war geprägt durch die Einführung des Eisens als Nutzmetall. Auch der Fernhandel nahm in dieser Zeit stark zu. Es entstand eine stark differenzierte Gesellschaft, deren herrschende Schicht aus Druiden und adligen Kriegern bestand, die Träger der gefürchteten eisernen Langschwerter waren. Die Feudalherren lebten auf burgähnlichen Herrensitzen und hatten einen erstaunlich hohen Lebensstandard. Dass sie in einem regen kulturellen Austausch mit anderen Kulturkreisen standen, beweisen griechische und etruskische Bronzegefäße und Schmuckstücke, die man beispielsweise bei Ausgrabungen in den Fürstensitzen Heuneburg (Baden-Württemberg) und Vix (Burgund) gefunden hat. Obwohl die Fürstentümer weitgehend unabhängig voneinander waren, unterhielten sie doch enge wirtschaftliche und familiäre Beziehungen.

Auf die Hallstatt-Kultur folgte ab dem 5. vorchristlichen Jahrhundert die Latène-Kultur, die nach dem Kultplatz La Tène im Schweizer Kanton Neuenburg benannt ist. Man erkennt die neue Kulturform vor allem daran, dass sich die Art der Verzierungen auf Schmuck und Gerätschaften verändert hat. Während in der Hallstatt-Kultur geometrische Ornamente vorherrschten, finden sich auf den Fundstücken der Latène-Kultur vor allem figürliche Darstellungen. Sie stellen Menschen und Tiere, aber auch Fabelwesen dar.

Inzwischen suchen die Archäologen intensiv nach weiteren Beweisen für die so lange verleugnete keltische Hochkultur. Sie führen systematische Grabungen nicht nur in Frankreich durch, sondern auch in Deutschland, Italien und der Türkei sowie auf dem Balkan. Erst kürzlich wurde eine bedeutende Entdeckung in Baden-Württemberg gemacht. Es konnte nachgewiesen werden, dass der Hohe Ipf in der Nähe von Nördlingen ein frühkeltischer Fürstensitz war. Solche fürstlichen Siedlungen wurden von den Kelten sehr gezielt auf Anhöhen errichtet, die an Kreuzungen von Handelswegen lagen oder einen guten Zugang zu Erzvorkommen und anderen Rohstoffen hatten. Besonders leicht sind die meisten dieser Fürstensitze daran zu erkennen, dass in ihrer näheren Umgebung typische Grabhügel zu finden sind, die oft reich ausgestattete Grabstätten enthalten. Dieses charakteristische Merkmal fehlte bisher am Hohen Ipf. Anhand von Luftbildern hat der passionierte Flieger und Hobby-Archäologe Otto Braasch jetzt aber zwei Erhebungen entdeckt, die als Grabhügel in Frage kommen. Der Landeskonservator Rüdiger Krause meinte dazu: „Ein wissenschaftlicher Paukenschlag." In den nächsten Jahren wird man dort sicher mit Grabungen beginnen. Vielleicht findet man dort ein ähnlich reich ausgestattetes Fürstengrab wie man es 1994 in Hessen am Glauberg entdeckt hat. Es wurde vor allem durch die dort gefundenen lebensgroßen Sandsteinstatuen berühmt.

Das weit verzweigte und gut organisierte System der Handelsbeziehungen zwischen den frühkeltischen Fürstensitzen scheint etwa ab dem 5. Jahrhundert vor Christus langsam seine Bedeutung verloren zu haben. Viele Siedlungen wurden verlassen und die entwurzelte Bevölkerung zog plündernd vor allem in südlicher Richtung. Während einige in der Fremde sesshaft wurden, kehrten andere zurück und brachten Kenntnisse über die mediterranen Siedlungsformen und Kulturtechniken mit. Sie trugen wesentlich dazu bei, dass etwa ab 200 v. Chr. eine neue Hochphase der keltischen Kultur entstand. Typisch für diese Zeit waren die so genannten „Viereckschanzen", die man wegen ihrer Wälle und Gräben lange Zeit für Verteidigungsanlagen hielt. Inzwischen ist man aber weitgehend sicher, dass es sich bei dieser Interpretation um einen Irrtum handelt. Welchem Zweck die Anlagen wirklich gedient haben, ist aber noch nicht endgültig geklärt.

Als man 1957 in den zwei Schanzen von Holzhausen in Oberbayern tiefe Schächte entdeckte, wurde die römisch-griechische Horrorvorstellung von Kultstätten für Menschenopfer für unterirdische Gottheiten wieder belebt. Die hohen Phosphatkonzentrationen im Erdreich dieser Schächte wurden als Hinweis auf verrottete Knochen gewertet. Neuere Untersuchungen haben allerdings gezeigt, dass die Messungen wohl fehlerhaft waren und dass diese Schächte am ehesten als Reste eines Ziehbrunnens interpretiert werden können. Das würde auch mit den Befunden zusammenpassen, die vor etwa 10 Jahren an der Viereckschanze in Bopfingen erhoben wurden. Dort fanden sich Hinweise, dass die Anlage als keltischer Gutshof gedient haben könnte. Wenn heute auch noch unklar ist, wofür die Viereckschanzen tatsächlich angelegt wurden, so steht doch fest, dass sie ein wichtiger Teil spätkeltischer Siedlungen waren, die vorzugsweise an wichtigen Handelswegen angelegt wurden. Die mit Mauern umschlossenen Wohnstätten waren wohl die ersten stadtähnlichen Siedlungen, die in West- und Mitteleuropa entstanden sind. Von dort aus wurde umfangreicher Handel getrieben, wobei auch die Prägung von keltischen Münzen eine wichtige Rolle spielte. Es waren somit alle Anzeichen einer keltischen Hochkultur vorhanden, die als Grundlage für die weitere kulturelle Entwicklung in Europa hätten dienen können.

Das Schicksal nahm aber einen anderen Weg. Im Jahr 52 vor Christus besiegte Caesar das vereinigte Heer der Gallier unter ihrem Anführer Vercingetorix. Von dieser Niederlage erholten sich die Kelten nicht mehr. Die Römer konnten weitgehend ungehindert von Westen und Süden ins Keltenland vordringen, während vom Norden und Osten germanische Volksstämme einfielen. Das gut organisierte Wirtschaftssystem zerbrach, viele Siedlungen wurden aufgegeben. Die keltische Hochkultur verschwand fast vollständig und die römischen Eroberer prägten das Geschichtsbild der Keltenzeit durch ihre fantasievollen Berichte über die kulturlosen Barbaren mit ihren blutrünstigen Menschenopfern und schauderhaften Kultstätten ...

Weite Reisen

War Marco Polo in China?

Der Kaufmann Marco Polo wurde 1254 in Venedig geboren und starb dort 1324. Er wohnte aber die wenigste Zeit seines Lebens in seiner Heimatstadt, sondern war nach eigenen Angaben auf einer jahrelangen Asienreise unterwegs, über die er einen ausführlichen Bericht verfasste. Der Reisebericht, den er angeblich während einer dreijährigen Gefangenschaft in Genua einem Mithäftling diktierte, machte Marco Polo weltberühmt. Das ursprünglich in franko-italienischer Sprache geschriebene Buch wurde noch zu seinen Lebzeiten in mehrere Sprachen übersetzt. In dem folgenden Jahrhundert erschienen Übersetzungen in fast allen europäischen Sprachen. Warum das Buch so außerordentlich erfolgreich war, lässt sich heute nur noch schwer beurteilen. Offensichtlich war sich aber auch schon der Autor selbst sehr sicher, dass er ein bedeutendes Werk verfasst hatte, denn er begann den Prolog des Buches mit den nicht gerade kleinlauten Worten: „Kaiser, Könige und Fürsten, Ritter und Bürger – und ihr alle, die ihr die verschiedenen Rassen und die Mannigfaltigkeit der Welt kennenlernen wollt, nehmt dies Buch und laßt es euch vorlesen. Merkwürdiges und Wunderbares findet ihr darin und ihr werdet erfahren, wie sich Groß-Armenien, Persien, die Tatarei, Indien und viele andere Reiche unterscheiden ... Denn ihr müßt wissen, seit der Erschaffung unseres Urvaters Adam gab es ... keinen einzigen Menschen, der über eine solche Fülle von Merkwürdigkeiten Bescheid weiß, wie Messer Marco Polo allein." Die Berühmtheit des Buches führte dazu, dass es im mittelalterlichen Europa zu einer Hauptquelle für das Wissen über den fernen Osten und insbesondere China wurde. Auch heute noch prägt es unsere Vorstellungen über die Kulturen Asiens in der damaligen Zeit.

Bevor Marco Polo seine erste Asienreise begann, waren seinem Bericht zufolge bereits sein Vater Niccolo und sein Onkel Maffeo neun Jahre lang in Asien unterwegs gewesen. Sie waren von Konstantinopel aus zunächst nach Soldaia auf der Krim und dann weiter ostwärts nach Buchara an der Seidenstraße gezogen. Nach längerem Aufenthalt in der Hauptstadt der Goldenen Horde wurden sie eingeladen, den Großkhan der Mongolen Khubilai in China zu besuchen. Er hatte angeblich noch nie „Lateiner" gesehen und befragte die venezianischen Kaufleute intensiv über die europäische Kultur, Religion und Staatsführung. Schließlich beauftragte er sie, eine Botschaft an den Papst zu überbringen. Als die Gebrüder Polo schließlich 1269 im Heiligen Land eintrafen, war Papst Clemens IV. gerade verstorben und es wurde ihnen empfohlen, mit ihrer Botschaft zu warten, bis ein neuer Papst gewählt sei. Deshalb kehrten sie zunächst nach Venedig zurück.

Im Jahr 1271 begleitete dann Marco Polo als 17-Jähriger seinen Vater und seinen Onkel auf ihrer zweiten Reise. Nach Marco Polos Bericht wollten sie dem Großkhan einen Brief des neu gewählten Papstes Gregor X. überbringen sowie Öl von der Lampe über dem Heiligen Grab. Sie wurden in China mit großen Ehren empfangen und Marco trat in den Dienst des mongolischen Großkhans. In der Funktion als sein Gesandter bereiste Marco dann nach eigenen Angaben über 17 Jahre lang Südostasien. Erstaunlicherweise berichtet Marco Polo über diese lange Zeit fast nichts, ebenso fehlen Angaben, was sein Vater und sein Onkel erlebt haben. Die Reisebeschreibung im Prolog des Buches überspringt diese vielen Jahre und wendet sich schnell der recht langwierigen und abenteuerlichen Heimreise der drei Kaufleute zu, die 1295 wieder in Venedig ankamen. Im Hauptteil seines Buches widmet sich Marco Polo dann ausführlich der Beschreibung der Sitten und Gebräuche in den Ländern des Ostens, wobei er als Person kaum in Erscheinung tritt.

Über die Glaubwürdigkeit des Reiseberichtes und der sehr detailreichen Beschreibungen des asiatischen Lebensraumes wird unter Historikern schon lange sehr kontrovers diskutiert. Schon die Abfassung des Buches erst drei Jahre nach Ende der Reise ist höchst ungewöhnlich. Auch der Umstand, dass Marco Polo den Bericht nicht selbst niedergeschrieben hat, sondern ihn einem Mitgefangenen in einem genuesischen Gefängnis diktiert haben will, schränkt die Aussagekraft des Buches ein. Hinzu kommt, dass die vielfache Übertragung des Textes in die verschiedenen Sprachen zweifellos zu erheblichen Veränderungen führte. Insbesondere der Titel des Buches „Il Milione" in der frühen toskanischen Übersetzung wird von manchen Autoren als Hinweis gewertet, dass man schon damals an der Glaubwürdigkeit Marco Polos zweifelte. Der italienische Historiker Giovanni Battista Ramusio erklärte die Entstehung des Titels so: „und weil er [Marco Polo] immer wieder von der Großartigkeit des Großkhans erzählte und sagte, seine Einnahmen beliefen sich jährlich auf zehn bis fünfzehn Millionen Goldstücke, und weil er auch von den übrigen Reichtümern jeder Länder immer in Millionen sprach, gab man ihm den Namen Messer Marco Milioni ..."

Trotz dieser vielen Zweifel und Einschränkungen war man sich aber bisher darin weitgehend einig, dass Marco Polo wohl tatsächlich in China am Hofe des Großkhans war. Neuerdings gibt es jedoch recht deutliche Hinweise, dass auch diese Annahme vermutlich falsch ist. Die These stützt sich auf einige gewichtige Fakten. So erwähnt Marco Polo mit keinem Wort die Chinesische Mauer, obwohl er aufgrund seiner Reiseroute sie mindestens einmal überquert haben müsste. Das gewaltige Bauwerk, dessen Anfänge bis ins dritte Jahrhundert vor Christus zurückreichen, ist so beeindruckend, dass man sich nicht vorstellen kann, dass ein reisender Berichterstatter sie unerwähnt lässt. Auffällig ist auch, dass Marco Polo nichts über gedruckte Bücher schreibt, die in China damals schon weit verbreitet waren. Die englische Historikerin Frances Wood meint dazu: „Die Märkte der von Marco Polo beschriebenen Städte müssen voll gewesen sein mit kleinen Bücherständen, auf denen billig gedruckte populäre Handbücher und fiktionale Werke, viele davon mit Illustrationen feilgeboten wurden."

Marco Polo erwähnt in seinem ansonsten sehr detailreichen Bericht auch einige typische chinesische Gebräuche nicht, die ihm wegen ihrer Fremdheit hätten auffallen müssen. Kein Wort findet sich über die damals schon nachweislich vorhandenen Sitten des Teetrinkens und des Essens mit Stäbchen. Einige Chinaforscher bemängeln außerdem, dass in chinesischen Quellen keinerlei Hinweise auf Marco Polo zu finden sind. Nach seinen eigenen Angaben war er ja über Jahrzehnte in wichtigen Funktionen für den Großkhan tätig, sodass man erwarten müsste, dass er in der einen oder anderen Urkunde erwähnt worden wäre.

Die sehr unpersönliche Art der Berichterstattung nährt ebenfalls die Zweifel, ob es sich dabei um wirklich Selbsterlebtes handelt oder ob der Verfasser eine Ansammlung von Berichten und Anekdoten vorgelegt hat, die hauptsächlich aus arabischen und persischen Quellen stammen. Diese Vermutung belegt der deutsche Sinologe Herbert Franke damit, dass er auf etliche Fehler hinweist, die Marco Polo aus fremden Berichten übernommen hat. Möglicherweise hat Marco Polo auch Erzählungen seines Vaters oder Onkels über deren Reise nach Buchara verarbeitet, wo die beiden den sagenumwobenen und märchenhaft reichen Ögödei Khan getroffen haben wollen.

Dietmar Henze, der Verfasser der umfangreichen ›Enzyklopädie der Entdecker‹, äußert seine Meinung jedenfalls sehr deutlich und bezeichnet Marco Polos Bericht als den „kolossalsten Schwindel der globalen Entdeckungsgeschichte“.

Neue Welt

Die Entdeckung Amerikas

Einer der größten Irrtümer der Weltgeschichte ist sicherlich Christoph Kolumbus widerfahren. Er wollte bekanntlich den Seeweg nach Indien entdecken und landete dabei in Amerika. Erst der italienische Seefahrer Amerigo Vespucci stellte bei seinen Reisen zwischen 1497 und 1504 fest, dass es sich bei den von Kolumbus beschriebenen Ländern nicht um Indien, sondern um einen neuen Kontinent handelte. Kolumbus selbst hat diesen Irrtum jedoch bis zu seinem Lebensende im Jahre 1506 nicht realisiert.

Wie konnte Kolumbus dieser folgenschwere Irrtum unterlaufen? Die Hauptursache dafür wird heute darin gesehen, dass er die Erdkugel für sehr viel kleiner hielt als sie in Wirklichkeit ist. Dass die Erde eine runde Form hat, war damals schon durchaus bekannt. In manchen Büchern wird zwar immer noch behauptet, der portugiesische König Johann II. und sein Hofstaat hätten den Plan des Kolumbus verlacht und abgelehnt, weil sie die Erde noch für scheibenförmig gehalten hätten. Diese Behauptung ist aber nachweislich falsch, vielmehr dürften die hohen Risiken und die gewaltigen Kosten den König bewogen haben, von dem Abenteuer Abstand zu nehmen.

Kolumbus war auch durchaus nicht der Erste, der die Idee hatte, von Europa aus westwärts zu segeln, um nach Indien zu gelangen. Schon der griechische Gelehrte Eratosthenes (275–195 v. Chr.) schrieb: „Wenn nicht die Größe des Atlantischen Meeres hinderte, müssten wir von Iberien auf demselben Breitengrad nach Indien segeln können, wobei der neben der zurückgelegten Entfernung übrigbleibende Teil mehr als den dritten Teil des Erdumfangs betragen würde …“ Eratosthenes hatte sogar schon die Vermutung geäußert, dass man auf diesem Weg auch auf unbekanntes Land stoßen könnte. Den Erdumfang schätzte Eratosthenes recht gut auf ca. 39000 km. Über die Größe der Erdkugel hat sich auch der griechische Geograph Strabo (64 v. Chr.–20 n. Chr.) Gedanken gemacht, seine Berechnungen lagen allerdings mit etwa 27000 km deutlich niedriger als die von Eratosthenes. Der berühmte Claudius Ptolemäus (um 140 n. Chr.) errechnete einen ähnlichen

Wert wie Strabo und legte damit die Grundlage für den Irrtum des Christoph Kolumbus, der sich an der ptolemäischen Rechnung orientierte.

Kolumbus war 1451 in Genua als Sohn eines Wollwebers geboren worden. Er wurde ebenfalls in diesem Handwerk ausgebildet. Da er intelligent und wissensdurstig war, lernte er aber nebenbei recht schnell lesen, schreiben und rechnen. Besonders interessierte ihn der Reisebericht des Marco Polo, in dem auch über das Goldland Zipangu berichtet wird (siehe auch S. 28ff.). Nachdem Kolumbus einige Zeit von Genua aus als Handelsreisender unterwegs war, übersiedelte er 1479 nach Portugal und heiratete die Tochter eines recht bekannten Seefahrers. Sie starb aber schon bald nach der Geburt des gemeinsamen Sohnes Diego. Aus dem Nachlass des Schwiegervaters übernahm Kolumbus einige Seekarten und Navigationsinstrumente, die sein Interesse an der Seefahrt verstärkten. Einen besonders großen Einfluss hatte aber das Werk ›Imago mundi‹ von Petrus Alliacus. Auch die Bekanntschaft mit dem Kartographen Martin Behaim beeinflusste Kolumbus. Praktische Erfahrungen sammelte er bei verschiedenen Seereisen, die ihn unter anderem nach England und nach Guinea führten. Für seinen Entschluss, beim portugiesischen König wegen der Indienfahrt über den Atlantik vorstellig zu werden, war aber zweifellos die Korrespondenz mit dem damals sehr bekannten Gelehrten Paolo del Pozzo Toscanelli entscheidend. Er überließ Kolumbus eine Karte, auf der er für König Johann II. den Weg über den Atlantik nach Indien eingezeichnet hatte. In dem Begleitbrief betonte Toscanelli, dass dieser Weg wesentlich kürzer und ungefährlicher sei als der um Afrika. Die Entfernungsangaben für die Atlantiküberquerung waren allerdings deutlich zu niedrig. Kolumbus kam dann bei seinen eigenen Berechnungen sogar zu noch niedrigeren Werten.

Vor allem um die Frage der Entfernung ging es letztlich wohl auch bei der Erörterung des Reiseplanes, den Kolumbus König Johann im Jahr 1483 erstmals vorlegte. Von dieser Frage hing ja auch letztlich ab, ob eine Chance bestand, mit den damals zur Verfügung stehenden Schiffen das Ziel zu erreichen. Nachdem sich sowohl eine Kommission aus Fachleuten als auch der Kronrat gegen den Plan ausgesprochen hatten, erhielt Kolumbus 1484 einen ablehnenden Bescheid.

Danach verließ er Portugal, um in Spanien nach Unterstützung für sein ehrgeiziges Projekt zu suchen. Es gelang ihm auch tatsächlich, eine Audienz bei König Ferdinand und seiner Gattin Isabella zu erreichen. Als er dort seinen Plan vortrug, erweiterte er ihn um eine recht seltsame Variante. Er schlug vor, nach der Atlantiküberquerung und der Erreichung Indiens nach Jerusalem weiterzusegeln. Auf diese Weise wollte er die Mauren, mit denen die Spanier damals im Krieg standen, sozusagen von hinten angreifen. Obwohl diese tollkühne Zusatzidee beim Königspaar auf keine große Gegenliebe stieß, wurde sein Plan an eine Kommission zur Prüfung überwiesen. Sie ließ sich mit ihren Beratungen vier Jahre Zeit. Kolumbus war deshalb froh, als er zwischendurch eine Einladung an den portugiesischen Hof erhielt. Voller Hoffnung reiste er nach Portugal, aber dort kehrte gerade Bartolomeo Díaz zurück und verkündete, dass er den östlichen Seeweg nach Indien entdeckt habe. Damit bestand kein Interesse mehr an der westlichen Route und tief enttäuscht kehrte Kolumbus nach Spanien zurück. Es gelang ihm mit Hilfe eines Mittelsmannes bei Königin Isabella neues Interesse an seinem Vorhaben zu wecken. Aber er stellte so hohe Forderungen, dass er zunächst wieder eine Ablehnung erhielt. Er hatte jedoch den Königshof gerade erst voller Zorn verlassen, als er von einem Boten zurückgeholt wurde. Das Königspaar hatte aus unbekannten Gründen plötzlich seine Meinung geändert und unterzeichnete nun doch noch einen für Kolumbus sehr vorteilhaften Vertrag. Darin wurde unter anderem festgehalten, dass er in den Adelsstand erhoben werde und die Würde eines „Admirals des Ozeanischen Meeres" erhalte. Außerdem sollte er Generalgouverneur und Vizekönig der neuen Länder werden, wobei diese Ämter sogar vererbbar waren.

Am 3. August 1492 konnte Kolumbus dann mit drei Schiffen und Proviant für ein Jahr in See stechen. Zunächst wurden die Kanarischen Inseln angesteuert. Von dort segelte die kleine Armada westwärts ins Ungewisse. Nach weiteren 47 Tagen auf See kam endlich – am 12. Oktober – wieder Land in Sicht. Es war eine Insel, der Kolumbus den Namen „San Salvador" gab. Die Insel gehört zu den Bahamas und heißt heute Watling-Insel. Die Eingeborenen nannte Kolumbus „Indianer", da er sie ja für die Einwohner einer indischen Insel hielt. Die Inselgruppe bezeichnete er dementsprechend als Westindien. Beide Bezeichnungen haben sich bis heute erhalten, obwohl sie auf falschen Voraussetzungen beruhen. In den nächsten Wochen fuhren die Schiffe von einer Insel zur anderen, wobei sie vor allem auf der Suche nach Gold waren. Als dabei das Flaggschiff, die „Santa María" auf Grund lief und aufgegeben werden musste, beschloss Kolumbus die Heimreise anzutreten. Ein weiteres Schiff, die „Pinta", machte sich aber selbstständig, sodass nur die „Niña" zurücksegelte. Drei Monate später, am Palmsonntag des Jahres 1493, kam Kolumbus in Sevilla an und reiste von dort nach Barcelona, wo er mit großen Ehren am Königshof empfangen wurde.

In den nächsten Jahren fuhr Kolumbus noch dreimal über den Atlantik und erreichte auch das Festland, ohne sich darüber klar zu werden, dass er einen neuen Kontinent entdeckt hatte. Obwohl 1503 Amerigo Vespucci erstmals verkündete, dass das neu entdeckte Land nicht Indien sei, blieb Kolumbus unbeirrt bei der Überzeugung, er sei in Indien gelandet. Auch in anderen Dingen war er sehr hartnäckig. So kämpfte er bis zu seinem Tode um die Wiedereinsetzung als Vizekönig und Gouverneur von Hispaniola (Haiti). Diese Titel hatte er nach seiner dritten Reise verloren, weil er seinen Amtspflichten nicht ausreichend nachgekommen war und deshalb sogar als Gefangener zurückkehrte. Kolumbus starb aber keineswegs in Armut, denn sein Anteil am Gewinn aus den neuen Ländern wurde ihm nicht entzogen. Nutznießer seiner Hartnäckigkeit war vor allem sein Sohn Diego, der nach dem Tod des Vaters zum Admiral und drei Jahre später auch zum Gouverneur von Hispaniola ernannt wurde.

In Spanien ist Kolumbus trotz seines unrühmlichen Endes immer ein vom Volk verehrter Held geblieben. Seine letztlich auf einem Irrtum beruhende Entdeckung beschrieb der spanische Geschichtsschreiber López de Gomara in der Mitte des 16. Jahrhunderts mit vollmundigen Worten als „das größte Ereignis seit der Erschaffung der Welt, ausgenommen die Fleischwerdung und den Opfertod unseres Erlösers“.

Allerdings irrte sich Gomara bei dieser Feststellung ebenfalls, denn Kolumbus war ziemlich sicher nicht der erste Europäer, der über den Atlantik in die Neue Welt fuhr. Schon um das Jahr 1000 nach Christus dürften Wikinger unter Leif Eriksson in Nordamerika gelandet sein. Diese Leistung ist eigentlich noch um einiges höher zu bewerten als die von Kolumbus, denn die Schiffe der Wikinger waren viel kleiner und primitiver und der Nordatlantik ist für Seefahrer besonders gefährlich. Die Nordmänner scheinen aber in Amerika keine dauerhaften Siedlungen gegründet zu haben, sodass es bisher nur wenig sichere Beweise für ihre frühe nautische Großtat gibt. Die Echtheit der so genannten „Vinland-Karte“, die als ein wichtiges Zeugnis für die Entdeckung Amerikas vor Kolumbus gilt, wird heute stark angezweifelt. Auch der „Kensington-Stein“ wurde als Fälschung entlarvt. Trotzdem kann die Landung der Wikinger in Amerika als weitgehend bewiesen betrachtet werden.

Gefährliches Feuer

Wer legte den Reichstagsbrand?

Der Reichstagsbrand vom 27. Februar 1933 war zweifellos eine politisch motivierte Brandstiftung von größter Tragweite. Die Brisanz dieses Verbrechens lag vor allem im Zeitpunkt seiner Durchführung: Am 30. Januar 1933 war Hitler zum Reichskanzler ernannt worden. Er führte eine Koalitionsregierung der „nationalen Konzentration“, in der die Nationalsozialisten nur drei Minister stellten. Zwei Tage später löste Reichspräsident Hindenburg den Reichstag auf und schrieb für Anfang März Neuwahlen aus.

In dieser politisch instabilen und emotional extrem aufgeheizten Situation machten sich die Kommunisten und die Nationalsozialisten gegenseitig für die Brandstiftung verantwortlich. Nutznießer waren aber vor allem die Nationalsozialisten, denn bereits in der Brandnacht ließ die Regierung unter Hitler etwa 5000 Politiker der Opposition unter dem Vorwand verhaften, sie hätten einen Staatsstreich geplant. Unter dem Eindruck der spektakulären Brandstiftung erließ am 28. Februar der Reichspräsident außerdem eine Notverordnung „zum Schutze von Volk und Staat“, die eine Art Ausnahmezustand herstellte, in dem der Reichsinnenminister weit reichende Befugnisse erhielt. Begründet wurde diese „Maßnahme“ ebenfalls mit einem angeblich drohenden Putsch der Kommunisten, für die der Reichstagsbrand das Signal gewesen sein sollte. Bei den Reichstagswahlen am 5. März erzielten die Nationalsozialisten knapp 44% der Stimmen und hatten damit eigentlich nur eine einfache Mehrheit im Parlament. Aufgrund der Inhaftierung zahlreicher Abgeordneter der Kommunisten, aber auch der SPD und des Zentrums konnte Hitler trotzdem das berüchtigte Ermächtigungsgesetz mit überwältigender Mehrheit (444:94) durchsetzen. Mithilfe dieses Gesetzes gelang es den Nationalsozialisten auf halblegitime Weise, die Macht zu ergreifen und die politischen Grundrechte zu beseitigen. Im Sommer 1933 wurden die Parteien aufgelöst und im Februar 1934 folgte die Aufhebung des Reichsrates sowie der Fortfall der Ländervertretungen. Noch zu Lebzeiten des Reichspräsidenten Paul von Hindenburg wurde per Gesetz geregelt, dass das Amt des Reichspräsidenten nach seinem Tode mit dem des Reichskanzlers vereinigt werden soll. Auf diese Weise sicherte sich Hitler den Oberbefehl über die Reichswehr und stieg so zum „Führer“ auf, der keinerlei demokratischer Kontrolle mehr unterworfen war. Der daraus folgende Weg in die absolute Katastrophe ist hinreichend bekannt.

Aufgrund der Tatsache, dass die Nationalsozialisten den größten Nutzen aus dem Reichstagsbrand zogen, lag die Vermutung nahe, dass sie ihn auch inszeniert hatten. In den so genannten „Braunbüchern“ von 1933 und 1934 versuchten die Kommunisten diese Annahme mit Dokumenten zu belegen. Die Nazis machten umgekehrt sofort nach dem Brand die Kommunisten dafür verantwortlich. Der kurz nach der Tat gefasste Holländer Marinus van der Lubbe wurde als Marionette der kommunistischen Drahtzieher dargestellt. Im Reichstagsprozess, der im Herbst 1933 in Leipzig begann, wurde van der Lubbe zum Tode verurteilt. Die mitangeklagten kommunistischen Politiker wurden aber in dem noch halbwegs korrekten Verfahren aus Mangel an Beweisen freigesprochen. Insofern stellte der Prozessausgang eine peinliche Niederlage für das NS-Regime dar.

Nach dem 2. Weltkrieg wurde die kommunistische Darstellung einer Brandstiftung durch die Nazis von den meisten Historikern weitgehend ungeprüft übernommen. Erst 1959/60 stellte der Oberregierungsrat und „Amateurhistoriker" Fritz Tobias in einer Aufsehen erregenden Artikelserie im Spiegel die Nazi-Täterschaft in Frage. Mit zahlreichen Unterlagen und Dokumenten belegte der politisch weitgehend neutrale Tobias, dass die kommunistischen Braunbücher auf zahlreichen Irrtümern, wenn nicht sogar auf bewussten Fälschungen, beruhten. Aber auch die nationalsozialistische Erklärung der Brandstiftung erwies sich laut Tobias als falsch. Alle Fakten sprachen dafür, dass van der Lubbe ein Einzeltäter war, der nach eigener Aussage mit seiner Tat die deutschen Arbeiter zum Kampf für die Freiheit aufrütteln wollte. Van der Lubbe hatte im Laufe der Verhöre auch noch drei weitere Brandstiftungsversuche in Berlin gestanden. Trotz aller Repressionen blieb van der Lubbe auch immer bei seiner Aussage, dass ihn niemand zu dieser Tat angestiftet habe und auch keine weiteren Personen beteiligt gewesen seien.

Nachdem Tobias seine brisanten Forschungsergebnisse 1962 auch als Buch veröffentlicht hatte, konnte die Historikerschaft die neuen Erkenntnisse nicht länger ignorieren. Das Institut für Zeitgeschichte beauftragte deshalb den renommierten Geschichtsprofessor Hans Mommsen mit der Überprüfung der von Tobias vorgelegten Untersuchungsergebnisse. Allgemein wurde erwartet, dass der „Profi" dem „Amateur" gehörig die Leviten lesen würde. Umso größer war das Erstaunen, als Mommsen die Darstellung von Tobias als weitgehend korrekt und gut belegt bezeichnete. Mit diesem Ergebnis waren einige Politiker und Historiker höchst unzufrieden und bildeten 1968 das so genannte „Luxemburger Komitee", das offiziell den komplizierten Namen „Internationales Komitee zur wissenschaftlichen Erforschung der Ursachen und Folgen des Zweiten Weltkrieges" trug. Ein Jahr später verkündete der Vorsitzende des Komitees, der Schweizer Historiker Walther Hofer, auf einer Pressekonferenz in Paris, man habe eindeutige Beweise für die Schuld der Nazis am Reichstagsbrand gefunden. Da dem Beirat des Luxemburger Gremiums auch viele hoch angesehene Persönlichkeiten wie Eugen Kogon, Ernst Fraenckel, Karl Dietrich Bracher, Charles Bloch und Golo Mann angehörten, wurde die erneute Bestätigung der Nazitäterschaft in weiten Kreisen zunächst als gut belegt angesehen und deshalb nicht mehr in Zweifel gezogen. Es dauerte dann aber bis 1978, bevor eine ausführliche Darstellung der Forschungsergebnisse in Buchform vorgelegt wurde. Die Quellenangaben waren darin allerdings sehr unübersichtlich und schwer nachvollziehbar. Eine Einsicht in die Originaldokumente wurde anderen Forschern von Walther Hofer mit den Worten verweigert: Die Dokumentation sei „mit allen Mitteln der formalen und inhaltlichen Quellenkritik sorgfältigst geprüft worden. Daß die Originale vorgelegt werden müssen, damit der wissenschaftliche Charakter einer Edition anerkannt wird, ist eine Forderung, die mir in der Geschichte unserer Zunft noch nicht begegnet ist." Die Vertreter der Alleintäterhypothese reagierten auf diese undurchsichtige und einseitige Darstellung der Brandursachen mit der Veröffentlichung des Buches ›Reichstagsbrand. Aufklärung einer historischen Legende‹. Darin gingen sie mit dem Luxemburg-Komitee hart ins Gericht und warfen ihm Geschichtsklitterung und Dokumentenfälschung vor.

Ohne dieser sehr scharfen Verurteilung in allen Punkten zuzustimmen, vertreten inzwischen auch fast alle neutralen Historiker des In- und Auslandes die Meinung, dass die Nazitäterschaft ebenfalls als Irrtum eingestuft werden muss. Louis de Jong, der Direktor des holländischen Instituts für Kriegsdokumentation, fasste die Erkenntnislage recht leidenschaftslos wie folgt zusammen: „Muß ich betonen, daß es mir in persönlicher Hinsicht lieber gewesen wäre, wenn Tobias unrecht hätte? Darauf kommt es aber nicht an, sondern nur darauf, was man für ‚historische Wahrheiten' zu halten hat ... Schlüsse, die Ewigkeitswert haben, kennt die Geschichtswissenschaft nicht; dennoch kann sie ... bis auf weiteres davon ausgehen, daß der Reichstagsbrand auch die Nazis völlig überrascht hat und daß nur einer an der Brandstiftung beteiligt war: van der Lubbe."

Ungeklärt bleibt bis heute, wieso der renommierte Historiker Walther Hofer und viele andere Persönlichkeiten von Rang sich in der Bewertung der Fakten so irren konnten. Vielleicht war es die politische Grundeinstellung, die eine Schuld der Nazis wünschenswert erscheinen ließ. Hofer äußerte sich in dieser Hinsicht selbst, als er erklärte, es sei „volkspädagogisch" schädlich, wenn die Nationalsozialisten als unschuldig bezeichnet würden. Louis de Jong meinte dazu: Hofer sei „auf diesem falschen Weg weiter fortgeschritten, besser vielleicht fortgeschoben worden". Ein besonders heftiger „Schieber" war wohl der Generalsekretär des Luxemburger Komitees Edouard Calic, der schon früher unter dem Titel ›Ohne Maske‹ eine Dokumentation der Hitler-Breiting-Gespräche von 1931 herausgegeben hatte. Dieses Machwerk wurde 1979 in DIE ZEIT als „eine der unverfrorensten Geschichtsfälschungen dieses Jahrhunderts" bezeichnet. Der Versuch von Calic, gegen diesen schwerwiegenden Vorwurf gerichtlich vorzugehen, scheiterte kläglich. Deshalb ist zu vermuten, dass Calics Wahrheitsliebe und wissenschaftliche Neutralität auch bei seiner Arbeit für das Luxemburger Komitee nicht allzu stark ausgeprägt waren und er wahrscheinlich die Hauptschuld an der fatalen Fehlinterpretation des Reichstagsbrandes trägt.

Wenn auch die Hochschulhistoriker sich seit etlichen Jahren weitgehend über die Alleintäterschaft van der Lubbes einig sind, so treten doch immer mal wieder mehr oder minder sachverständige Einzelkämpfer auf, die weiterhin die Nazitheorie vertreten. Neuerdings sind auch Fernsehjournalisten in dieser Richtung aktiv geworden. Ein 2003 im SWR und 2004 in 3sat ausgestrahlter Film wurde allerdings sogar von Gleichgesinnten als „Pappmaché" bezeichnet. Alexander Bahar und Wilfried Kugel, die Autoren des Buches ›Der Reichstagsbrand‹, schrieben in ihrer Filmkritik anschließend: „Für den Gebühren zahlenden deutschen Fernsehzuschauer ist die solchermaßen schlampige Produktion eines öffentlichrechtlichen Senders ein echtes Ärgernis." Vielleicht ist das Urteil aber auch deshalb so vernichtend ausgefallen, weil die beiden Verfasser ihre eigenen umstrittenen Thesen nicht ausreichend gewürdigt sahen. Es scheint, dass auf dem Reichtagsbrand auch heute noch viele ihr ganz persönliches Süppchen kochen.

2. Anthropologie

Fragwürdige Kultur

Die umstrittenen Werkzeuge der Australopithecinen

Als „Australopithecinen" bezeichnet man in der Paläoanthropologie eine Gruppe von Vorfahren des heutigen Menschen, die vor mehreren Millionen Jahren in Afrika gelebt hat. Ihr erster Vertreter wurde 1924 von Raymond Dart in Südafrika entdeckt. Er hat auch den Namen „Australopithecus africanus" geprägt, den man am besten mit „afrikanischer Südaffe" übersetzen kann. Dart war zwar eigentlich gar kein Anthropologe, sondern Arzt, aber er hatte sich für das Fach Anatomie spezialisiert und interessierte sich besonders für die Entwicklung des menschlichen Gehirns. Weil er Probleme mit seinem Chef am University College in London hatte, verließ er 1922 England und übernahm eine Professur für Anatomie in Johannesburg. Dort übergab ihm eines Tages sein Kollege R. B. Young einen kleinen, in einen Gesteinsbrocken eingebackenen Schädel, der aus der Geröllhalde eines Kalksteinbruchs bei Taung stammte. Obwohl sich Dart nicht so sehr für Fossilien interessierte, war er von dem Fundstück fasziniert, weil die Schädelkapsel fehlte und stattdessen der Abdruck des Gehirns in Stein erkennbar war. In mühevoller Kleinarbeit präparierte Dart den Gesichtsschädel frei und stellte fest, dass es sich zweifellos um einen kindlichen Schädel handelte, dessen Gesichtsmerkmale in manchen Bereichen stark an einen Menschenaffen erinnerten. Die Zähne waren jedoch sehr menschenähnlich und es fehlten die für Menschenaffen typischen Überaugenwülste. Dart beschrieb seinen Fund deshalb als einen „menschenähnlichen Affen, der zwischen den lebenden Anthropoiden [Menschenaffen] und den Menschen steht". Dem Gehirn fehlten nach Darts Beobachtungen aber „die charakteristischen Erweiterungen bestimmter Felder, die auf die Sprachfähigkeit des Menschen hinweisen und dessen Voraussetzung sind".

Wegen der noch sehr deutlichen äffischen Merkmale stuften die meisten Fachleute den Fund als Schädel eines jungen Menschenaffen, wahrscheinlich eines Gorillas ein und widersprachen Darts Vorstellung, dass er deutliche Kennzeichen einer höheren Entwicklungsstufe habe. Bei dieser negativen Beurteilung spielte vermutlich auch eine Rolle, dass Dart unter den englischen Anatomen keinen allzu guten Ruf hatte. Sein Kollege Wilfried Legros Clark formulierte das so: „… er könnte zu übereilten Schlussfolgerungen bei zu geringer Beweislage neigen." Die schroffe Ablehnung seiner Befunde durch die Kollegen war wohl einer der Gründe, warum sich Dart für längere Zeit von der Fossilienforschung weitgehend zurückzog und sich wieder vermehrt seinen anatomischen Studien widmete. Vielleicht wirkten dabei auch die öffentlichen Beschimpfungen mit, die Dart nach der Publikation seines Fundes in der Zeitschrift „Nature" über sich ergehen lassen musste. Vor allem christlich orientierte Kreise kündigten ihm an, dass er „in den ewigen Feuern der Hölle schmoren" werde. Ein anderer Zeitgenosse wünschte sich, dass Dart bald in eine „Irrenanstalt" aufgenommen werde.

Es dauerte dann etliche Jahre, bis vor allem von Robert Broom weitere Australopithecus-Funde gemacht wurden und sich danach langsam die Erkenntnis durchsetzte, dass es sich dabei tatsächlich um einen wichtigen Vorläufer des Menschen handelt. Der amerikanische Paläontologe William K. Gregory fasste 1938 auf einer Tagung die Verdienste Darts und seines Kollegen Broom wie folgt zusammen: „Die ganze Welt ist diesen beiden Männern zu Dank verpflichtet, da ihre Entdeckungen den Höhepunkt einer mehr als ein Jahrhundert währenden Forschung über den Ursprung und die Morphologie des Menschen darstellen." Durch die späte Anerkennung seiner Pionierarbeit beflügelt, begann Dart sich wieder mit Fossilien zu beschäftigen. Er unternahm Grabungen in Makapansgat, das im nördlichen Transvaal liegt. Er stieß dort auf Tausende von Knochenfragmenten, wobei allerdings nur wenige von Hominiden stammten. Immerhin wurden aber einige geschwärzte Schädelknochen und Skelettfragmente gefunden, die Ähnlichkeiten mit schon bekannten Australopithecinen aufwiesen.

Dart nannte die neue Art „Australopithecus prometheus", weil er annahm, dass sie bereits den Gebrauch des Feuers beherrschte. Das erwies sich allerdings recht bald als Irrtum, denn es zeigte sich, dass die Schwarzfärbung durch Manganablagerungen auf den Knochen verursacht worden war.

Dart ließ sich aber durch diesen Rückschlag nicht entmutigen und betrieb weiter intensive Forschungen an dem reichlich vorhandenen Knochenmaterial, zwischen dem sich auch viele Zähne und Hörner fanden. Er kam schließlich zu dem Schluss, dass etliche der Knochen Bearbeitungsspuren aufwiesen, die seiner Meinung nach von den Australopithecinen stammten. Sogar Hinweise auf zusammengesetzte Werkzeuge wurden gefunden. Deshalb vertrat Dart die Auffassung, dass die Australopithecinen bereits Werkzeuge aus Knochen, Zähnen und Horn hergestellt hatten. Er prägte dafür die Bezeichnung „osteodontokeratische Kultur".

Über diese Kultur entwickelte Dart sehr weitreichende Vorstellungen. Er nahm an, dass die Australopithecinen sehr aggressiv waren, bereits verschiedene Waffen benutzten und auch Kannibalismus betrieben. In späteren Darstellungen charakterisierte er die Australopithecinen als „Mörder und Fleischjäger“ und machte sie dafür verantwortlich, dass die spätere Entwicklung der Menschen zu „den blutbespritzten, von Gemetzeln durchzogenen Archiven der Menschheitsgeschichte führte“.

Diese recht extremen Äußerungen stimulierten die Phantasie von Schriftstellern. Insbesondere Robert Ardrey übernahm Darts Hypothesen und stellte in seinem Buch ›African Genesis‹ unsere Vorfahren als „Killeraffen“ dar, deren Aggressivität wir geerbt hätten.

Die meisten ernsthaften Wissenschaftler distanzierten sich zwar von diesen Vorstellungen, aber da Dart inzwischen ein anerkannter Experte in der paläoanthropologischen Forschung war, wurde der Werkzeug- und Waffengebrauch der Australopithecinen als gesichert betrachtet. Sogar anfängliche Zweifler wie der bekannte deutsche Anthropologe Gerhard Heberer ließen sich durch Darts Funde und die daraus hervorgehenden Rekonstruktionen überzeugen. Heberer meinte dazu in seinem Buch ›Menschliche Abstammungslehre‹, er sei „vom Saulus zum Paulus“ geworden. Dass die Australopithecinen bereits geschickte Jäger waren, wurde weitgehend auch deshalb anerkannt, weil man sich die Ansammlung der zahlreichen Tierknochen in ihrer nächsten Umgebung nicht anders erklären konnte.

Inzwischen haben sich diese Annahmen jedoch weitgehend als Irrtum erwiesen. Der südafrikanische Fossilienforscher C. K. Brain konnte nämlich nachweisen, dass die Anhäufung der Tierknochen ziemlich sicher nichts mit den Aktivitäten der Australopithecinen zu tun hatte. Vielmehr waren dafür höchstwahrscheinlich Leoparden verantwortlich, die dazu neigen, ihre Beute auf bestimmten Vorratsbäumen vor anderen Raubtieren in Sicherheit zu bringen. Von diesen Bäumen fielen dann die Knochen oft in Vertiefungen, weil in den trockenen Savannen die Bäume meist aus wasserreichen Spalten hervorwachsen. Da auch die Australopithecinen durchaus zu den Beutetieren der Leoparden gehörten, fielen auch ihre Knochen in die Spalten und vermischten sich dort mit den Skelettresten anderer Tiere. Dass Leoparden auch Australopithecinen gejagt haben, ist durch einen Schädelfund belegt, in dem die Bissstellen deutlich erkennbar sind. Die von Dart als Bearbeitungsmerkmale interpretierten Veränderungen an den fossilen Knochen lassen sich auch recht einfach als Bissspuren, insbesondere von Hyänen erklären, die aufgrund ihres sehr kräftigen Gebisses auch große Knochen zerbeißen können. Dabei entstehen nicht selten Knochenfragmente, die zugespitzt erscheinen und deshalb als Hinweis auf menschliche Manipulationen missverstanden werden können. Wenn die Australopithecinen auch keine Jäger, sondern eher Gejagte waren, so ist doch recht wahrscheinlich, dass sie neben Pflanzenkost durchaus auch Fleisch verzehrt haben. Sie haben es sich aber vermutlich nicht durch gut geplante und mutige Jagd beschafft, sondern bedienten sich an zurückgelassenen Resten von Raubtieren. Wir müssen uns also an den nicht sehr angenehmen Gedanken gewöhnen, dass unsere Vorfahren keine heroischen Jäger, sondern eher opportunistische Aasfresser waren. Tröstlich ist dabei immerhin, dass Tiere, die von Aas leben, in der Regel keine besonders aggressiven Verhaltensweisen zeigen und wir uns deshalb nicht länger als Nachkommen von Killeraffen fühlen müssen.

Auch wenn sich die von Dart beschriebene osteodontokeratische Kultur inzwischen weitgehend als Irrtum erwiesen hat, so bleibt die Frage immer noch offen, ob Australopithecinen schon Werkzeuge hergestellt oder zumindest angewendet haben. Aufgrund des nicht sehr kräftigen Körperbaus der Australopithecinen und des Fehlens von starken Krallen und großen Reißzähnen erscheint es durchaus wahrscheinlich, dass die Australopithecinen Hilfsmittel benutzt haben, um sich Nahrung zu beschaffen. Auch von Menschenaffen ist ja bekannt, dass sie Werkzeuge einsetzen. Dabei verwenden sie nicht nur zufällig gefundene Materialien, sondern betreiben zum Teil auch eine primitive Form der Werkzeugherstellung. Beispielsweise entfernen Schimpansen die Quertriebe an dünnen Ästen, damit sie besser Termiten aus ihren Bauten herausfischen können. Auch zum Nüsseknacken verwenden sie Werkzeuge, in deren Gebrauch sie sogar ihre Nachkommen unterrichten. Über diese Fähigkeiten haben die Australopithecinen höchstwahrscheinlich ebenfalls verfügt, denn ihr Gehirn war von der Größe und Entwicklungsstufe her dem der Menschenaffen mindestens ebenbürtig, wenn nicht sogar überlegen. Darüber hinaus waren die Australopithecinen schon eindeutige Zweibeiner mit aufrechtem Gang. Ihre Vorderextremitäten waren deshalb von der Fortbewegungsfunktion weitgehend entlastet und konnten sich zu feinmotorisch gut steuerbaren Manipulationsorganen entwickeln. Damit waren die Voraussetzungen für die Herstellung von Werkzeugen zweifellos besser als bei den heute bekannten Menschenaffen. Möglicherweise kann irgendwann doch noch der Nachweis geführt werden, dass die Australopithecinen schon Werkzeuge hergestellt haben. Dass ihr Arsenal aber so reichhaltig war wie es Dart in seiner Theorie von der osteodontokeratischen Kultur beschrieben hat, ist allerdings sehr unwahrscheinlich und wird deshalb wohl als einer der großen Irrtümer in die Geschichte der Paläoanthropologie eingehen.

Seltsame Funde

Die Fehleinschätzung archaischer Steinwerkzeuge

Im christlich geprägten Abendland nahm man jahrhundertelang die Schöpfungsgeschichte in der Bibel durchaus wörtlich. Aus Angaben in der Genesis wurde geschlossen, dass gleich nach der Erschaffung der Erde dort auch Menschen vorhanden waren. Das Alter der Menschheit und damit indirekt auch der Erde wurde dadurch errechnet, dass man die Summe aus der ungefähren Lebenszeit aller im Alten Testament erwähnten Geschlechter bildete. Auf diese Weise ergab sich, dass die Welt bei Christi Geburt etwa 4000 Jahre alt war. Manchen Theologen war diese Angabe noch zu ungenau und sie führten deshalb noch zusätzliche astronomische Berechnungen durch. So errechnete beispielsweise John Lightfood, der Vizekanzler der Universität Cambridge, etwa um 1650 allen Ernstes, dass die Schöpfung am 23. Oktober 4004 v. Chr. um neun Uhr morgens stattgefunden haben müsse.

Erst gegen Ende des 18. Jahrhunderts wagten einige Naturforscher die Vermutung zu äußern, dass die Erde wohl schon deutlich länger existiere. Am Alter der Menschheit von ca. 6000 Jahren gab es jedoch damals noch keinerlei Zweifel. Diese Annahme sah man auch dadurch bestätigt, dass zwar tierische, aber keine menschlichen Relikte gefunden wurden, die deutlich älter als 6000 Jahre einzuschätzen waren.

Damals wurden aber hin und wieder seltsam geformte Flintsteine mit Spitzen und scharfen Kanten gefunden, auf deren Herkunft man sich keinen Reim machen konnte. Es wurden deshalb verschiedene zum Teil recht abenteuerliche Hypothesen über ihre Entstehung aufgestellt: Sie wurden als versteinerte Blitze oder Zauberpfeile bezeichnet oder für Ausscheidungen der Wolken gehalten. Obwohl man in Europa die Nutzung der Feuersteine zum Funkenschlagen gut kannte, kam lange Zeit niemand auf die Idee, dass die scharfkantigen und oft auch pfeilspitzenförmigen Flintsteine menschliche Werkzeuge gewesen sein könnten. Als Ende des 15. Jahrhunderts Amerika entdeckt wurde und man dort Menschen mit Steinwerkzeugen hantieren sah, war eigentlich der erste Schritt zur richtigen Deutung der europäischen Funde getan. Es dauerte aber trotzdem noch fast 200 Jahre, bis Isaac de la Peyrère eine Abhandlung schrieb, in der er als Erster die steinernen Artefakte als das Werk „präadamitischer“ Menschen bezeichnete. Diese Aussage war damals aber noch eine so ungeheuerliche Gotteslästerung, dass Peyrère umgehend in Haft kam und sein Buch in Paris öffentlich verbrannt wurde.

In England veröffentlichte etwas später Sir William Dugdale das Bild einer Steinaxt, die er als Werkzeug eines prähistorischen Menschen bezeichnete. Diese Publikation wurde jedoch völlig ignoriert. Erst im 18. Jahrhundert setzte sich langsam die Auffassung durch, dass auch in Europa Menschen in früheren Zeiten Steinwerkzeuge benutzt haben könnten, ohne dass man sich jedoch weitere Gedanken über das Alter dieser Funde machte. Johann Friedrich Esper hatte 1774 die Gelegenheit, dieser Frage intensiver nachzugehen, als er in der Höhle von Gaylenreuth menschliche und tierische Knochen in unmittelbarer Nähe von Steinartefakten fand. Er getraute sich aber nicht, die nahe liegenden Schlüsse zu ziehen, sondern schrieb: er „wage nicht anzunehmen", dass die menschlichen Knochenfragmente aus derselben Zeit stammten wie die tierischen. Erst der Engländer John Frere beurteilte im Jahr 1800 die Faustkeile, die er in einer Kiesgrube in Suffolk zusammen mit Fossilien von ausgestorbenen Tieren gefunden hatte, wie folgt: „... mag uns zu der Annahme verleiten, sie stammten aus einer wahrhaft fernen Zeit, die jenseits der heutigen Welt liegt." Es blieb allerdings unklar, ob er dabei über die biblischen 6000 Jahre hinausgedacht hatte. John Freres Erkenntnisse fanden aber ebenso wenig Beachtung wie die von Philippe-Charles Schmerling, der 1830 in Belgien in der Höhle von Engis neben sehr alt aussehenden menschlichen Schädelfragmenten Steinartefakte fand, die er richtig als Erzeugnisse urzeitlicher Menschen interpretierte. Schmerling übergab seine Funde der Universität Lüttich, wo sie in einem finsteren Winkel viele Jahre überdauerten und später sogar eine gewisse Berühmtheit erlangten.

Dem französischen Multitalent Jacques Boucher de Perthes gelang es schließlich etwa in der Mitte des 19. Jahrhunderts, die richtige Einordnung der Steinwerkzeuge durchzusetzen. Er war zwar von Beruf Zollbeamter, beschäftigte sich aber in seiner Freizeit auch mit Ausgrabungen, nachdem seine Versuche als Dichter keine größere Anerkennung gefunden hatten.

Perthes fand im Tal der Somme Steinwerkzeuge neben Knochen ausgestorbener Tierarten. Er bezeichnete sie als antediluvial, was damals so viel wie „vor der Sintflut" bedeutete. Zunächst wurde er wegen dieser revolutionären Altersschätzung heftig attackiert, aber in zähem Ringen gelang es ihm schließlich immer mehr Wissenschaftler davon zu überzeugen, dass die Werkzeuge tatsächlich von prähistorischen Menschen stammten. Auch aus England erhielt Perthes bald Unterstützung. Der britische Forscher John Evans suchte Perthes auf und nahm dessen Funde in Augenschein. Vor der Royal Society in London hielt er darüber 1859 einen Vortrag und bestätigte offiziell das hohe Alter der Werkzeuge. Im gleichen Jahr veröffentlichte Charles Darwin dann auch sein weltberühmtes Buch über die Entstehung der Arten. Der Irrtum über die Herkunft der steinernen Artefakte war nun endgültig beseitigt und es begann eine intensive Forschung auf diesem Gebiet.

Inzwischen weiß man, dass die ältesten Steinwerkzeuge vor mindestens 2,5 Millionen Jahren von unseren Vorfahren vermutlich in Afrika hergestellt wurden. Zunächst bedienten diese sich wohl eines sehr einfachen Verfahrens, indem sie mit einem so genannten Hammerstein auf einen in der anderen Hand liegenden Geröllstein so gezielt einschlugen, dass scharfkantige Stücke absplitterten. Diese Splitter konnten wahrscheinlich bereits als Werkzeuge verwendet werden. Durch mehrfaches Zuschlagen mit dem Hammerstein nach einer entsprechenden Drehung des Geröllsteins entstanden aber außerdem aus dem Steinkern größere Werkzeuge mit zweiflächiger scharfer Kante. Wie Versuche gezeigt haben, konnte man damit schon ganz gut die Haut von Beutetieren abschaben und Fleisch zerschneiden. Außerdem war es mit diesem Hilfsmittel möglich, Knochen zu zerschlagen, um das wertvolle Knochenmark entnehmen zu können. Da in Afrika solche Werkzeuge vor allem in der Olduvanschlucht in Tansania gefunden wurden, spricht man von der Olduvankultur bzw. Olduvanindustrie. Auch die Bezeichnung „Geröllkultur“ findet Verwendung. Der Menschentyp, der diese Art der Werkzeugherstellung wahrscheinlich erfunden hat, wird als Homo habilis (der geschickte Mensch) bezeichnet. Neben entsprechend entwickelten Händen muss er auch schon über eine fortgeschrittene Intelligenz verfügt haben, denn es bedarf schon einer gewissen geistigen Planungsfähigkeit, um so gezielt auf einen Stein einzuschlagen, dass dabei scharfkantige Hau- und Schabgeräte, so genannte „Chopper“ entstehen. An manchen Stellen wurden größere Mengen dieser Gerätschaften auf engem Raum gefunden. Man nimmt deshalb an, dass es damals schon eine Art Arbeitsteilung gab, indem besonders geschickte Individuen die Werkzeuge auch für ihre manuell weniger befähigten Gruppenmitglieder hergestellt haben. Die Chopperherstellung blieb für etwa eine Million Jahre weitgehend unverändert.

Erst mit dem Auftreten eines neuen Menschentyps, dem Homo erectus veränderte sich dann vor ca. 1,5 Millionen Jahren das Werkzeugspektrum deutlich. Neben den auch weiter hergestellten kleineren Werkzeugen aus Flussgeröllsteinen entstanden aus größeren Steinblöcken Geräte mit einer Länge von manchmal über 20 cm. Die typischste Form war der so genannte Faustkeil, für dessen Herstellung schon ein beachtliches handwerkliches Geschick notwendig gewesen sein dürfte. Je nach ihrer Ausformung konnten die Geräte für recht unterschiedliche Zwecke eingesetzt werden. Spitz auslaufende Steine (so genannte „picks“) dienten vermutlich hauptsächlich als Messer und Bohrer, während Steine mit einer flachen, aber scharfen Kante als

„Spalter“ bezeichnet werden, weil man mit ihnen besonders gut hartes Material wie z. B. Knochen spalten konnte. Diese schon deutlich fortgeschrittene Kulturstufe wird nach dem Faustkeil-Fundort in Frankreich Saint-Achéul als Acheuléen-Industrie bezeichnet, aber auch der Begriff „Abschlagkultur“ ist geläufig.

Diese Form der Werkzeugherstellung aus Stein erhielt sich über mehr als eine Million Jahre, bis vor ca. 150 000 Jahren nochmals eine deutliche Änderung eintrat. Sie steht höchstwahrscheinlich mit dem Auftreten des Neandertalers in Verbindung. Diese Kulturstufe wird nach dem französischen Fundort Le Moustier im Vézèretal als Moustérien bezeichnet. Sie zeichnet sich dadurch aus, dass das Rohmaterial wesentlich effizienter genutzt wurde. Man hat errechnet, dass mit der Technik des Acheuléens aus etwa einem Pfund Flintstein eine Abschlagkante von ca. 10 cm gewonnen werden konnte. Die Handwerker des Moustériens erzeugten dagegen aus der gleichen Menge Stein mehrere Meter Klingenkanten. Sie waren auch in der Lage, bis zu 60 verschiedene Werkzeugtypen mit sehr scharfen Kanten herzustellen. Man spricht deshalb auch von der „Schaber-Spitzen-Kultur“. Im weiteren Verlauf folgten dann in relativ schneller Folge Veränderungen in der Herstellungstechnik, die zu immer spezialisierteren Werkzeugen führten. Träger dieser Kulturstufen, die nach französischen Fundorten z. B. als Aurignacien, Solutréen und Magdalénien bezeichnet werden, war der Homo sapiens sapiens. Wegen der Feinheit der Werkzeuge wird auch von Blattspitzen-Schmalklingen-Kulturen gesprochen. Vor etwa 5000 Jahren lernte der Mensch dann Erz zu gewinnen und zu schmelzen, um daraus Werkzeuge und Waffen herzustellen. Damit endete zumindest in Europa die Steinzeit und es begann die Bronzezeit mit ihren völlig neuen technischen Möglichkeiten.

Wiege der Menschheit

Die Suche nach dem „missing link“

Nachdem 1856 der Neandertaler entdeckt worden war und nur drei Jahre später Darwin seine Theorie über die Entwicklung der Arten publiziert hatte, forschte man intensiv nach Fossilien, die einen Zusammenhang zwischen der Entwicklung von Menschenaffen und Menschen belegen konnten. Die Suche nach diesem „missing link“ fand zunächst vor allem in Europa statt.

Es ist bis heute ein Rätsel geblieben, was den Holländer Eugène Dubois letztlich bewogen hat, sich gerade in Indonesien auf die Suche nach menschlichen Fossilien zu machen. Möglicherweise wurde er durch den berühmten deutschen Zoologen Ernst Haeckel inspiriert, der sich für die Erforschung der „Knochenhöhlen" in Südostasien eingesetzt hatte. Nach dem Studium der Medizin wandte sich Dubois zunächst der Anatomie zu und wurde recht schnell in diesem Fach Dozent an der Universität Amsterdam. In dieser Position fühlte er sich aber nicht besonders wohl, weil sie seinen Forscherdrang nicht ausreichend befriedigte. Er trat deshalb als Militärarzt in die holländische Armee ein und kam so nach Indonesien, das damals noch eine holländische Kolonie war. Zu diesem Schritt hatte Dubois wahrscheinlich weniger die Freude am Soldatentum bewogen als vielmehr die Aussicht, vermehrt seinen wissenschaftlichen Neigungen im Bereich der Fossilienforschung nachgehen zu können.

Schon bald nach seiner Ankunft in Südostasien begann er mit der Erkundung der zahlreichen Höhlen, die vor allem in den Kalkfelsen von Sumatra vorhanden sind. Dort fand Dubois zwar eine Vielzahl von Knochen, die aber alle nicht von Hominiden stammten. Deshalb wandte er sich der Insel Java zu, wo er 1891 bei dem Ort Trinil in der Uferregion des Flusses Solo tatsächlich das Schädeldach eines menschenähnlichen Wesens fand. Bei weiteren Grabungen wurde auch noch ein Oberschenkelknochen entdeckt, der eindeutig Merkmale aufwies, die einen aufrechten Gang vermuten ließen. Anhand des Schädeldaches schätzte Dubois die Größe des gesamten Gehirnschädels auf etwa 1000 Kubikzentimeter und kam zu dem Ergebnis, dass er für einen Menschenaffen deutlich zu groß war. Da etliche andere Merkmale teils an Menschen, teils an Affen erinnerten, zog Dubois den Schluss, dass er das fehlende Bindeglied, das „missing link", zwischen den Stammbäumen von Affen und Menschenaffen gefunden hatte. Er gab ihm den Namen „Pithecanthropus erectus", was so viel bedeutet wie „aufrecht gehender Affenmensch". Anhand der in der gleichen Erdschicht gefundenen Tierreste konnte Dubois feststellen, dass das Skelett wahrscheinlich aus dem eiszeitlichen Pleistozän stammte, das man damals auf ein Alter von einigen hunderttausend Jahren schätzte. Das deutete darauf hin, dass der Pithecanthropus ein deutlich höheres Alter aufwies als der schon bekannte europäische Neandertaler. Die Gegner von Dubois, zu denen auch Rudolf Virchow gehörte, bestritten allerdings die Sonderstellung von Pithecanthropus und bezeichneten ihn als eine Art Riesengibbon, der mit dem Menschen nichts gemein habe.

Die von Dubois vorgenommene Einordnung des Pithecanthropus außerhalb der menschlichen Entwicklungslinie erwies sich später allerdings als ein schwerwiegender Irrtum. Vor allem der Vergleich des Schädelvolumens mit dem anderer Funde ergab eindeutig, dass Pithecanthropus der humanen Entwicklung zuzuordnen ist. Dubois blieb aber zeitlebens bei seiner Meinung, dass Pithecanthropus der Vertreter einer eigenen Spezies war, die als eine Art Bindeglied zwischen der Affen- und Menschenlinie stand. Nach der Theorie von Dubois war zunächst aus einem gibbonartigen Affen ein so genannter „indischer Schimpanse“ entstanden, aus dem dann später der Pithecanthropus hervorging. Heute wissen wir, dass Pithecanthropus bereits ein relativ hoch entwickelter Mensch war, der schon Steinwerkzeuge herstellte. Deshalb wurde seine wissenschaftliche Bezeichnung in „Homo erectus“ (der aufrechte Mensch) geändert.

Die Aufsehen erregenden Funde von Dubois führten unter anderem dazu, dass man die Wiege der Menschheit zunehmend in Asien vermutete. Vor allem der sehr renommierte amerikanische Forscher Henry Fairfield Osborne vertrat vehement diese Meinung. Er schrieb in einem Artikel, dass sich die „Frühmenschen in der stärkenden Atmosphäre des relativ trockenen Hochlandes entwickelt hatten, während die Menschenaffen im bewaldeten Tiefland von Asien und Europa prächtig gediehen“. Als Direktor des Amerikanischen Museums für Naturgeschichte organisierte Osborne mehrere Expeditionen, um seine Hypothese durch entsprechende Fossilfunde zu belegen. Das misslang ihm zwar, aber durch andere wichtige Entdeckungen konnte er trotzdem die Aufmerksamkeit auf Asien lenken.

Parallel zu den amerikanischen Initiativen hatte der schwedische Wissenschaftler Johann Gunnar Andersson mit der Fossiliensuche in China begonnen. Er fand in den Höhlen von Zhoukoudian zahlreiche Steingeräte, aber keine Fossilien von Hominiden. 1921 entdeckte Otto Zdansky dann die ersten menschenähnlichen Zähne, die er allerdings erst fünf Jahre später auf einem Kongress in Peking der Öffentlichkeit vorstellte. Mit finanzieller Unterstützung der Rockefeller-Stiftung wurden danach die Höhlenablagerungen intensiv untersucht. 1929 gelang dann tatsächlich die Bergung eines recht gut erhaltenen Hirnschädels eines Hominiden. Er wurde aber auch zunächst nicht der Gattung Homo zugeordnet, sondern erhielt den Namen „Sinanthropus pekinensis“, was auf Deutsch „China-Mensch von Peking“ bedeutet. Im weiteren Verlauf der Grabungen wurden Knochen von insgesamt 14 verschiedenen Schädeln gefunden. Sie zeigten eine etwas größere Hirnschädelkapazität als diejenige des Pithecanthropus, sahen ihm aber ansonsten durchaus ähnlich. Besonders aufregend war aber, dass man Hinweise auf den Gebrauch von Feuer und Werkzeugen fand, sodass man dem Sinanthropus eigentlich hätte menschliche Verhaltensweisen zusprechen müssen.

Trotzdem verharrten die meisten Wissenschaftler weiter in dem Irrtum, dass Sinanthropus nicht in die Gruppe der Homininae, der echten Menschen gehört. Vielleicht spielte dabei eine Rolle, dass der deutsche Forscher Franz Weidenbach an den Sinanthropus-Schädeln Anzeichen für Kannibalismus entdeckt zu haben glaubte. Er schrieb dazu, dass „es sich für manchen Menschen als ziemlich erschreckend erweisen könne, zu erfahren, daß der primitivste Vorfahr der heutigen Menschheit solch schreckliche Taten ... zu verantworten hat". Heute hält man diese blutrünstige Vorstellung, die sich vor allem auf eine spezielle Art der Beschädigung vieler Schädel begründete, für eine Fehleinschätzung. Damals schien aber eine gewalttätige Vergangenheit des Menschen dem Zeitgeist zu entsprechen, denn auch der afrikanische Australopithecus wurde als „Killeraffe" eingestuft (siehe S. 41). In der neuen Literatur werden sowohl Sinanthropus als auch Pithecanthropus der Gruppe Homo erectus zugeordnet.

In den folgenden Jahren wurde in Asien eine Vielzahl von bedeutenden menschlichen Fossilien gefunden, die als Beleg gewertet wurden, dass sich die Entwicklung des Menschen vorwiegend auf diesem Kontinent abgespielt hatte. Eine besondere Bedeutung kam dabei der Entdeckung des „Ramapithecus brevirostris" zu, bei dem der Hindugott Rama Namenspate war. Ins Deutsche übersetzt, heißt das ungefähr: „Ramas kurzschnäuziger Affe". Von ihm wurden in Nordindien 1934 zunächst nur zwei Kieferfragmente gefunden. Der amerikanische Anthropologe Edward Lewis bezeichnete seine Funde anfangs als „den Hominiden weitaus näher als jede bisher belegte Gattung". Später ordnete er den Ramapithecus sogar als menschenartig ein. Diese Einschätzung wurde später von zwei amerikanischen Kollegen bestätigt, die aus den Fragmenten vollständige Kiefer rekonstruierten, die einen parabolisch geformten Zahnbogen aufwiesen. Als das Alter der Kieferfragmente auf mehrere Millionen Jahre geschätzt wurde, schien die Sensation perfekt zu sein, denn danach wäre Ramapithecus der mit Abstand älteste Hominide gewesen. Leider brach die Hypothese in sich zusammen, als besser erhaltene Ramapithecusfunde gemacht wurden. Die menschlich aussehende Kieferrekonstruktion erwies sich als nicht mehr haltbar und Ramapithecus verabschiedete sich damit aus der humanen Entwicklungslinie. Heute wird er als ein Vorläufer des Orang-Utans eingestuft.

Nach diesem Rückschlag mehrten sich die Zweifel an der asiatischen Herkunft des Menschen. Man wandte sich verstärkt Afrika zu, wo inzwischen auch interessante Funde gemacht worden waren, die zunächst aber wenig Beachtung gefunden hatten. Insbesondere die dort entdeckten Australopithecinen zeigten sehr viel mehr Ähnlichkeit mit dem Menschen als die Ramapithecinen. Im Lauf der Jahre hatte man mehrere Vertreter der Australopithecus-Gruppe in verschiedenen Regionen Afrikas entdeckt, wobei die ältesten Formen auf ein Alter von fast 5 Millionen Jahren geschätzt wurden. Da sie ein sehr menschenähnliches Gebiss hatten und auch aufrecht gehende Zweibeiner waren, werden sie heute als der wichtigste Vorläufer des Menschen angesehen. Weil sie bisher nur in Afrika gefunden wurden, geht man inzwischen davon aus, dass die Wiege der Menschheit irrtümlicherweise nach Asien verlegt wurde und dass ihr richtiger Standort in Afrika zu suchen ist. Damit ist man nach einigen Irrwegen wieder zu Darwins Vorstellungen zurückgekehrt, der schon im 19. Jahrhundert die Meinung vertrat, dass der Mensch sich in Afrika entwickelt habe. Die Afrika-Hypothese wird heute nicht nur durch Fossilfunde gestützt, sondern auch durch molekularbiologische Bevölkerungsanalysen. Sie zeigen, dass die derzeit in Afrika lebenden Menschen die meisten Mutationen in der Mitochondrien-DNA aufweisen und deshalb wohl die älteste Gruppe darstellen. Da Mitochondrien-DNA nur über die Eizellen vererbt wird, kann man damit allerdings nur die weibliche Entwicklungslinie verfolgen. Deshalb spricht man auch von der afrikanischen „Eva-Hypothese“.

Das „missing link“ zwischen den Entwicklungslinien der Menschen und Menschenaffen hat man allerdings bis heute noch nicht gefunden. Aufgrund genetischer Vergleichsuntersuchungen wird zur Zeit angenommen, dass sich schon vor ca. 12 Millionen Jahren die Entwicklungslinie des Orang-Utan von dem gemeinsamen Stammbaum abgespalten hat. Vor 7–8 Millionen Jahren trennten sich dann die Gorillas ab und ca. 2 Millionen Jahre später spaltete sich schließlich die menschliche Linie von der Schimpansenlinie ab. Homo sapiens ist wahrscheinlich erst vor 500 000 Jahren aus einem der damals lebenden Menschentypen hervorgegangen. Umstritten ist allerdings immer noch, ob der Homo sapiens wirklich nur einmal in Afrika entstanden ist oder ob sich in anderen Regionen eine vergleichbare Entwicklung abgespielt hat. Heute lebt jedenfalls nur noch eine Menschenart, der Homo sapiens sapiens.

Verkannter Urmensch

Die wechselvolle Geschichte der Neandertaler

Das Neandertal, nach dem die Neandertaler benannt worden sind, liegt in der Nähe von Düsseldorf. Der Fluss Düssel hat dort im Lauf der Jahrtausende eine tiefe Schlucht in den Kalkstein geschnitten, wobei auch zahlreiche Höhlen und Grotten entstanden sind. Die reizvolle Landschaft wurde in der zweiten Hälfte des 19. Jahrhunderts durch Kalkabbau weitgehend zerstört, sodass heute das nach dem ehemaligen Rektor der Düsseldorfer Lateinschule und bekannten Kirchenliederdichter Joachim Neander benannte Tal nicht mehr besteht.

1856 erschien in der Elberfelder Zeitung ein kurzer Bericht, der gekürzt wie folgt lautete: „Mettmann, den 4. Sept., Im benachbarten Neanderthale … ist in den jüngsten Tagen ein überraschender Fund gemacht worden. Durch das Wegbrechen der Kalkfelsen … gelangte man an eine Höhle … Bei dem Hinwegräumen dieses Thons fand man ein menschliches Gerippe, das zweifellos unberücksichtigt und verloren gegangen, wenn nicht glücklicherweise Dr. Fuhlrott von Elberfeld den Fund gesichert und untersucht hätte. Nach der Untersuchung dieses Gerippes, namentlich des Schädels, gehörte das menschliche Wesen zu dem Geschlechte der Flachköpfe, deren noch heute im amerikanischen Westen wohnen, von denen man in den letzten Jahren auch mehrere Schädel an der oberen Donau bei Sigmaringen gefunden hat. Vielleicht trägt dieser Fund zur Erörterung der Frage bei: Ob dieses Gerippe einem mitteleuropäischen Urvolke oder blos einer (mit Attila?) streifenden Herde angehört habe."

Der erwähnte Dr. Johann Carl Fuhlrott war in Elberfeld Realschullehrer. Er war von dem Steinbruchbesitzer Beckershoff über den Fund unterrichtet worden, weil bekannt war, dass er ein vielseitig interessierter und kenntnisreicher Naturwissenschaftler war. Fuhlrott hatte sofort erkannt, dass es sich nicht wie von Beckershoff vermutet um Überreste eines Höhlenbären, sondern um einen recht alten menschlichen Knochenfund handelte. Über die Bedeutung des Fundes war sich Fuhlrott zunächst aber auch noch nicht im Klaren. Er nahm die 16 Skeletttteile mit nach Hause, um sie noch genauer zu untersuchen. Die Zeitungsmeldung über den Fund kam ohne sein Zutun zustande. Zufällig lasen auch zwei Wissenschaftler der Bonner Universität die relativ kurze Zeitungsnotiz. Es handelte sich um den Anatomen Franz Josef Mayer und den Anthropologen Hermann Schaaffhausen. Sie baten Fuhlrott um Überlassung des Skeletts für weitergehende Untersuchungen. Zunächst schickte Fuhlrott jedoch nur einen Gipsabdruck des Schädeldachs, später reiste er aber selbst nach Bonn, um den Fund zu übergeben. Da Professor Mayer wegen Krankheit sich zunächst nicht intensiv mit dem Skelett beschäftigen konnte, überließ Fuhlrott die Fundstücke dem jungen Professor Schaaffhausen. Er vertrat in zwei 1858 und 1859 erschienenen Publikationen die Auffassung, dass das Skelett mit den jungsteinzeitlichen Funden aus Mecklenburg vergleichbar sei, die auf ein Alter von 8–9000 Jahren geschätzt wurden. Sein Kollege Mayer schätzte die Knochen sogar noch viel jünger ein.

Für die stark hervortretenden Überaugenwülste hatte er die ziemlich merkwürdige Erklärung, dass der Neandertaler wegen chronischer Schmerzen dauernd die Stirn gerunzelt habe, wodurch es zu Knochenwucherungen im Bereich der Augenbrauen gekommen sei.

Mit diesen Einschätzungen war Fuhlrott keineswegs einverstanden. Er war inzwischen durch seine Untersuchungen zu der Überzeugung gelangt, dass das Skelett viel älter war und wahrscheinlich aus einer frühen Eiszeitperiode stammte. Mit dieser Ansicht stand er allerdings zunächst völlig allein, denn man war damals noch allgemein der Meinung, dass so früh noch keine Menschen gelebt haben könnten. Insbesondere kirchliche Kreise sahen in Fuhlrotts Theorie eine Ketzerei, denn sie stellte die biblische Schöpfungsgeschichte in Frage. In seiner Publikation von 1859 schrieb Fuhlrott trotzig: „Ich will auf jede Propaganda für meine Überzeugung gern verzichten und das entscheidende Urteil über die Existenz fossiler Menschen der Zukunft anheim stellen."

Zu Fuhlrotts Lebzeiten wurde zumindest in Deutschland das hohe Alter des Neandertalerfundes nicht anerkannt. Dazu hat wesentlich beigetragen, dass der schon damals sehr berühmte und einflussreiche Pathologe Rudolf Virchow den Fund völlig falsch einschätzte. Er untersuchte das Skelett nur kurz und diagnostizierte, dass der Mensch aus dem Neandertal an verschiedenen Krankheiten gelitten habe und mehrfach schwer verletzt worden sei. Sein Alter schätzte er auf einige hundert oder tausend Jahre. Bei dieser Einschätzung blieb Virchow auch noch, nachdem weitere Neandertalerskelette entdeckt worden waren. Später stellte sich heraus, dass die Krankheitssymptome, die Virchow festgestellt zu haben glaubte, in Wirklichkeit typische Körperbaumerkmale des Neandertalers waren. Das trifft insbesondere für die leicht gebogenen Oberschenkelknochen zu, die Virchow für eine rachitische Veränderung gehalten hatte.

In England wurde der Neandertalerfund ganz anders eingeschätzt. Dort war ja 1859 das zweibändige Werk von Charles Darwin erschienen, in dem er die Entstehung der Arten durch die natürliche Selektion erklärte. Diese neue Evolutionstheorie erregte großes Aufsehen und wurde äußerst kontrovers diskutiert. Die Anhänger Darwins waren demzufolge sehr an fossilen Funden menschlichen Ursprungs interessiert, um damit nachzuweisen, dass die Theorie der Evolution auch für den Menschen Gültigkeit hat. Deshalb besuchte der schottische Geologe Sir Charles Lyell 1860 Fuhlrott und bestätigte ihm, dass auch seiner Meinung nach der Neandertaler aus der Riss-Würm-Zwischeneiszeit stammte und damit der Fund ein Alter von ca. 50 000 Jahren hatte. Der irische Wissenschaftler William King übernahm diese Einschätzung und prägte den Namen „Homo neanderthalensis". Thomas Henry Huxley stufte den Neandertaler in seinen weltberühmten Büchern als eines der wichtigsten Beweisstücke für die Evolution des Menschen ein. Ihn erstaunte vor allem das große Gehirnvolumen des Neandertalers, das mit über 1400 ml knapp über dem Durchschnitt der heutigen Menschen lag. Huxley sah deshalb im Neandertaler keinen primitiven Urmenschen, sondern vielmehr eine Sonderform des Homo sapiens. Dieser Zuordnung widersprachen die meisten anderen Wissenschaftler allerdings heftig. Aufgrund des noch recht archaischen Gesichtsschädels und der sehr massiven Bauweise des Skeletts hielten sie den Neandertaler für einen sehr primitiven Menschen, der keinesfalls mit dem heutigen Menschen vergleichbar sei. Die damaligen Rekonstruktionen der Neandertaler hatten dementsprechend meist mehr Ähnlichkeit mit einem Affen als mit einem Menschen. Erst in der zweiten Hälfte des 20. Jahrhunderts änderte sich die Betrachtungsweise und man erkannte immer deutlicher, dass die Neandertaler hoch entwickelte Menschen waren, die dem heutigen Homo sapiens in vielerlei Hinsicht nicht nachstanden. Die britischen Anatomen W. L. Straus und A. J. E. Cave machten das 1957 deutlich, indem sie schrieben: „... es ist zweifelhaft, ob der Neandertaler ... wenn man ihn in eine moderne New Yorker U-Bahn setzen könnte, mehr Aufmerksamkeit erregen würde als einige andere Fahrgäste – vorausgesetzt, er wäre gebadet, rasiert und modern gekleidet."

Entsprechend dieser neuen Einschätzung des Entwicklungsstandes der Neandertaler stellten einige Anthropologen die Hypothese auf, dass dieser Menschentyp ein direkter Vorfahre des heute in Europa lebenden Homo sapiens gewesen sei. Die deutlichen anatomischen Unterschiede wurden als eine Anpassung an die damals recht unwirtlichen klimatischen Verhältnisse erklärt.

Diese engen verwandtschaftlichen Beziehungen haben sich jedoch inzwischen als Irrtum herausgestellt. In den 90er Jahren des 20. Jahrhunderts gelang es nämlich am Zoologischen Institut der Universität München, aus dem Oberarmknochen des Neandertalers Desoxyribonukleinsäure (DNA) zu gewinnen. Die beiden Wissenschaftler M. Krings und S. Pääbo interessierten sich dabei weniger für die DNA der Zellkerne als für die mitochondriale (mt) DNA. Die Mitochondrien liegen als Energie erzeugende Organellen im Zellplasma und verfügen über wesentlich kürzere DNA-Moleküle als die Zellkerne. Die Zusammensetzung eines aus 379 Basen bestehenden mt-DNA-Stücks des Neandertalers wurde mit der entsprechenden Mitochondrien-DNA von vielen heute lebenden Menschen aus den verschiedensten Regionen der Erde verglichen. Dabei zeigte sich, dass die DNA des heutigen Menschen sich durchschnittlich nur in 8 Basen unterscheidet, während die Neandertaler-DNA Veränderungen in 27 Positionen aufweist. Diese wesentlich stärkere Abweichung in der Basensequenz der Neandertaler-DNA zeigt, dass er genetisch mit dem heutigen Menschen nur entfernt verwandt ist. Die Ergebnisse wurden inzwischen von mehreren anderen Arbeitsgruppen bestätigt, wobei auch andere Neandertaler in die Untersuchung miteinbezogen wurden.

Auch die virtuelle Rekonstruktion von Neandertalerschädeln mithilfe computertomographischer Aufnahmen von Knochenfunden belegt eine weitgehend eigenständige Entwicklung der beiden Menschentypen. Diese Untersuchungen wurden kürzlich an der Universität Zürich von dem Neurobiologen Christoph Zollikofer und der Anthropologin Marcia Ponce de León durchgeführt. Zollikofer meinte dazu: „Es war eine große Überraschung, als wir feststellten, wie homogen und eigenständig sich die beiden Rassen während ihrer Entwicklung verhalten." Heute geht man davon aus, dass sich die Entwicklungslinien des heutigen Homo sapiens und des Neandertalers schon vor etwa 600 000 Jahren getrennt haben. Diese voneinander weitgehend unabhängige Evolution der beiden Menschentypen ist insofern erstaunlich, als sie zumindest in Europa zweifellos für recht lange Zeit nebeneinander gelebt haben. Durch welche Ereignisse es letztlich dazu kam, dass die Neandertaler vor etwa 30 000 Jahren relativ schnell ausstarben und der Homo s. sapiens der einzige Vertreter der menschlichen Art wurde, ist bis heute noch ein weitgehend ungelöstes Rätsel.

Interessante Schädel

Die Irrtümer der Phrenologie und Kraniologie

Der Schädel (Kranium) und das darin enthaltene Gehirn erregten schon früh die Aufmerksamkeit der Menschen. Bereits an Schädeln, die mehrere tausend Jahre alt sind, kann man erkennen, dass mit scharfen Steinwerkzeugen Löcher in das Schädeldach gebohrt wurden. Welchen Zweck diese so genannten „Trepanationen" hatten, weiß man bis heute nicht genau. Da sie zum Teil bei Lebenden durchgeführt wurden, kann man medizinische Gründe vermuten. Die Ränder der Bohrlöcher erscheinen oft geglättet, was dafür spricht, dass der Eingriff trotz fehlender Hygiene nicht selten für längere Zeit überlebt wurde.

Die Lokalisation des Denkvermögens im Gehirn wird Pythagoras (um 500 v. Chr.) zugeschrieben. Hippokrates (um 400 v. Chr.) hatte schon recht genaue Vorstellungen vom Gehirn und seinen Funktionen. Er schrieb: „Man muss wissen, dass auf der einen Seite das Vergnügen, die Freude, das Lachen und die Spiele, auf der anderen Seite der Schmerz, der Kummer, die Unzufriedenheit und die Klagen von nirgendwo anders als vom Gehirn kommen." Hippokrates verfasste auch eine Abhandlung über die ›Verletzungen des Schädels‹. Darin wird bereits erwähnt, dass auf der rechten Körperseite Krämpfe auftreten können, wenn eine Verletzung links am Schädel vorliegt.

Galenus (129–199 n. Chr.) war einer der bedeutendsten Ärzte der römischen Kaiserzeit. Er nannte das Gehirn „Fürst der Eingeweide" und beschrieb sieben Paare von „Schädelnerven". Nach ihm kam die anatomische Forschung und damit auch die Erkundung des Gehirns für lange Zeit mehr oder minder zum Stillstand. Erst 1543 erschienen neue bahnbrechende Werke des großen Arztes Andreas Vesal aus Brüssel (1514–1564). Ihm folgten zahlreiche bedeutende Anatomen, die sich aber relativ wenig für den Schädel und dessen Inhalt interessierten.

Das änderte sich, als der deutsche Arzt Franz Joseph Gall (1758–1828) intensiv die anatomischen Beziehungen zwischen Schädelform und Gehirnentwicklung erforschte. Er stellte fest, „daß die Verschiedenheit der Kopfgestalt durch die verschiedene Gestalt des Gehirns veranlaßt wird und daß die verschiedenen Theile des Gehirns die verschiedenen Organe der menschlichen Fähigkeiten sind". Aus diesen durchaus richtigen Ansätzen entwickelte Gall gemeinsam mit seinem Freund Spurtzheim eine neue Lehre, die später „Phrenologie" genannt wurde. Die Bezeichnung leitet sich von dem griechischen Wort „phrenos" ab, das so viel wie „Geist" bedeutet. Kernstück dieser Forschungsrichtung war die Vorstellung, dass man an der Kopfform eines Menschen erkennen kann, welche geistigen Fähigkeiten und Charaktereigenschaften er hat.

Gall und Spurtzheim erregten mit ihrer Lehre zunächst in Wien, später auch in Berlin und Paris großes Aufsehen. Viele Künstler fühlten sich davon inspiriert und selbst Goethe soll sich anerkennend geäußert haben. Im Laufe der Jahre wurden Galls Vorstellungen allerdings immer extremer. Er glaubte schließlich an der Kopfform die Ausprägung von 35 verschiedenen „Sinnen" erkennen zu können. Seine phrenologischen Diagnosen erwiesen sich letztlich so oft als unzutreffend, dass diese Lehre von kritischen Wissenschaftlern zunehmend als Irrweg erkannt wurde. Nach dem Tode ihrer beiden Galionsfiguren in den Jahren 1828 bzw. 1832 geriet die Phrenologie dann auch relativ bald in Vergessenheit. Bruchstücke dieser Lehre finden sich aber noch bis heute in unserem Sprachgebrauch. So geht z.B. der Ausdruck, jemand habe einen „musikalischen Hinterkopf", auf die Gall'sche Lehre zurück. Er nahm nämlich an, dass ein weit ausladender Hinterkopf auf ein stark entwickeltes Kleinhirn hinweist, das er irrtümlicherweise für den Sitz emotionaler Eigenschaften hielt.

Auch wenn die Phrenologie sich als Fehlentwicklung erwies, so lenkte sie doch das Interesse der Wissenschaftler auf den Gehirnschädel. Man entdeckte, dass es mit einfachen Methoden (z. B. durch Füllen mit Sand) möglich war, das Innenvolumen des Gehirnschädels zu messen und so die Größe des Gehirns zu bestimmen. Man nahm an, dass die Gehirngröße generell als Maß für den intellektuellen Entwicklungsstand verwendet werden kann. Die Schädelmessungen wurden dann zunehmend für den Vergleich verschiedener Menschenrassen eingesetzt, da es damals im christlichen Abendland so gut wie keinen Zweifel daran gab, dass die menschlichen Rassen unterschiedliche Entwicklungsstufen des Menschen darstellen. Man diskutierte nur darüber, ob diese Unterschiede bereits von Anbeginn der Schöpfung vorhanden waren oder ob sie sich erst später durch degenerative Prozesse entwickelt hatten. Zu der Zeit stand auch außer Frage, dass die Großrasse der Europiden, die im englischen Sprachraum auch Kaukasier genannt werden, die höchstentwickelte Rasse darstellt. Die Indianiden und Mongoliden wurden meist zweitrangig eingestuft, während die Negriden als besonders unterentwickelt betrachtet wurden. Trotz dieser fest verankerten Grundeinstellung bestand aber durchaus ein Interesse daran, diese Unterschiede auch zu quantifizieren und damit wissenschaftlich zu untermauern.

In dieser Hinsicht tat sich vor allem der amerikanische Arzt Samuel George Morton aus Philadelphia hervor, der im Laufe seines Lebens über 1000 menschliche Schädel sammelte. Daran nahm er zahlreiche Messungen vor, die er in drei großen Bänden veröffentlichte. Besonderes Interesse fanden die Volumenmessungen, aus denen hervorging, dass die Schädel von Kaukasiern bzw. Europiden ein durchschnittliches Gehirnschädelvolumen von 87 Kubikzoll (2208 cm^3) aufwiesen, während die Mongoliden und Indianiden nur 83 (2110 cm^3) bzw. 82 (2080 cm^3) erreichten und die Negriden bei 78 (1900 cm^3) lagen. Diese Schädelmessungen machten Morton so berühmt, dass die New York Times nach seinem Tod im Jahre 1851 schrieb: „Wahrscheinlich hat kein Mann der Wissenschaft in Amerika einen höheren Ruf unter den Gelehrten auf der ganzen Welt genossen als Dr. Morton."

Erst 1977 unterzog sich Stephen Jay Gould, Professor für Wissenschaftsgeschichte an der Universität von Harvard, der Mühe, die Originaldaten von Morton zu überprüfen. Dabei stellte sich heraus, dass bei korrekter Auswertung kein statistisch signifikanter Unterschied zwischen den Rassen feststellbar war. Gould schrieb über die Arbeitsweise von Morton recht kritisch:

„Mortons Zusammenfassungen sind ein Mischmasch aus Pfusch und Mogelei ... Dennoch ... kann ich keine Anhaltspunkte für bewußte Täuschung finden; hätte Morton bewußt geschummelt, hätte er seine Daten nicht so unbekümmert veröffentlicht." Es spricht deshalb alles dafür, dass Morton einer Selbsttäuschung erlegen ist, zu der vermutlich seine schon vorher feststehende Meinung über das zu erwartende Ergebnis wesentlich beigetragen haben dürfte.

Auch in Europa wurde in der ersten Hälfte des 19. Jahrhunderts das Schädelmessen modern. Ein besonders eifriger Kraniologe war der berühmte französische Chirurg und Anthropologe Paul Broca (1824–1880). Nach ihm wurde das motorische Sprachzentrum benannt, das er in der linken unteren Stirnhirnwindung des menschlichen Gehirns lokalisierte. Broca war wie Morton fest davon überzeugt, dass die Größe des Gehirnschädels eines der wichtigsten Kriterien für den geistigen Entwicklungsstand eines Menschen ist. Im Gegensatz zu Morton führte er allerdings seine Messungen sehr viel präziser durch. Dabei ergab sich allerdings das Problem, dass das Schädelvolumen bei mongoliden Rassen oft größer war als bei europiden. Aus heutiger Sicht wäre es nahe liegend gewesen, daraus den Schluss zu ziehen, dass das Schädelvolumen nicht rassenspezifisch ist und keine Aussagen über die Entwicklungsstufe von Menschen erlaubt. Broca änderte aber nicht seine Grundüberzeugung, sondern nur die Bewertung der Messergebnisse. Er schrieb: „... Eine niedere Rasse kann daher ein großes Gehirn haben. Dies jedoch tut dem Wert der kleinen Gehirngröße als Kennzeichen der Minderwertigkeit keinen Abbruch."

Mit dem kleineren weiblichen Gehirnschädel glaubte Broca dann auch die geistige Minderwertigkeit von Frauen belegen zu können, die damals auch allgemein als unbestreitbares Faktum angesehen wurde.

Der deutsche Anatom Friedrich Tiedemann erlaubte sich allerdings darauf hinzuweisen, dass man den Unterschied des Schädelvolumens zwischen Männern und Frauen auch mit ihrer unterschiedlichen Körpergröße erklären könnte. Darauf antwortete Broca mit „männlicher" Logik: „... Doch dürfen wir nicht vergessen, daß Frauen im Durchschnitt ein bißchen dümmer sind als Männer, ein Unterschied, den man nicht übertreiben sollte, der aber nichtsdestoweniger real ist. Es ist uns daher die Annahme gestattet, daß die relative Kleinheit des Frauenhirns zum Teil von ihrer körperlichen Unterlegenheit und zum Teil von ihrer geistigen Unterlegenheit herrührt."

Bei anderer Gelegenheit maß Broca aber dem Einfluss der Körpergröße auf das Schädel- bzw. Gehirnvolumen erheblich größere Bedeutung bei: Sein Hauptkritiker, Louis Pierre Gratiolet, stellte nämlich die schändliche Behauptung auf, Deutsche hätten größere Gehirne als Franzosen. Broca wies in seiner scharfen Entgegnung darauf hin, dass bei den deutschen Schädeln eine Reduzierung vorgenommen werden müsse, weil Deutsche im Durchschnitt hochwüchsiger seien als Franzosen. Als aber die Korrektur mithilfe der Körpergröße noch nicht ausreichte, um die peinliche deutsche Überlegenheit zu beseitigen, führte Broca so lange weitere Korrekturen durch, bis er die deutschen Gehirne kleinergerechnet hatte als die französischen. Dabei waren die einzelnen Korrekturschritte durchaus gut begründet, es wurden aber nur solche herangezogen, die eine Reduzierung des deutschen Gehirnvolumens bewirkten …

Im Gegensatz zu seiner Begeisterung für die Messung des Schädelvolumens konnte sich Broca für den so genannten Schädelindex nie so recht erwärmen. Dieser von dem Schweden Anders Retzius eingeführte Index wird aus dem Verhältnis von maximaler Schädelbreite und Schädellänge berechnet. Retzius hatte die Theorie aufgestellt, dass die „fortschrittlicheren Langschädel-Rassen" sich in Europa im Laufe der Zeit gegen die „primitiveren Kurzschädel-Rassen" durchgesetzt hätten. Broca widerlegte diese Hypothese in überzeugender und eleganter Weise durch Messungen an Steinzeitschädeln und warf Retzius vor, seine Lehre sei mehr Selbstbeweihräucherung als empirische Wahrheit. Sollte bei dieser kritischen Beurteilung evtl. die Tatsache eine Rolle gespielt haben, dass Broca wie die meisten Franzosen einen ausgesprochen kurzen Schädel hatte? Zweifellos hatte Broca Recht, als er die Theorie von Retzius zu einem Irrweg erklärte, aber gleichzeitig versäumte er, seine eigenen kraniologischen Untersuchungen einer ähnlich scharfen Analyse zu unterziehen. Durch diesen Mangel an Selbstkritik bleibt Brocas Name mit einer ganzen Reihe von heute fast unverständlichen wissenschaftlichen Irrtümern verbunden. Das ändert aber nichts daran, dass er auf dem Gebiet der Gehirnanatomie wirklich Großes geleistet hat.

3. Psychologie

Zu viel Sex

Die Irrwege der Psychoanalyse

Die Anfänge der Psychoanalyse werden oft im Jahr 1895 gesehen, weil zu dieser Zeit Sigmund Freud gemeinsam mit Josef Breuer die ›Studien über Hysterie‹ verfasste. Freud selbst benutzte das Wort „Psychoanalyse" allerdings erst 1896 in einer Arbeit über die Ätiologie der Neurosen. Er verwendete ihn als Ersatz für die Begriffe „Suggestion" (Beeinflussung) und „Katharsis" (Läuterung). Zum Durchbruch verhalf der neuen Lehre aber wohl erst das Buch ›Die Traumdeutung‹, das 1900 erschien. Die Freud'sche Lehre von der Dynamik des unbewussten Seelenlebens hat das Geistesleben des 20. Jahrhunderts vor allem in Europa und Amerika in vielfältiger Weise geprägt. Der Philosoph Richard Rorty verglich Freud in seiner Wirkung auf die Gesellschaft sogar mit Platon und Christus, wobei er hervorhob, dass es bei Freud weniger als ein Jahrhundert gedauert habe, bis seine Ideen sich auf der ganzen Welt verbreitet hätten. Nicht nur zahlreiche Psychologen, Mediziner und Philosophen, sondern auch eine Vielzahl von Kulturschaffenden waren von den Freud'schen Ideen fasziniert. Zu seinem 80. Geburtstag gratulierten ihm 197 bekannte Schriftsteller und Künstler aus der ganzen Welt, darunter James Joyce, Pablo Picasso und Virginia Woolf. An der überragenden Bedeutung von Sigmund Freud für die Entwicklung des geistigen Lebens und insbesondere der Psychologie kann daher kein Zweifel bestehen. Im Laufe seines vielseitigen und oft auch sehr spekulativen Schaffens sind Freud aber auch einige schwerwiegende Irrtümer unterlaufen, die zum Teil bis heute noch nachwirken.

Der problematischste Bereich der Freud'schen Psychoanalyse ist zweifellos das triebtheoretische Modell, wonach der Mensch in seinem Erleben und Handeln fast ausschließlich von psychosexuellen und aggressiven Triebwünschen abhängig ist. Da nach dieser Theorie viele kindliche Triebäußerungen im sozialen Umfeld Konflikte verursachen, müssen sie von den Kindern unterdrückt werden, was schließlich zu einer Verdrängung ins Unterbewusstsein führen soll. Da sich die Triebimpulse aber nicht ganz unterdrücken lassen, äußern sie sich laut Freud in Phantasien, Träumereien und zum Teil auch in pathologischen Symptomen.

Die extrem starke Betonung der Sexualität machte sich schon sehr früh in den Freud'schen Arbeiten bemerkbar. Bereits 1896 vertrat Freud im Wiener Verein für Psychiatrie und Neurologie in einem Vortrag über die Entstehung der Hysterie die Meinung, dass für jeden hysterischen Fall „ein oder mehrere Erlebnisse von vorzeitiger sexueller Erfahrung" ursächlich sind. Mit dieser damals sehr anstößigen Hypothese erzeugte Freud in der Öffentlichkeit einerseits großes Interesse, andererseits aber auch starke Empörung. Im Kollegenkreis wurden seine Vorstellungen weitgehend abgelehnt. Der damals sehr angesehene Psychiater Krafft-Ebing fasste die vorherrschende Meinung kurz und bündig wie folgt zusammen: „Es klingt wie ein wissenschaftliches Märchen." Aus einem Brief an seinen damaligen Freund Wilhelm Fließ aus dem Jahr 1897 geht hervor, dass Freuds Ideen wahrscheinlich ein selbst erlebter sexueller Missbrauch in der Kindheit zugrunde gelegen hat. Fließ war der Begründer einer Theorie, wonach das sexuelle Erleben des Menschen nicht in der Pubertät, sondern schon in der Kindheit beginnt und dass alle Menschen zunächst bisexuell veranlagt sind. Diese Hypothesen griff Freud auf und führte sie weiter, indem er eine „orale, anale und phallische Phase" im „psychosexuellen Reifungsprozess" unterschied.

In der oralen Phase befriedigt der Säugling nach Freuds Vorstellungen sein Lustbedürfnis durch das Saugen an der Mutterbrust. Während der analen Phase erlebt das Kind Befriedigung durch die Beschäftigung mit seinem Darmausgang (Anus) und dessen Ausscheidungen. Die phallische oder infantil-genitale Phase ist geprägt durch die lustvolle Beschäftigung mit dem Penis beim Knaben bzw. der Klitoris beim Mädchen. In dieser Zeit soll auch die Geschlechtsidentität entstehen.

Später erweiterte Freud seine sexuellen Entwicklungstheorien, indem er annahm, dass während der Phase der Geschlechtsidentifizierung beim Knaben der „Ödipus-Komplex" entsteht. Die Bezeichnung bezieht sich auf die Sage vom griechischen König Ödipus, der – jeweils ohne es zu wissen – seinen Vater tötete und danach seine eigene Mutter zur Frau nahm. Die Freud'sche Psychoanalyse sieht bei Knaben in der infantil-genitalen Phase eine gewisse Parallele zu dieser tragischen Legende, weil sie angeblich eine erotische Beziehung zu ihrer Mutter und eine Rivalität gegenüber ihrem Vater entwickeln. Bei Mädchen wird ein angeblich ähnlich ablaufender Prozess „Elektra-Komplex" genannt. Der Name leitet sich von der griechischen Königstochter Elektra her. Sie soll die Tötung ihrer Mutter veranlasst haben, als sie erfuhr, dass diese ihren geliebten Vater ermordet hatte.

Nur wenn Kinder diese Entwicklungsphasen störungsfrei durchlaufen haben, können sie laut Freud später ein normales Geschlechtsleben entwickeln.

Negative Einflüsse während der präsexuellen Entwicklung sollen zu so genannten „Fixierungen“ führen, die ein abnormes Verharren auf einer der Entwicklungsstufen verursachen. Freud sprach deshalb bei Erwachsenen z. B. von einem „oralen“ oder „analen“ Charakter und ordnete ihm bestimmte psychische Eigenschaften zu. In der damals noch außerordentlich prüden bürgerlichen Welt stießen die Freud'schen Theorien auf Entsetzen und Ablehnung, während sich viele Intellektuelle und Künstler von der Betonung der Sexualität und dem dadurch erfolgten Tabubruch inspirieren ließen. Freud selbst betonte die Bedeutung des Geschlechtlichen für die Psychoanalyse bei vielen Gelegenheiten. An seinen Schüler C. G. Jung schrieb er einmal: „Mein lieber Jung, versprechen Sie mir, niemals die Sexualtheorie aufzugeben. Das ist das allerwichtigste. Sehen Sie, wir müssen ein Dogma daraus machen, ein unerschütterliches Bollwerk.“

Diese extreme Betonung der frühkindlichen Sexualität für die spätere Persönlichkeitsentwicklung konnten aber einige Schüler Freuds trotz aller Ermahnungen des großen Meisters nicht nachvollziehen, sodass es zum Bruch kam und sich mehrere psychoanalytische Schulen entwickelten. Insbesondere C. G. Jung bekämpfte den Freud'schen „Pansexualismus“ und begründete die „Analytische Psychologie“.

Die Beweislage für die allumfassende Sexualtheorie war auch eher dürftig. Freud hat nur über wenige Patienten ausführlich berichtet, bei denen seiner Meinung nach ein Zusammenhang zwischen einem frühkindlichen Trauma und einer späteren psychischen Entwicklungsstörung feststellbar gewesen sein soll.

Einer der bekanntesten Fälle war der so genannte „Rattenmann“, bei dem es sich um einen Offizier der österreichischen Armee namens Ernst Lanzer handelte. Er litt unter der Vorstellung, eine von ihm verehrte Dame, aber auch sein Vater seien einer besonders grausamen Folter ausgesetzt, weil er selbst einem Offizierskollegen Geld schuldig geblieben sei. Bei dieser Folter fraßen sich Ratten in den After der Opfer. Als sich herausstellte, dass Lanzers Geldschuld in Wirklichkeit gar nicht bestand, hatte das nicht den erwarteten positiven Effekt auf den Patienten, sondern dessen Wahnvorstellungen wurden eher noch schlimmer. Freud unterzog den Offizier angeblich einer elfmonatigen Psychoanalyse und kam zu dem doch recht überraschenden Ergebnis, dass bei ihm der geheime Wunsch bestünde, Analverkehr sowohl mit seiner Freundin als auch mit seinem Vater zu haben. Aus diesem verdrängten Wunsch hätte sich dann seine Zwangsneurose entwickelt. Freud schilderte diesen Fall seinem staunenden Publikum 1908 auf dem ersten internationalen Kongress für Psychoanalyse in Salzburg. Er berichtete auch, er habe die „vollständige Wiederherstellung der Persönlichkeit des Patienten" erreicht, indem er mit ihm in langen Sitzungen seine frühe Kindheit rekonstruierte. Dabei sei zu Tage gekommen, dass der Vater des Patienten seinem Sohn in dessen Knabenzeit die Kastration angedroht habe. Durch die Aufdeckung dieses Traumas sei der Patient geheilt worden. Der Geschichtswissenschaftler Frank Sulloway überprüfte später den Fall und kam zu einem völlig anderen Ergebnis: Lanzer hatte die Psychoanalyse bei Freud schon nach wenigen Wochen abgebrochen und konnte auch nicht als geheilt bezeichnet werden.

Auch der Fall des „Wolfsmannes" Sergei Pankejeff wurde von Freud publiziert, um die Richtigkeit seiner Sexualtheorie zu belegen. Bei ihm wurde angeblich eine Zwangsneurose durch Psychoanalyse geheilt. Ausgangspunkt für den Behandlungserfolg war die Analyse eines Kindheitstraums des Patienten, bei dem er weiße Wölfe vor dem Fenster seines Zimmers gesehen hatte. Freud entnahm diesem Traum, dass der junge Pankejeff seine Eltern beim Geschlechtsverkehr beobachtet habe, wobei Freud die weißen Wölfe als Symbol für die Unterwäsche der Eltern deutete. Nach dieser zweifellos phantasievollen Erklärung des Traumes war nach Freuds Angaben der Patient geheilt.

Bei einem nach vielen Jahren geführten Gespräch mit der Journalistin Katrin Obholzer konnte Pankejeff die Freud'sche Erfolgsmeldung allerdings nicht bestätigen. Er sagte vielmehr: „Es ist alles falsch. In Wahrheit ist die ganze Sache eine reine Katastrophe. Ich bin noch immer in derselben Verfassung, in der ich war, als ich zum ersten Mal Freud aufsuchte."

Es ist schon sehr erstaunlich, dass die Freud'sche Psychoanalyse einen so großen Erfolg hatte, obwohl nur wenige in ihrer Beweiskraft dürftige Fallbeispiele vorgelegt wurden. Eine ausschlaggebende Rolle spielte dabei wahrscheinlich, dass Freud von der Richtigkeit seiner Hypothesen völlig überzeugt war und sie deshalb mit der entsprechenden Leidenschaft und Eindringlichkeit vertrat. Auf seine Patienten gewann er im Verlauf der vielen Sitzungen vermutlich so viel Einfluss, dass sie ihm die Ergebnisse seiner Kindheitsanalysen weitgehend bestätigten. Dadurch musste Freud den Eindruck gewinnen, dass er auf dem richtigen Weg war. Heute ist bekannt, dass man bei der Analyse psychisch labiler Personen sehr vorsichtig vorgehen muss, um zu verhindern, dass Pseudoerinnerungen entstehen, die so intensiv werden können, dass sie für die Patienten nicht mehr von echten Erinnerungen unterscheidbar sind. Manche Hypothesen Freuds werden deshalb zunehmend als Irrtümer eingestuft, was aber natürlich keinesfalls bedeutet, dass seine gesamte Arbeit wertlos war. Er hat vielmehr durch seine hochinteressanten Theorien ganz neue Denkansätze geschaffen, die ganz neue Blickwinkel auf die menschliche Psyche eröffnet haben.

Kritische Schwelle

Botschaften über das Unterbewusstsein

Durch die starke Verbreitung psychoanalytischer Ideen wurde zu Beginn des 20. Jahrhunderts dem Unterbewusstsein in vielen Bereichen verstärkte Aufmerksamkeit geschenkt. Es konnte deshalb nicht allzu lange dauern, bis sich Psychologen mit der Frage beschäftigten, wie man Menschen auch ohne Hypnose über ihr Unterbewusstsein beeinflussen kann. Zunächst musste aber untersucht werden, ob Reize, die gar nicht ins Bewusstsein dringen, überhaupt einen Effekt haben. Noch bevor man eine solche unterschwellige Wahrnehmung überhaupt nachgewiesen hatte, wurde schon ein wohlklingender wissenschaftlicher Ausdruck dafür kreiert: „Subliminale Perzeption" war das neue Zauberwort.

1904 berichtete der britische Psychologe K. Dunlap erstmals über einen erfolgreichen Nachweis einer „subliminalen Perzeption". Er spielte Versuchspersonen einen Dauerton vor, der unterhalb der Hörschwelle lag. Hin und wieder unterbrach er den Ton und dabei zeigte sich, dass einige seiner Probanden diesen Zeitpunkt erfassen konnten. Als andere Wissenschaftler dieses Experiment wiederholten, konnten sie Dunlaps Ergebnisse allerdings nicht bestätigen. Ähnliche Versuche wurden mit Bildern gemacht, die in so großer Entfernung von den Versuchspersonen aufgestellt waren, dass Einzelheiten nicht erkannt werden konnten. Trotzdem berichteten manche Teilnehmer über Bilddetails, die optisch eigentlich nicht wahrnehmbar waren. Es handelte sich jedoch um seltene Ausnahmefälle, bei denen auch der Zufall eine Rolle gespielt haben könnte. Die „subliminale Perzeption" wurde deshalb bis in die fünfziger Jahre des 20. Jahrhunderts wenig beachtet und viele kritische Wissenschaftler bestritten ihre Existenz.

Das Interesse an diesem hypothetischen Phänomen stieg jedoch plötzlich rapide, als 1957 der amerikanische Werbefachmann James Vicary auf einer Pressekonferenz in New York über eine neue Werbemethode berichtete, die ein Psychologenteam für seine Firma mit dem beziehungsreichen Namen „Subliminal Projection Company" entwickelt hatte. Laut Vicary wurden in einem Kino 6 Wochen lang während eines Spielfilms etwa alle fünf Sekunden extrem kurz (ca. $^{1}/_{3000}$ Sekunde) zwei Werbesprüche eingeblendet. Der eine hieß „Trink Coca-Cola" und der andere „Hungrig – Iss Popcorn". Obwohl diese Einblendungen mit Sicherheit unterhalb der Wahrnehmungsschwelle lagen, zeigten 45 699 Kinobesucher angeblich ein deutlich verändertes Kaufverhalten. Der Absatz von Coca-Cola stieg gegenüber einem Vergleichszeitraum ohne ultrakurze Werbebotschaften um 18,1 %, der Popcornverkauf erhöhte sich sogar um 57,7 %. Einzelheiten über diesen Versuch wurden allerdings nie veröffentlicht und später kam sogar das Gerücht auf, Vicary habe sich nur einen Scherz erlaubt, um seine Agentur ins Gespräch zu bringen.

Durch einen groß aufgemachten Artikel im „Wall Street Journal" erfuhr der ungewöhnliche Werbeerfolg schnell eine starke Verbreitung. Einige Fachleute äußerten sich zwar skeptisch, aber ihre Stellungnahmen gingen unter, als bekannt wurde, dass der angesehene englische Rundfunksender BBC ein ähnliches Experiment durchgeführt hatte. Während einer Fernsehsendung mit dem Titel „Eine Frage der Wissenschaft" wurde einmal für eine fünfundzwanzigstel Sekunde die Meldung eingeblendet „Pirie bricht Weltrekord". Der Langstreckenläufer Gordon Pirie war damals in England eine sehr bekannte Persönlichkeit. Nach der Sendung wurden die Zuschauer gebeten, der Redaktion mitzuteilen, ob sie etwas Auffälliges bemerkt hätten. Von den etwa 5 Millionen Zuschauern meldeten sich allerdings nur 430. Von ihnen gaben aber immerhin 20 die eingeblendete Nachricht richtig wieder. Das Ergebnis war eigentlich gar nicht so überraschend, denn es gab schon damals Hinweise, dass manche Menschen in der Lage sind, kurze Schriftzüge zu lesen, die sogar weniger als eine fünfundzwanzigstel Sekunde sichtbar sind. Vor allem die Medien in den USA stilisierten jedoch das Experiment der BBC zu einem Beweis für die unterschwellige Beeinflussbarkeit des Menschen hoch. Von Menschenrechtsgruppen wurden schwere Manipulationsvorwürfe gegen den Sender erhoben, obwohl zu Beginn der Sendung sogar ein Hinweis auf das Experiment gegeben worden war.

Auch einige durchaus honorige Wissenschaftler gaben nun ihre Skepsis auf. In den USA reichten der Psychologieprofessor R. E. Corrigan und sein Kollege H. C. Becker einen Patentantrag für ein technisches Verfahren ein, das durch unterschwellige Einblendungen die emotionale Wirkung von Filmen steigern sollte, um sie beim Publikum beliebter zu machen. Als weiterer Verwendungszweck der Technik wurde außerdem die Erhöhung der Effektivität von Lehrveranstaltungen, aber auch von Werbemaßnahmen aller Art genannt. Sogar vom Einsatz in der psychologischen Kriegsführung war die Rede.

Natürlich waren auch die Fernsehsender an der Nutzung der „subliminalen Perzeption" interessiert, um ihre Werbeeinnahmen erhöhen zu können, ohne die beim Publikum ungeliebten Sendungsunterbrechungen durch sichtbare Werbespots vermehren zu müssen. Dieses Vorhaben stieß allerdings in der Öffentlichkeit auf starken Widerstand und in mehreren Bundesstaaten der USA wurden deshalb Gesetze gegen diese manipulative Werbung vorbereitet.

Da diese Aktivitäten die Geschäfte der Werbeagentur von James Vicary bedrohten, ging er zum Gegenangriff über und lud 1958 Politiker zu einer Filmvorführung ein, bei der er die ultrakurze Einblendung „Fight Polio" mehrfach wiederholen ließ. Damit versuchte Vicary recht geschickt zu zeigen, dass man die unterschwellige Beeinflussung nicht nur für profane Reklame, sondern auch zur Förderung wichtiger gesellschaftlicher Ziele einsetzen kann. Damals war die Poliomyelitis (Kinderlähmung) noch recht weit verbreitet und es erschien notwendig, für die vorbeugende Impfung intensiv zu werben. Vicary konnte mit seiner Aktion jedoch nicht verhindern, dass im Staat New York die unterschwellige Werbung per Gesetz verboten wurde. In New Jersey wurde ein Untersuchungsausschuss einberufen, der ein wissenschaftlich fundiertes Gutachten in Auftrag gab. Nach Überprüfung der vorliegenden Unterlagen und eigenen Untersuchungen kam das beauftragte Fachgremium schließlich zu dem eindeutigen Urteil: „Die Wirkung unterschwelliger Projektionen auf uns dürfte so unmerklich sein wie die projizierten Bilder selbst." Zu einem ähnlichen Ergebnis kam eine zweite Gutachergruppe, die in Kalifornien beauftragt worden war, die Auswirkungen des umstrittenen Verfahrens zu untersuchen. Die Werbewirtschaft verzichtete daher weitgehend auf den Einsatz dieser Technik.

Seit damals hat sich an der wissenschaftlichen Beurteilung der subliminalen Perzeption und insbesondere ihrer Effektivität für Werbezwecke wenig geändert. Es wurde zwar noch eine Unzahl von Experimenten durchgeführt, die aber fast alle negativ verliefen. Wenn in Einzelfällen einmal positive Ergebnisse erzielt wurden, so lagen sie fast immer nur knapp über der Signifikanzgrenze. Falls also überhaupt eine unterschwellige Beeinflussung möglich ist, so muss ihre Wirkung als sehr gering eingestuft werden. Diese höchst zweifelhafte Basis hindert jedoch einige selbsternannte Experten bis heute nicht daran, das fragwürdige Phänomen in den verschiedensten Richtungen auszuschlachten.

Den Anfang machte der Soziologe Vance Packard, der 1957 mit seinem Bestseller ›Die geheimen Verführer‹ das Märchen von großen Werbeerfolgen durch die Beeinflussung des Unterbewusstseins weltweit verbreitete. Er fand einen würdigen Nachfolger in Wilson Bryan Key, der 1973 das Buch ›Subliminale Verführung‹ herausbrachte. Darin behauptete er, dass ein Großteil der amerikanischen Bevölkerung durch subliminale Botschaften gesteuert würde. In weiteren Büchern reicherte er seine verqueren Thesen noch dadurch an, dass er überall Sexbotschaften erkannte. Das gipfelte in der Behauptung, der bekannte Ritz-Keks werde nur deshalb so erfolgreich verkauft, weil die darin eingestanzten Löcher die Buchstaben S-E-X andeuten würden. 1990 spielte

Key eine fragwürdige Rolle als Zeuge in einem abstrusen Gerichtsverfahren in Nevada gegen die Musikgruppe „Judas Priest". Sie wurde beschuldigt, durch die rückwärts in einen Song eingespielte Botschaft „Do it" den Selbstmordversuch von zwei Jugendlichen verschuldet zu haben. Trotz der Aussage von Key, dass so etwas durchaus möglich sei, wurden die Musiker freigesprochen.

Diesem seltsamen Dr. Key und seinen zahlreichen Publikationen ist es vor allem zu verdanken, dass das Thema bis heute aktuell geblieben ist und offensichtlich auch in vielen Politikergehirnen herumspukt. So wurde im letzten amerikanischen Präsidentschaftswahlkampf ein Werbespot der Republikaner gegen Al Gore gesendet, in dem kurz das Wort „Ratten" aufblitzt. Dass damit unterschwellige Beeinflussung stattfinden sollte, wurde natürlich bestritten, das Wort sei angeblich durch einen Editierungsfehler entstanden.

Inzwischen hat das subliminale Fieber auch auf Russland übergegriffen. Im Sommer 2000 wurde in Jekaterinburg der Sender ATN vom Medienministerium gerügt, weil er unterschwellige Werbung betrieben habe. Im Juni 2002 wurden weitere Sender wegen des gleichen Vergehens verwarnt. Es wurde außerdem angekündigt, dass das russische Forschungsinstitut für Fernsehen und Rundfunk ein System einsetzen werde, mit dem subliminale Werbung automatisch erfasst werden könne. Der Biologe Grant Demirchoglykan vom Institut für Körperkultur und Sport warnte sogar davor, dass Terroristen subliminale Bilder einsetzen könnten. Seiner Meinung nach könne „jede böse Absicht subliminal übertragen werden". In einem Kommentar zu diesem Bericht wurde zu Recht darauf hingewiesen, dass die Furcht vor unterschwelliger Beeinflussung zu einer neuen Art von Hexenjagd führen könnte. Es bleibt zu hoffen, dass die derzeit grassierende Angst vor Terrorismus nicht in dieser Richtung ausartet und dass auch in Russland wieder die Vernunft einkehrt.

Falsche Statistik

Die Fehler des Kinsey-Reports

Alfred C. Kinsey war nach seiner Promotion an der Harvard-Universität als Professor für Zoologie an die Staatsuniversität von Indiana in Bloomington berufen worden. Dort beschäftigte er sich zunächst weiter mit seinem Spezialgebiet, der Entomologie (Insektenkunde). 1938 wurde er gebeten, im Rahmen von Ehevorbereitungskursen Vorlesungen über die Biologie der menschlichen Sexualität zu halten. Als er feststellen musste, dass es in diesem Bereich nur sehr wenig wissenschaftliche Literatur gab, begann er mit eigenen

Untersuchungen. Zunächst befragte er Freiwillige an der Universität über ihr Sexualverhalten, ein Jahr später dehnte er die Befragungen auf die umliegenden Ortschaften und Gefängnisse aus. Es gelang Kinsey bald Unterstützung vom Nationalen Forschungsrat und von der Rockefeller-Stiftung zu bekommen, sodass er seine Untersuchungen erheblich erweitern konnte. 1947 gründete er dann das Institut für Sexualforschung, das der Indiana University in Bloomington angegliedert wurde. Inzwischen trägt das Institut den Namen seines Gründers, der 1956 im Alter von nur 62 Jahren verstarb.

Kinsey hat mit seinen Mitarbeitern im Laufe von 10 Jahren über 18000 Personen aus allen sozialen Schichten über ihre Sexualität interviewt. Dafür entwickelte er einen eigenen Fragebogen, der sich auf alle Bereiche des Geschlechtslebens bezog. Das Interview dauerte im Durchschnitt etwa eine Stunde, wobei mindestens 350 Fragen zu beantworten waren. Die Interviewführer hatten dabei relativ große Freiheiten. Beispielsweise konnten sie die Reihenfolge der Fragen ändern, wobei darauf geachtet wurde, dass die peinlichsten Fragen zuletzt gestellt wurden. Auf der Grundlage dieser Fragebögen veröffentlichte Kinsey gemeinsam mit seinen engsten Mitarbeitern 1948 das Buch ›Das sexuelle Verhaltes des Mannes‹ und 1953 ›Das sexuelle Verhalten der Frau‹. Beide zusammen werden oft auch unter dem Namen „Kinsey-Report" zusammengefasst. Die Ergebnisse seiner Befragungen publizierte Kinsey sehr sachlich und nüchtern und hielt sich mit Bewertungen weitgehend zurück.

Trotzdem erschütterte der Kinsey-Report damals die sehr prüde amerikanische Gesellschaft schwer. Nach Kinseys Untersuchungen hatten nämlich etwa die Hälfte aller Männer und ca. ein Viertel aller Frauen sexuelle Beziehungen außerhalb ihrer Ehe. Kinsey berichtete auch, dass 10% aller befragten Männer homosexuelle Neigungen hatten. Außerdem gaben 70% der männlichen Interviewpartner an, sexuelle Erfahrungen mit Prostituierten gesammelt zu haben. Erschreckend war auch Kinseys Aussage, dass fast die Hälfte aller Jungen, die auf Farmen aufgewachsen waren, Geschlechtsverkehr mit Tieren gehabt hatten. Als besonders schockierend wurden allgemein die Berichte über Interviews mit Pädophilen empfunden, die sogar zu Gerichtsverfahren führten, weil Kinsey die Meinung vertrat, dass Pädophilie nicht so negativ sei wie sie häufig dargestellt werde. An den von Kinsey publizierten Daten entzündete sich nicht nur in Amerika eine erregte Debatte über die Frage, inwieweit der Staat durch Gesetze bestimmte Formen des Sexualverhaltens unter Strafe stellen darf, obwohl ein recht großer Teil der normalen Bevölkerung diese sexuellen Verhaltensweisen zeigt. In den folgenden Jahrzehnten wurden in vielen Ländern tatsächlich auch die entsprechenden Gesetze mehr oder minder stark liberalisiert. Insofern hatten Kinseys Untersuchungsergebnisse großen Einfluss auf die soziale Entwicklung in den westlichen Industrieländern. Der Geschichtsprofessor James H. Jones von der Universität in Houston (Texas) schrieb dazu in seiner 1997 erschienenen Kinsey-Biografie: „Kinsey verdient einen Platz in unseren Überlegungen, wenn wir Menschen betrachten, die dabei mitwirkten, ihr Zeitalter zu verändern. Mehr als jeder andere Mensch des 20. Jahrhunderts war er der Architekt einer neuen Sensibilität bezüglich eines Lebensbereiches, den jeder erfährt und dem niemand entkommt. Kinsey war der Hohepriester der sexuellen Befreiung."

Inzwischen sind allerdings die von Kinsey publizierten Ergebnisse erheblich unter Zweifel geraten. So schrieb z. B. Gordon Muir 1993 in einem Artikel Folgendes: „Jahrelang hieß es, zehn Prozent der Bevölkerung oder mehr seien schwul. Diese Prozentzahl, die aus Umfragen des Pioniers der Sexualforschung Alfred C. Kinsey aus den 40ern stammte, wird regelmäßig zitiert … Doch gibt es seit langem Beweise, dass die geschätzten zehn Prozent weit zu hoch gegriffen sind. Groß angelegte Umfragen aus den USA, Kanada, England, Frankreich, Norwegen und anderen Nationen zeigen betreffend homosexueller Erfahrung eine Quote von sechs Prozent oder weniger und betreffend ausschließlicher Homosexualität eine Quote von einem Prozent oder weniger." Auch die meisten anderen von Kinsey genannten Zahlen werden heute von verschiedenen Autoren als deutlich überhöht angesehen.

Als die Hauptprobleme in Kinseys Untersuchungen werden Fehler bei der statistischen Auswertung genannt. Die von ihm vorgenommene Verallgemeinerung der Ergebnisse ist vor allem deshalb nicht zulässig, weil keine auslesefreien Stichproben vorlagen. Beispielsweise bestand fast ein Viertel von Kinseys männlichen Testpersonen aus Häftlingen oder Exhäftlingen. Viele von ihnen waren wegen sexueller Vergehen inhaftiert worden. Eine große Zahl von Interviewpartnern rekrutierte Kinsey außerdem aus Besuchern seiner zahlreichen Vorträge über Sexualverhalten, die sicher nicht den Durchschnitt der amerikanischen Bevölkerung repräsentierten. Auch unter den übrigen Teilnehmern an den Befragungen war die Zahl der sexuell sehr liberal eingestellten Personen wohl erheblich überrepräsentiert, denn andere wären vermutlich sehr viel seltener bereit gewesen, über ihr Geschlechtsleben in allen Details Auskunft zu geben. Durch diese starken Auslesefehler in den Probandengruppen ergab sich geradezu automatisch eine deutliche Überschätzung der Häufigkeit von abweichenden Formen des Sexualverhaltens.

John Gagnon von der New York State University in Stony Brook erhob 1999 in einem Artikel in dem sehr renommierten „New England Journal of Medicine" sogar den Vorwurf, Kinsey und seine Mitarbeiter hätten damals durchaus gewusst, dass ihre Erfassungsmethoden unzulänglich waren und dadurch das Sexualleben der amerikanischen Männer und Frauen nicht richtig eingeschätzt wurde.

Gagnon schrieb außerdem, dass „die Ergebnisse in Kinseys Werk ... rasch bis zu Reformgruppen durchsickerten, die darauf bedacht waren, Gesetze bezüglich sexuellen Verhaltens zu ändern ... Sexualaufklärung zu fördern und alles, was sie in der amerikanischen Kultur als Heuchelei bezüglich Sexualität betrachteten, einzuschränken".

Der Historiker James H. Jones ging in seiner umfangreichen Biografie über Kinsey auch der Entstehung einzelner Interviews nach und beleuchtete außerdem das Privatleben Kinseys sehr kritisch. Jones berichtet in diesem Buch unter anderem darüber, dass Kinsey die Mitarbeiterin Kate Mueller von der Universität Indiana heftig beschimpft habe, weil sie Studentinnen geraten hatte, nicht an den Befragungen über ihr Sexualleben teilzunehmen. In einem Interview soll diese Frau zu Jones gesagt haben: „Meine Weigerung hatte ihn zutiefst getroffen, weil ich glaube, dass das Einzige, das er nicht ertragen konnte, war, wenn jemand ihn daran hinderte, seinen Bedarf an weiteren Fallstudien zu decken." Zur Person Kinseys schrieb Jones in der Einleitung seines Buches: „Während seines Lebens war Kinsey sehr darauf bedacht, den Schein eines schlichten Empirikers zu pflegen ... Der Mann, den ich kennen lernte, hatte keinerlei Ähnlichkeit mit dem kanonischen Kinsey. ... Er ging mit missionarischem Eifer an seine Werke heran. Kinsey verabscheute die viktorianische Moral ..." An einer anderen Stelle des Buches heißt es: „Für einen Mann, der dafür bekannt war, in anderer Leute Privatsphäre einzudringen, schützte er seine eigene mit eiserner Entschlossenheit ... Kinsey war ein Mann mit Geheimnissen ... Von Kindheit an hatte Kinsey zwei Geheimnisse mit sich herumgetragen: Er war sowohl homosexuell wie auch ein Masochist." Jones behauptet auch, dass „[Kinsey] innerhalb seines engsten Mitarbeiterkreises und deren Ehepartner sein eigenes sexuelles Utopia zu kreieren versuchte".

Es muss allerdings betont werden, dass für die letzteren Behauptungen keine eindeutigen Beweise vorliegen, während die vermutlich durch Übereifer entstandenen Auswertungsfehler in Kinseys Studien so gut belegt sind, dass es darüber heute kaum mehr Zweifel gibt.

Zerstörter Penis

Wie entwickeln sich Geschlechtsidentität und Geschlechtsorientierung?

Unter Geschlechtsidentität versteht man im Allgemeinen das Zugehörigkeitsgefühl zu einem Geschlecht. Als Geschlechtsorientierung wird dagegen die sexuelle Hinwendung zu einem Geschlecht bezeichnet, das in der Regel nicht das eigene ist. Nach einer auch heute noch durchaus vertretenen Meinung entsteht die Identifizierung mit einem Geschlecht vor allem dadurch, dass sich das Kind schon früh mit den eigenen äußeren Genitalien beschäftigt und auf diese Weise ein Zugehörigkeitsgefühl zu diesem Geschlecht entwickelt. Der Vorgang wird zusätzlich verstärkt durch die Erziehung in der entsprechenden Geschlechterrolle und durch weitere soziale Einflüsse. Parallel dazu entwickelt sich die Geschlechtsorientierung mit dem dazu passenden Sexualverhalten.

Diese Vorstellungen wurden in den sechziger Jahren des 20. Jahrhunderts vor allem in den USA entwickelt. Sie beruhen unter anderem auf Untersuchungen an Menschen mit dem so genannten Adrenogenitalen Syndrom. Bei dieser angeborenen Störung der Nebennierenrindenfunktion entsteht schon vor der Geburt ein Überschuss an männlichen Geschlechtshormonen, den Androgenen. Das äußere Genitale von weiblichen Individuen wird dadurch in männlicher Richtung verändert. Wegen der intersexuellen Ausprägung der äußeren Geschlechtsorgane können die Eltern oft nicht eindeutig erkennen, in welcher Geschlechtsrolle sie diese Kinder erziehen sollen. Deshalb gibt es einige Patientinnen, die als Knaben erzogen wurden, obwohl eine später durchgeführte genetische Geschlechtsbestimmung ergab, dass sie eine weibliche Konstellation der Geschlechtschromosomen hatten. Trotzdem blieben die meisten von ihnen der männlichen Geschlechtsidentität treu, in der sie erzogen worden waren. Daraus wurde geschlossen, dass die Identifizierung mit einem Geschlecht nicht von den Erbanlagen, sondern von der Sozialisierung eines Menschen abhängt. Hinsichtlich der Geschlechtsorientierung gab es allerdings nicht selten Schwierigkeiten, denn ein relativ großer Anteil der Patienten entwickelte homosexuelle Neigungen.

Ein besonders starker Hinweis auf den starken Einfluss der Erziehung ergab sich aus einem Unglücksfall bei einem männlichen Zwillingspärchen. Bei einem von ihnen wurde im Alter von 7 Monaten eine Vorhautbeschneidung durchgeführt. Dabei wurde ein so genannter Elektrokauter eingesetzt, mit dem man bei der Operation das durchtrennte Gewebe sofort verschorft, sodass es kaum zu Blutungen kommt. Durch einen Gerätedefekt kam es aber zu so starken Verbrennungen, dass der Penis des Knaben fast völlig zerstört wurde. Da wegen dieses Unfalls eine normale männliche Sexualentwicklung unmöglich erschien, rieten die Experten dazu, das äußere Genitale des Knaben in weiblicher Richtung zu verändern und die Hoden zu entfernen. Die Eltern stimmten diesem Eingriff nach einigem Zögern zu und erzogen das Kind anschließend wie ein Mädchen. Auch eine Behandlung mit weiblichen Sexualhormonen wurde durchgeführt. Das sozusagen neu geschaffene Mädchen wurde von dem amerikanischen Kinderpsychologen John Money jahrelang intensiv betreut. Er berichtete 1972 in seinem berühmten Buch ›Man and Woman, Boy and Girl‹ sehr ausführlich über die Entwicklung des Kindes. Unter anderem schrieb er, dass es dem Mädchen gut gehe und dass es seine weibliche Geschlechtsrolle angenommen habe, obgleich es „burschikose Züge trägt wie ein Übermaß an körperlicher Energie, ein hohes Maß an Aktivität, Dickköpfigkeit und die Angewohnheit, in einer Gruppe von Mädchen häufig zu dominieren". Trotz dieser Auffälligkeiten war Money aber überzeugt, dass das Mädchen sich weiterhin problemlos mit seinem weiblichen Geschlecht identifizieren werde, und er verlor deshalb das Interesse an dem Fall. Sein weitgehend positiver Bericht trug wesentlich dazu bei, dass in den folgenden Jahren beim Vorliegen eines intersexuellen Genitales vermehrt operative Geschlechtsumwandlungen vorgenommen wurden. Da die Herstellung eines weiblichen Genitales vergleichsweise einfach war, wurde in den meisten Fällen die Veränderung in dieser Richtung durchgeführt.

Zehn Jahre hörte man nichts mehr von dem umgewandelten Zwilling. Dann berichtete aber der Sexualforscher Milton Diamond, dass „dieser Mensch niemals seinen weiblichen Zustand beziehungsweise seine Rolle akzeptiert hat". Insbesondere in der Pubertätszeit kam es zu erheblichen psychischen Problemen. Mit 18 Jahren unterzog sich der Patient dann einer Operation, bei der ein Penis aufgebaut wurde. Diamonds Angaben zufolge lebte er danach als Mann mit weiblichen Geschlechtspartnern und heiratete später sogar.

Noch bevor sich durch diesen spektakulären Fall gezeigt hatte, dass die sozialen Einflüsse nicht ausreichten, um die Geschlechtsidentität festzulegen, fand man noch weitere Hinweise auf andere Einflüsse.

So berichtete Julianne Imperato-McGinley 1979 mit mehreren Koautoren über eine Gruppe von Patienten, die infolge eines genetischen Defekts einen Mangel des Enzyms 5-α-Reduktase aufwiesen. Dieses Enzym bewirkt bei normalen Männern die Umwandlung von Testosteron in das stärker wirksame Dihydrotestosteron, das vor allem für die frühzeitige Entwicklung von Penis und Hodensack notwendig ist. Die beschriebenen Patienten bildeten viel zu wenig 5-α-Reduktase. Deshalb blieb bei ihnen die männliche Entwicklung aus und es entstand bei den Kindern ein weitgehend weibliches Genitale. Nach dem Einsetzen der Pubertät wurde aber durch die dann von den Hoden produzierten großen Mengen von Testosteron eine Veränderung der äußeren Genitalorgane in männlicher Richtung ausgelöst. Da 18 der untersuchten Patienten zunächst als Mädchen erzogen worden waren, hätte man aufgrund der Sozialisierungshypothese erwarten können, dass sie dieser eingeübten Geschlechtsrolle treu bleiben. Stattdessen entwickelten 17 von ihnen eine männliche Identität und nur einer wollte als Frau weiterleben und ließ sich entsprechend operativ behandeln.

Die Sozialisationstheorie für die Entwicklung der Geschlechtsidentität und -orientierung wird aber am stärksten dadurch in Frage gestellt, dass bei manchen Menschen das Phänomen der Transsexualität zu beobachten ist. Es betrifft vor allem Männer, die körperlich meist völlig normal ausgebildet sind, sich aber trotzdem als Frauen fühlen und deshalb oft auch eine operative Geschlechtsumwandlung wünschen. Frauen, die das Gefühl entwickeln, ein Mann zu sein, kommen deutlich seltener vor. In einer niederländischen Studie zeigte sich, dass etwa einer von 12 000 Männern transsexuell ist, während nur eine von 30 000 Frauen eine Transsexualität entwickelt. Es wurden sogar schon Fälle beschrieben, wo bei einem Ehepaar beide Partner eine Geschlechtsumwandlung durchführen ließen und mit vertauschten Rollen weiter zusammenlebten.

Die Transsexualität lässt sich eigentlich nicht durch Umwelteinflüsse erklären, denn die körperlichen Geschlechtsmerkmale sind in aller Regel völlig normal ausgebildet. Die eigenen Erfahrungen mit den Genitalien sollten daher ebenso ungestört ablaufen wie die Erziehung in einer entsprechenden Geschlechterrolle.

Aufgrund der geschilderten Tatsachen gehen die meisten Wissenschaftler heute davon aus, dass die reine Sozialisierungshypothese ein Irrtum war. Höchstwahrscheinlich spielen hormonelle Einflüsse, die bereits vor der Geburt auf das Gehirn einwirken, die Hauptrolle bei der Festlegung der Geschlechtsidentität und der sexuellen Orientierung. Aufgrund von Tierversuchen weiß man, dass bestimmte Hirnareale vor allem durch Androgene in Aufbau und Funktion verändert werden. So hat man beispielsweise beobachtet, dass weibliche Kaninchen nach ihrer Geburt ein männliches Sexualverhalten zeigten, wenn den Muttertieren während der Trächtigkeit Androgene injiziert wurden. Umgekehrt zeigten männliche Jungtiere weibliche Verhaltensweisen, nachdem ihren Müttern Anti-Androgene verabreicht worden waren. Während bei Tieren die sexuelle Prägung von bestimmten Hirnarealen wahrscheinlich erst gegen Ende der Schwangerschaft oder in den ersten Lebenstagen erfolgt, scheint die geschlechtliche Gehirndifferenzierung beim Menschen schon früher einzutreten.

Inzwischen konnte man einige dieser androgenabhängigen Zentren im Gehirn schon genauer lokalisieren. Eine besondere Rolle scheint der Hypothalamus zu spielen, der einen Teil des Zwischenhirnes darstellt. Dort findet sich in Höhe der Sehnervenkreuzung der „sexually dimorphic nucleus" (SDN), der bei erwachsenen männlichen Ratten deutlich größer ist als bei Weibchen. Bei neugeborenen Ratten ist dieser Unterschied noch nicht klar erkennbar, aber kurz vor der Geburt kommt es bei weiblichen Feten zur deutlichen Verringerung der Zellzahl in diesem Kernbereich. Durch Gabe von Testosteron kann man das Absterben der Zellen jedoch verhindern. Der SDN ist aber sicher nicht das einzige Areal im Gehirn, das für die Ausprägung der Geschlechtsidentität und -orientierung wichtig ist. Im Hypothalamus kennt man noch mindestens drei weitere wichtige Kerne und auch im seitlich davon gelegenen Mandelkern (Amygdala) sind zwei Bereiche nachgewiesen worden, die androgensensitiv sind.

Ob diese Zentren beim Menschen ähnliche Funktionen haben wie bei den bisher untersuchten Labortieren, ist allerdings noch weitgehend unbekannt. Trotzdem gibt es inzwischen so viele Argumente gegen die Sozialisierungshypothese, dass man auch bei der Behandlung von Patienten mit Störungen in der Sexualentwicklung viel vorsichtiger geworden ist.

Beim Vorliegen eines intersexuellen Genitales wird heute nur noch selten empfohlen, schon im Kleinkindesalter operative Veränderungen vorzunehmen. Man wartet stattdessen in der Regel ab, ob erkennbar wird, welchem Geschlecht sich der Patient zugehörig fühlt. Auch der Bestimmung des genetischen Geschlechts und der Hormonsituation wird eine größere Bedeutung beigemessen. Es ist zu hoffen, dass in absehbarer Zeit die Vorgänge bei der sexuellen Differenzierung weiter aufgeklärt werden können, um damit bei Störungen gezieltere Hilfen zu ermöglichen.

Kranke Persönlichkeit

Irrtümer der Psychosomatik

Die Psychosomatik beschäftigt sich vor allem mit dem Zusammenspiel von Seele und Körper bei der Entstehung von Krankheiten. Dass in dieser Hinsicht enge Verknüpfungen zwischen seelischen und körperlichen Funktionen bestehen, ist schon lange bekannt. Eine besondere Betonung dieser Zusammenhänge ist im Gefolge der starken Ausbreitung psychoanalytischer Vorstellungen durch Sigmund Freud und seine Schüler eingetreten. Inzwischen hat sich die Psychosomatik zu einer etablierten Wissenschaftsdisziplin entwickelt, die im Überlappungsbereich zwischen Psychologie und Medizin angesiedelt ist. Im Laufe dieser Entwicklung wurden allerdings auch einige Irrwege eingeschlagen, die die wissenschaftliche Anerkennung der Psychosomatik zeitweilig stark behindert haben. Einige Außenseiter verfolgen diese als weitgehend falsch erkannten Richtungen auch heute noch und schaden damit dem Renommee der psychosomatischen Medizin nachhaltig.

Eine der wichtigsten Fehlentwicklungen war die vor allem auf psychoanalytisches Gedankengut gegründete Theorie, dass es bestimmte Persönlichkeitstypen gibt, die für einzelne Krankheiten prädestiniert sind. Sehr populär wurde in den siebziger Jahren des zwanzigsten Jahrhunderts die so genannte „Infarktpersönlichkeit". Der Begriff wurde in den USA geprägt, wo Ärzte den Eindruck hatten, dass Herzinfarkte und Erkrankungen der Herzkranzgefäße bei Menschen mit bestimmten Persönlichkeitsmerkmalen besonders häufig vorkämen. Diese anfangs noch sehr vage Vermutung wurde von Psychologen aufgegriffen, die aufgrund von Patientenbefragungen den so genannten Persönlichkeitstyp A herausarbeiteten. Er wurde als ehrgeiziger und konkurrenzbewusster Perfektionist beschrieben, der sich dauernd selbst unter Druck setzt, wodurch er täglich in Hektik gerät. Diesem Dauerstress wurde zugeschrieben, dass er eine zu starke Anregung des sympathischen Nervensystems verursacht und so zu einer Verengung der Blutgefäße und damit zu Bluthochdruck führt. Als Folge davon würde eine verstärkte Arteriosklerose und letztlich ein Herzinfarkt entstehen. Da die Eigenschaften, die dem Typ-A-Menschen zugeschrieben wurden, sich oft bei Führungskräften in der Wirtschaft fanden, entstand die Bezeichnung „Managerkrankheit". Als Gegenpol zum Persönlichkeitstyp A wurde der Typ-B-Mensch beschrieben, der auf die täglichen Anforderungen des Lebens gelassener reagiert, keinen so großen Ehrgeiz entwickelt und sich nicht laufend in Konkurrenzkämpfe einlässt. Er sollte deutlich weniger von Herzerkrankungen betroffen werden als der A-Typ.

Die erste allerdings noch recht unsystematische Untersuchung an Probanden, die diesen beiden Menschentypen zugeordnet worden waren, bestätigte die Hypothese der Infarktpersönlichkeit: Die Typ-A-Probanden zeigten eine etwa doppelt so hohe Infarktrate wie die Menschen des Typs B. Dieses Ergebnis stimulierte eine Vielzahl von Arbeitsgruppen zu ähnlichen Studien, die überwiegend zu vergleichbaren Resultaten kamen. Hierüber wurde auch ausführlich in den Medien berichtet, sodass die Infarktpersönlichkeit und Managerkrankheit bald als bewiesene Tatsachen galten. Bei der längerfristigen Beobachtung der Probanden und einer intensiveren Analyse ergab sich allerdings später Überraschendes: Die von einem Herzinfarkt betroffenen Typ-B-Menschen hatten ein deutlich erhöhtes Risiko für einen Zweitinfarkt und auch ihr Risiko für einen tödlichen Verlauf der Herzattacke war größer als bei Menschen des Typs A. Daraufhin wurden zahlreiche gut dokumentierte Untersuchungen zur Frage der Infarktpersönlichkeit durchgeführt. Das Ergebnis fasste der Psychologieprofessor Michael Myrtek wie folgt zusammen: „Alle neueren Studien konnten dann keinen oder nur einen äußerst geringen Zusammenhang zwischen Typ A und der koronaren Herzkrankheit nachweisen."

Auch die grundlegende Theorie, dass beim Persönlichkeitstyp A durch Übererregung des Sympathikus-Anteils des vegetativen Nervensystems ein Bluthochdruck entstehen würde, kann inzwischen als widerlegt gelten.

Aufgrund dieser Ergebnisse sahen sich die Befürworter der psychosomatischen Verursachung von koronaren Herzkrankheiten veranlasst, ihre Hypothese umzubauen. Sie argumentierten nun, dass nicht so sehr eine bestimmte Risikopersönlichkeit ausschlaggebend sei, sondern die seelische Belastung durch zu viel Stress im Arbeitsleben oder im privaten Bereich, die der A-Typ schlechter verarbeiten könne. Auch diese Theorie wurde zwar sehr populär, erwies sich aber nicht als haltbar. Die Stellungnahme von Professor Myrtek lautet: „Die prospektiven Untersuchungen zur Stresshypothese zeigen, dass bei kritischer Würdigung der mit Fragebogen erfasste psychosoziale Stress keinen Risikofaktor für die koronare Herzkrankheit darstellt."

Es war daher auch nicht verwunderlich, dass ein Abbau der Stressbelastung durch Anwendung von Entspannungstechniken und anderen Verfahren für Herzinfarktpatienten wenig hilfreich war. In einer großen Studie mit über 2000 Patienten zeigte sich, dass nach einem Jahr die Häufigkeit von Zweitinfarkten und Todesfällen durch das psychologische Stressmanagement nicht wesentlich gesenkt werden konnte.

Inzwischen ist weitgehend anerkannt, dass bei den meisten Patienten mit Erkrankungen der Herzkranzgefäße eine Stoffwechselstörung vorliegt, die zu einer Veränderung des Blutfettspiegels führt. In vielen Fällen lässt sich sogar ein genetischer Defekt nachweisen, der unabhängig von psychischen Faktoren die Entgleisung des Fettstoffwechsels und damit eine Arteriosklerose verursacht. Wenn überhaupt eine positive Beeinflussung des Krankheitsgeschehens durch die Lebensweise möglich ist, dann am ehesten durch Nichtrauchen, Umstellung der Ernährung und verstärkte körperliche Betätigung.

Trotz des Scheiterns der Hypothese über die „Infarktpersönlichkeit" folgte bald eine ähnliche psychosomatische Theorie zur Krebsentstehung. Es wurde der „Krebscharakter“ kreiert. Auch ihm werden bestimmte Persönlichkeitsmerkmale zugeschrieben, die das Auftreten einer Krebserkrankung begünstigen sollen. Dazu gehören angeblich ein hohes Maß an Duldsamkeit und Selbstverleugnung. Gefühle wie Angst und Wut werden unterdrückt und es besteht eine große Opferbereitschaft. Ein besonders heftiger Verfechter dieser psychogenen Krebshypothese ist der Heidelberger Soziologe Ronald Grossarth-Maticek, der eigenen Angaben zufolge drei Langzeitstudien mit über 20000 Probanden durchgeführt hat. Er berichtete, dass die Personen mit ungünstigen Charaktereigenschaften nicht nur häufig an Krebs erkrankten, sondern auch sehr oft einen Herzinfarkt erlitten. Die Ergebnisse stießen allerdings bei etlichen Forschern auf Skepsis. Unterstützung erhielt Grossarth-Maticek aber durch den renommierten Psychologen Hans-Jürgen Eysenck. Gemeinsam errechneten die beiden, dass Menschen mit einer Krebspersönlichkeit ein 121fach erhöhtes Risiko hätten, einen Tumor zu entwickeln. Das Infarktrisiko sollte um das 27fache gesteigert sein. Im Vergleich mit diesen Ergebnissen erschien beispielsweise das Rauchen als ein schon lange bekannter wichtiger Risikofaktor geradezu unbedeutend.

Grossarth-Maticek gab sich aber mit diesem Ergebnis nicht zufrieden, sondern entwickelte auch noch eine Verhaltenstherapie für den gefährdeten Personenkreis. Angeblich kann sein psychologisches Behandlungsverfahren mehr Menschen vor dem Krebstod bewahren als die ärztliche Therapie mit Krebsmedikamenten. Eine Nachprüfung dieser sehr vollmundigen Erfolgsmeldung wurde allerdings erst 1982 möglich, weil vorher keine Originaldaten vorgelegt worden waren. Die Nachuntersuchung der Zusammenhänge zwischen den verschiedenen Persönlichkeitsmerkmalen und der Krebshäufigkeit durch einen unabhängigen Wissenschaftler erbrachte allerdings keinerlei signifikante Korrelationen. Grossarth-Maticek erklärte das für ihn katastrophale Ergebnis damit, dass die Fragebögen durcheinander geraten seien, wodurch sich Fehler bei der individuellen Zuordnung ergeben hätten. Der Psychologe Manfred Amelang unterzog daraufhin die Messverfahren von Grossarth-Maticek einer intensiven statistischen Analyse. Er kam zu dem Ergebnis, dass die eingesetzten Skalen gar nicht dazu geeignet waren, Krankheitshäufigkeiten vorherzusagen. Probehalber setzte Amelang die Tests bei einer Gruppe von Patienten mit einer bereits manifesten Tumorerkrankung ein. Bei ihnen ergab sich, dass sie überwiegend eine Prädisposition für einen Herzinfarkt haben sollten. Umgekehrt zeigte das Testsystem bei Herzpatienten ein erhöhtes Tumorrisiko an.

Bei der Suche nach den Ursachen für die offensichtlichen Fehler in den Ergebnissen von Grossarth-Maticek zeigte sich, dass die Kriterien für die

Erfassung des „Krebscharakters" sehr unpräzise waren und im Laufe der Jahre mehrfach verändert wurden. Auf diese Weise könnte bewusst oder unbewusst eine Verfälschung der Daten erfolgt sein, die dann zu entsprechenden Irrtümern bei der Interpretation führen mussten.

Um diesen wichtigen Fragen auf den Grund zu gehen, führt Professor Amelang mit Hilfe der Deutschen Forschungsgemeinschaft eine langfristige Kontrollstudie durch. Die endgültigen Ergebnisse liegen noch nicht vor, aber es ist schon abzusehen, dass sich auch die „Krebspersönlichkeit" als ein fataler Irrtum herausstellen wird. Ähnlich wie bei den Herzerkrankungen wurden inzwischen beim Krebs viele genetisch bedingte Prädispositionen entdeckt. Man kennt heute schon eine Vielzahl von so genannten Onkogenen, die im mutierten Zustand das Risiko für eine Krebserkrankung stark erhöhen können. Auch einige Tumorsuppressorgene sind bekannt, deren Ausfall ebenfalls ein erhöhtes Krebsrisiko zur Folge hat. Daneben gibt es aber auch etliche exogene Faktoren wie z. B. Rauchen oder Ernährung, die auf die Entstehung von Tumoren großen Einfluss nehmen. Psychische Einflüsse scheinen noch am ehesten durch depressive Verstimmungen möglich zu sein, weil bei ihnen eine zeitweilige Herabsetzung der Immunabwehr vorkommen kann. Die erniedrigten Abwehrfunktionen könnten dazu führen, dass Krebszellen nicht rechtzeitig abgetötet werden und deshalb ein Tumor entsteht. Diese Theorie kann jedoch bisher keinesfalls als ausreichend bewiesen angesehen werden und wenn überhaupt ein solcher Einfluss besteht, so dürfte er das Krebsrisiko wahrscheinlich nur geringfügig erhöhen.

4. Medizin

Seltsame Theorie

Die Entdeckung des „Mongolismus“

Mongolismus ist eine volkstümliche Bezeichnung für das Down-Syndrom, das etwa bei jedem 700. Neugeborenen auftritt. Das Krankheitsbild wird durch eine Trisomie 21 verursacht. Unter Trisomie versteht man das dreifache Vorliegen eines Chromosoms. Die Entdeckung, dass das Down-Syndrom durch die Verdreifachung des Chromosoms 21 entsteht, gelang 1959 dem französischen Genetiker Jérôme Lejeune. Das Krankheitsbild war aber schon sehr viel länger bekannt. Es wurde 1866 erstmals von dem englischen Arzt Dr. John Langdon Haydon Down in einer relativ kurzen Mitteilung in den „London Hospital Medical Reports“ beschrieben.

Der Titel der Arbeit klingt für uns heute recht befremdlich. Er lautete: „Beobachtungen zu einer ethnischen Klassifikation von Idioten“. Als Idioten wurden damals ganz offiziell alle Personen mit einer schweren geistigen Behinderung bezeichnet. Down hatte viel mit solchen Patienten zu tun, weil er 1858 zum medizinischen Direktor des Earlswood Asylum berufen worden war. Dieses Heim für geistig Behinderte hatte sich für die damalige Zeit recht fortschrittliche Ziele gesteckt, indem es vorrangig die Förderung der Patienten anstrebte und sie nicht nur verwahrte, wie es in den meisten anderen Häusern üblich war. Down nahm diese Zielsetzung sehr ernst. Um eine optimale Förderung seiner Schützlinge zu ermöglichen, schien es ihm wichtig, die verschiedenen Schwachsinnsformen genauer zu diagnostizieren, damit möglichst früh eine Prognose über die Entwicklungsmöglichkeiten der Betroffenen gestellt werden konnte. Down musste aber feststellen, dass es für diesen Bereich noch keine brauchbaren Diagnoseverfahren gab. In der Einleitung seines Artikels schrieb er daher etwas umständlich: „Diejenigen, die den angeborenen Geistesschäden einige Aufmerksamkeit gewidmet haben, müssen öfter in Verlegenheit geraten sein, wenn es darum ging, die verschiedenen Arten dieses Defektes, die sie vielleicht beobachtet haben, in zufrieden stellender Weise zu ordnen … Die Klassifizierungssysteme sind gewöhnlich so ungenau und künstlich, dass sie nicht nur wenig zu einer geistigen Ordnung beitragen, sondern überhaupt keinen praktischen Einfluss auf das Thema ausüben.“

Im weiteren Verlauf der Arbeit unterteilte Down die geistig behinderten Patienten in fünf Gruppen, wobei er vor allem die Ausprägung der Gesichter als Kriterium verwendete. Die Klassifizierung führte er in Anlehnung an die Rasseneinteilung durch, die der Göttinger Anatom Johann Friedrich Blumenbach (1752–1840) erstmals veröffentlicht hatte. Auf diese Weise unterschied Down „kaukasisch, äthiopisch, malaiisch, amerikanisch und mongolisch“ aussehende Behinderte.

Die letzte Gruppe beschrieb er besonders ausführlich, da sie zahlenmäßig besonders stark unter seinen Patienten vertreten war. Down betonte dabei bereits die große Ähnlichkeit, die diese Patienten untereinander aufweisen. Er schrieb: „Eine große Anzahl der Fälle mit angeborener Idiotie sind typische Mongolen. Wenn man sie nebeneinander stellt, ist das so deutlich, dass man schwerlich zu glauben vermag, die Verglichenen seien nicht Kinder derselben Eltern.“ Auch die anderen körperlichen und geistigen Auffälligkeiten dieser Patientengruppe beschrieb Down schon so präzise, dass man dem Krankheitsbild später zu Recht den Namen „Down-Syndrom“ gegeben hat.

Hinsichtlich der Entstehung dieses Syndroms entwickelte Down allerdings recht merkwürdige Vorstellungen. Er nahm an, dass bereits im Mutterleib eine rassische Degeneration auftreten würde, durch die sich Kaukasier in Mongolen verwandeln. Nur so konnte er sich erklären, dass bei den betroffenen Kindern schon bei der Geburt Merkmale auftraten, die sonst meist nur bei Angehörigen der mongoliden Großrasse anzutreffen waren (z. B. breites, flaches Gesicht mit Knopfnase, schräge Lidachse, Augenfalte). Seiner Meinung nach wurde diese Degeneration vor allem durch Tuberkulose der Eltern verursacht. Seiner Degenerationshypothese sprach Down auch noch einen „philosophischen Nutzen“ zu. Er glaubte damit belegen zu können, dass „die verschiedenen Rassen nur Spielarten der Menschenfamilie sind und einen gemeinsamen Ursprung haben“. Diese Vorstellung ist heute zwar Allgemeingut, damals glaubten aber auch noch viele Wissenschaftler, dass die menschlichen Rassen schon bei der Schöpfung getrennt erschaffen worden seien. Die Evolutionstheorie von Charles Darwin war zwar schon 1859 veröffentlicht worden, aber sie hatte sich noch keineswegs durchgesetzt. Vielen Zeitgenossen erschien sie als eine Gotteslästerung, weil die göttliche Schöpfung des Menschen darin geleugnet wurde.

Die Degenerationshypothese, die uns heute so merkwürdig vorkommt, war zu Downs Zeiten die zweite recht weit verbreitete Vorstellung über die Entstehung der menschlichen Rassen. Diejenigen Wissenschaftler, die der Meinung waren, dass Gott nur einen Menschentyp geschaffen hat, erklärten die unterschiedlichen Menschenrassen durch einen längerfristigen degenerativen Prozess. Dabei zweifelte zumindest in Europa und Nordamerika so gut wie niemand daran, dass die eigene kaukasische Rasse den ursprünglichen und am höchsten entwickelten Menschentyp darstellte, während die anderen Rassen durch Degeneration daraus hervorgingen und deshalb als minderwertiger anzusehen waren. Down war ein Anhänger dieser Theorie und hatte wohl kein Problem damit, die geistige Behinderung der mongoloiden Patienten auch als einen Teil dieser degenerativen Veränderungen zu erklären.

Durch die Veröffentlichung von Down wurde der Begriff „mongoloide Idiotie“ als Bezeichnung für die von ihm beschriebene Schwachsinnsform gebräuchlich. Später entstand daraus dann die Bezeichnung „Mongolismus“. Die so hergestellte Beziehung zwischen der mongoliden Rasse und einer speziellen Form der geistigen Behinderung hat mit dazu beigetragen, dass einige Autoren dieser Rasse eine besonders niedrige Entwicklungsstufe zuschrieben. Der Amerikaner F. D. Crooksbank vertrat 1924 in seinem Buch ›Der Mongole in unserer Mitte‹ die Auffassung, dass bei Menschen mit Mongolismus ein Rückfall in einen dem Orang-Utan ähnlichen „vormongolischen Vorfahr“ stattgefunden habe, wodurch diesen Patienten völlig zu Unrecht ihr Menschsein abgesprochen wurde.

Erst 1961 wurde in einem Artikel in der Zeitschrift „Lancet“ von 19 Wissenschaftlern gefordert, den Begriff „Mongolismus“ nicht mehr zu verwenden, sondern stattdessen das entsprechende Krankheitsbild als „Down-Syndrom“ zu bezeichnen. Die Autoren wiesen auch darauf hin, dass es unter den Angehörigen der mongoliden Rasse ebenfalls Patienten mit Down-Syndrom gibt und dass sie stark den Patienten aus anderen Rassenkreisen ähneln. Der Aufruf zur Namensänderung hatte aber nur eine recht begrenzte Wirkung.

Im Jahr 1965 protestierte dann die Delegation der mongolischen Volksrepublik auf der Generalversammlung der Weltgesundheitsorganisation (WHO) offiziell gegen die weitere Verwendung des Wortes „Mongolismus“. Es wurde folgender Antrag gestellt: „Der Name unserer Rasse soll nicht mehr in Verbindung mit dieser Behinderung genutzt werden.“ Alle Mitglieder der WHO stimmten einmütig für diesen Antrag, aber trotzdem ist der Ausdruck bis heute noch nicht endgültig aus dem Sprachgebrauch verschwunden.

Inzwischen hat sich die Erkenntnis durchgesetzt, dass „mongoloide“ Patienten und Angehörige der mongoliden Rasse nur sehr geringfügige Ähnlichkeiten haben. Die meisten der vielen Krankheitsmerkmale sind völlig rassenunabhängig. Im Vordergrund steht vor allem die geistige Behinderung, die dazu führt, dass die Patienten nur etwa den Entwicklungsstand eines Sechsjährigen erreichen. Sie leiden aber auch noch häufig an angeborenen Herzfehlern und einer Abwehrschwäche, wodurch ihre Lebenserwartung früher sehr stark eingeschränkt war. Heute leben die Down-Syndrom-Patienten wesentlich länger. Es hat sich allerdings herausgestellt, dass sie jenseits des 20. Lebensjahres oft an einer Gehirndegeneration erkranken, die der Alzheimer-Krankheit ähnlich ist.

Die Vielzahl von krankhaften Veränderungen entsteht beim Down-Syndrom, wie bereits erwähnt, als Folge einer Trisomie 21, durch die alle Gene des Chromosoms 21 nicht wie üblich zweimal, sondern dreifach vorhanden sind. Dadurch wird die Entwicklung des Kindes bereits im Mutterleib in vielen Bereichen gestört, wobei man die einzelnen Schritte, die zu diesen Veränderungen führen, noch gar nicht genau kennt. Man weiß aber, dass die Trisomie 21, wie auch einige andere Trisomien, vor allem in den Eizellen der Mutter dadurch entsteht, dass sich die beiden Chromosomen bei der Zellteilung nicht voneinander trennen, sondern gemeinsam in eine Tochterzelle wandern. Bei der Befruchtung durch eine Samenzelle kommt dann noch ein weiteres Chromosom des gleichen Typs dazu. Die Häufigkeit der Trisomien nimmt mit dem Alter der Frauen stark zu, sodass z. B. bei einer 20-Jährigen das Risiko für ein Kind mit Trisomie 21 bei ca. 1 : 1500 liegt, während eine 45-Jährige mit 1 : 30 rechnen muss. Die Faktoren, die diese rasante Risikosteigerung verursachen, sind noch recht wenig erforscht. Da die Chromosomenfehlverteilung aber fast immer während der Eizellentwicklung stattfindet, kann man davon ausgehen, dass ein Alterungsprozess dieser Zellen für die Trisomieentstehung eine wichtige Rolle spielt. Im Gegensatz zu den Samenzellen vermehren sich die Eizellen bereits im weiblichen Embryo stark. Danach bleiben sie in einem Wartestadium so lange liegen, bis sie nach der Pubertät in einem der folgenden Monatszyklen ausreifen und die Reifeteilungen beenden können. Man nimmt an, dass dieses lange Ruhestadium dazu führt, dass bei diesen letzten Teilungsvorgängen zunehmend Fehler auftreten, die eine Trisomie verursachen.

Eine andere Erklärung für den starken Anstieg der Trisomien bei erhöhtem mütterlichem Alter wird darin gesehen, dass der Selektionsdruck gegen Embryos mit Trisomien sich abschwächt. Normalerweise werden solche Embryonen schon in der Frühschwangerschaft abgestoßen und enden als Abort. Wenn die Mutter älter wird, verliert dieser Schutzmechanismus möglicherweise zunehmend an Wirksamkeit, sodass es zu einer häufigeren Geburt von trisomen Kindern kommt. Welche Ursachen letztlich die Hauptrolle spielen, ist aber noch keineswegs geklärt. Ganz ohne Zweifel war die Hypothese einer rassischen Degeneration aber ein großer Irrtum, der uns heute sehr unverständlich vorkommt, in der damaligen Zeit jedoch durchaus ins Weltbild passte.

Zu viel Sauerstoff

Augenveränderungen bei Frühgeborenen

In den 40er Jahren des 20. Jahrhunderts fiel Kinderärzten fast gleichzeitig in mehreren Ländern auf, dass eine bis dahin relativ seltene Augenerkrankung bei Säuglingen plötzlich recht häufig vorkam. Meist wurde sie im Alter von wenigen Monaten entdeckt und führte oft zur Erblindung der betroffenen Kinder. Man gab der rätselhaften Krankheit zunächst den Namen „retrolentale Fibroplasie", weil sich zeigte, dass hinter der Augenlinse fibröses Gewebe wucherte. Bald stellte sich aber heraus, dass diese Veränderung nur das Endstadium einer schon früher beginnenden Augenerkrankung ist, die mit einer trichterförmigen Netzhautablösung einhergeht. Weitere Studien ergaben, dass diese Krankheit besonders häufig bei Frühgeborenen vorkommt. Deshalb wurde die wissenschaftliche Bezeichnung in „Retinopathia praematurorum" geändert.

Es begann eine fieberhafte Suche nach den Ursachen dieser rätselhaften Krankheit. Zunächst vermutete man eine angeborene Störung, die möglicherweise durch einen vorgeburtlichen Sauerstoffmangel ausgelöst wurde. Aber auch pränatale Infektionen oder Blutungen wurden für die schweren Augenveränderungen verantwortlich gemacht. Andere Studien beschäftigten sich mit Faktoren, die kurz nach der Geburt zur Wirkung kamen. Vor allem eine zu frühe Lichtexposition geriet in Verdacht, aber es schien auch möglich, dass hohe Gaben von Vitamin- und Eisenpräparaten die Augen schädigten. Als einige Forscher berichteten, dass bei den kleinen Patienten zeitweilig eine Unterfunktion der Nebennieren zu beobachten war, begann man mit einer Hormontherapie. Es wurde das sogenannte adrenocorticotrope Hormon (ACTH) eingesetzt, das im Hypophysenvorderlappen gebildet wird. Es regt die Funktion der Nebennieren an. Tatsächlich zeigte sich bei einigen Patienten eine gewisse Verbesserung des Augenbefundes, und deshalb ging man dazu über, diese Therapie im großen Umfang anzuwenden. Die Erfolge waren aber auf längere Sicht nicht sehr überzeugend, sodass man weiter intensiv nach anderen Ursachen forschte.

Erst zu Beginn der fünfziger Jahre kam der Verdacht auf, dass der starke Anstieg der Erkrankungshäufigkeit mit einer übermäßigen Sauerstoffzufuhr in den Brutkästen der Frühgeborenen zusammenhängen könnte. Zunächst hatte man die erhöhten Sauerstoffgaben nur bei Frühgeborenen eingesetzt, die wegen Sauerstoffmangels eine blaue Hautverfärbung zeigten. Da diese Kinder sehr gut auf den Sauerstoff reagierten, wurde angenommen, dass die

Zufuhr auch für andere Frühgeborenen günstig wäre. Kontrollierte Studien waren allerdings zu dieser Fragestellung nicht durchgeführt worden.

Ab 1945 erging die generelle Empfehlung, alle Frühgeborenen prophylaktisch mit Sauerstoff zu behandeln.

In den Folgejahren stieg bei dieser Patientengruppe die Zahl der Retinopathien stark an. Trotz dieser recht deutlichen zeitlichen Koinzidenz dauerte es aber noch ziemlich lange, bis der ursächliche Zusammenhang mit der verstärkten Sauerstoffgabe erkannt wurde und man daraus die entsprechenden Konsequenzen zog. Die Befürworter der Begasung behaupteten nämlich zunächst noch, es sei nicht das Sauerstoffüberangebot verantwortlich, sondern das zu schnelle Absetzen der Gaszufuhr. Als daraufhin von kritischen Wissenschaftlern angeregt wurde, neue Studien mit einer unbehandelten Kontrollgruppe durchzuführen, erhob sich dagegen großer Widerstand, weil es vielen Ärzten ethisch nicht vertretbar erschien, Frühgeborenen den wertvollen Sauerstoff vorzuenthalten.

Trotz dieser Bedenken gelang es schließlich doch, eine solche Untersuchung durchzuführen. Dabei zeigte sich eine Häufung von Retinopathien in der Gruppe der mit Sauerstoff behandelten Kinder. Aber auch in der Gruppe ohne Sauerstoffzufuhr traten einige Erkrankungsfälle auf. Intensive Nachforschungen ergaben jedoch, dass bei diesen Kindern die Krankenschwestern nachts heimlich Sauerstoff gegeben hatten, da sie meinten, sie könnten ihren kleinen Patienten die Behandlung nicht vorenthalten. Nachdem neue ordnungsgemäß durchgeführte Studien abgeschlossen wurden, war eindeutig zu erkennen, dass der Verzicht auf routinemäßige Sauerstoffgaben zu einem starken Rückgang der gefürchteten Augenkrankheit führte. Als überraschender Nebeneffekt wurde außerdem festgestellt, dass durch die Reduzierung des Sauerstoffs auch die Zahl der Todesfälle bei den Frühgeborenen zurückging.

Es ist heute schwer verständlich, warum es 12 Jahre gedauert hat, bis klar wurde, dass die generelle Sauerstoffanwendung mehr schadet als nutzt. Schätzungen besagen, dass dieser Irrtum etwa 10 000 Kindern das Augenlicht gekostet hat. Das tragische Geschehen macht deutlich, wie wichtig es ist, gut kontrollierte Studien durchzuführen, bevor man Behandlungskonzepte auf andere Patientengruppen ausdehnt. Bei einigen Frühgeborenen ist allerdings wegen Unreife der Lungen auch heute noch eine Sauerstoffzufuhr unerlässlich. Man reduziert aber die Menge so weit wie möglich, um die Gefahr der Augenschäden zu begrenzen. Trotzdem lassen sich mehr oder minder schwere Retinopathien nicht immer vermeiden.

Auf welchem Weg das erhöhte Sauerstoffangebot zu den schweren Augenveränderungen führt, ist bis jetzt noch nicht endgültig geklärt. Man weiß inzwischen allerdings, dass auch unter normalen Umständen nach der Geburt der Sauerstoffgehalt im arteriellen Blut des Kindes stark ansteigt. Wenn in dieser Zeit noch zusätzlich Sauerstoff zugeführt wird, entsteht ein gefährliches Überangebot, das die Blutgefäßentwicklung in der Netzhaut (Retina) hemmen kann. Nach einer späteren Reduzierung des Sauerstoffdruckes kommt es oft reaktiv zu einem verstärkten Wachstum der Retinagefäße. Die Proliferation der Gefäße kann dann auf den Glaskörper übergreifen und dort zu Blutungen führen. Darauf folgt die Einwanderung von Bindegewebe, die eine Verschwartung des Glaskörpers verursacht. Außerdem entstehen Zugkräfte, die eine fortschreitende Netzhautablösung bewirken.

Glücklicherweise verläuft die sauerstoffinduzierte Augenerkrankung nur relativ selten so dramatisch. Bei etwa 80 % der betroffenen Kinder kommt es schon in einem frühen Stadium zu einer Rückbildung der Symptome, sodass die Augen nicht dauerhaft geschädigt werden. Je weiter die Krankheit aber fortgeschritten ist, umso seltener ist eine Spontanheilung noch möglich. Deshalb ist es notwendig, dass alle Risikopatienten augenärztlich intensiv überwacht werden. Wenn die Gefäßproliferation in der Retina ein bestimmtes Stadium überschreitet, muss therapeutisch eingegriffen werden, um Spätschäden zu verhindern. Das Mittel der Wahl ist heute die Laserbehandlung, bei der die wuchernden Gefäße in der Netzhaut zerstört werden. Diese Therapie ist in etwa 80 % der Fälle erfolgreich, wenn sie rechtzeitig zum Einsatz kommt. Falls schon eine Netzhautablösung vorliegt, kann noch eine operative Fixierung durchgeführt werden. Sobald der Glaskörper in Mitleidenschaft gezogen ist, sind die therapeutischen Möglichkeiten aber sehr begrenzt.

Trotz aller Fortschritte in der Diagnostik und Therapie ist die Retinopathia praematurorum in den westlichen Ländern immer noch eine der häufigsten Erblindungsursachen im Kindesalter. Die Angaben zur Häufigkeit schwanken allerdings sehr stark. In Deutschland muss mit etwa 40 Fällen pro Jahr gerechnet werden. Es ist zu befürchten, dass diese Zahl in Zukunft eher steigen als fallen wird, weil durch die Intensivbehandlung von Frühgeborenen immer unreifere Kinder am Leben erhalten werden können. Bei ihnen sind die Lungen aber meist noch so unterentwickelt, dass eine langfristige intensive Sauerstoffbeatmung notwendig ist. Neben der Augenerkrankung sind bei diesen Kindern aber auch andere schwerwiegende Spätschäden, insbesondere im Gehirn, zu befürchten, die später ein normales Leben oft unmöglich machen.

Das „Mörderchromosom“

Die wechselvolle Geschichte der XYY-Männer

Die Frage, ob es im menschlichen Erbgut Faktoren gibt, die zu Gewalttaten und eventuell sogar Mord prädestinieren, wurde in den sechziger Jahren des 20. Jahrhunderts heftig diskutiert. Man hatte damals gerade eine Methode entwickelt, mit der man den Chromosomensatz des Menschen sichtbar machen kann, und dabei zeigte sich, dass pathologische Veränderungen der Chromosomen durchaus nicht selten sind. Es wurden beispielsweise die so genannten Trisomien entdeckt, bei denen ein Chromosom dreifach vorliegt. Die bekannteste und häufigste Trisomie betrifft das Chromosom 21, die das Down-Syndrom verursacht (siehe auch die vorherige „Irrtumsgeschichte“). Zahlenmäßige Veränderungen der Geschlechtschromosomen erwiesen sich ebenfalls als recht häufig, wobei sowohl die X- als auch die Y-Chromosomen betroffen sind. Normalerweise liegt ja beim Mann die XY- und bei der Frau die XX-Konstellation vor. Bei etwa jedem 700. Neugeborenen wird jedoch eine veränderte Zahl der Geschlechtschromosomen gefunden.

Ein besonders großes öffentliches Interesse richtete sich bald auf Männer, die ein überzähliges Y-Chromosom tragen. Sie wurden in den Medien als „Supermänner“ bezeichnet, weil auf dem Y-Chromosom fast ausschließlich Erbfaktoren liegen, die für die Entwicklung der männlichen Eigenschaften verantwortlich gemacht werden. Diese auch Gene genannten Faktoren sind so aktiv, dass eine männliche Ausprägung sogar dann entsteht, wenn neben einem Y-Chromosom mehrere X-Chromosomen vorliegen. Es war deshalb interessant zu sehen, welche Veränderungen auftreten, wenn nicht nur ein, sondern zwei Y-Chromosomen vorhanden sind. Es zeigte sich allerdings, dass dadurch in Bau und Funktion des Körpers keine besonders deutlichen Auffälligkeiten entstehen. Auch die Bildung von männlichen Sexualhormonen liegt im Normbereich. Die XYY-Männer weisen lediglich ein verstärktes Größenwachstum auf und bekommen in der Pubertät oft eine ausgeprägte Akne. Manchmal wird auch eine Fehlentwicklung der Genitalorgane beobachtet, aber die allermeisten XYY-Männer sind fortpflanzungsfähig. Die Intelligenzentwicklung ist jedoch oft nicht ganz normal. Die Patienten erreichen in der Regel nur einen Intelligenzquotienten, der unter dem der männlichen Normalbevölkerung liegt, und oft treten Schulschwierigkeiten auf.

Wie stark sich das zweite Y-Chromosom auf die Psyche der betroffenen Männer auswirkt, war lange Zeit sehr umstritten. Ausgangspunkt für diese heftige Diskussion war eine Untersuchung der englischen Humangenetikerin

Patricia Jacobs. Sie führte 1965 Chromosomenanalysen an Männern durch, die wegen verminderter Intelligenz und gewalttätigen Verhaltens in einer speziellen Anstalt untergebracht waren. Unter den 196 Insassen entdeckte Jacobs 8 Männer mit einem überzähligen Y-Chromosom. Das war eine beunruhigend hohe Zahl. Nachdem über diesen auffälligen Zusammenhang zwischen Gewalttätigkeit und Chromosomenbefund eine Publikation erschienen war, wurden von vielen anderen Genetikern ähnliche Untersuchungsserien durchgeführt. Sie bestätigten fast alle, dass die XYY-Konstellation unter männlichen Gewalttätern mit geringer Intelligenz unerwartet häufig vorkam. Als Erklärung für dieses Phänomen wurde angeführt, dass auf dem Y-Chromosom Gene sitzen könnten, welche für die im Vergleich zu Frauen meist aggressiveren Verhaltensweisen von Männern verantwortlich sind. Durch die Verdopplung der Gene beim Vorliegen von zwei Y-Chromosomen würde die Aggressivität so verstärkt, dass sie zu Gewaltkriminalität prädestiniert.

Diese Theorie wurde damals von den meisten Wissenschaftlern für richtig gehalten. Als einer der wenigen Kritiker schrieb der Genetiker R. M. Suinn allerdings: „Berechtigte Einwände erfordern, dass dieser Schluss nicht überstürzt akzeptiert wird.“ Im Zusammenhang mit einem spektakulären Mordfall wurde die Hypothese einer genetisch bedingten Aggressivität in den USA durch die Medien stark verbreitet. In Chicago stand 1966 der 24-jährige Richard Speck vor Gericht, weil er in einem Schwesternheim acht junge Frauen ermordet hatte. Er war 1,90 m groß und hatte nur relativ geringe geistige Fähigkeiten. Damit entsprach er oberflächlich betrachtet dem Typ des XYY-Mannes, weshalb die Boulevard-Presse bei ihm auch gleich diese Chromosomenanomalie vermutete. Eine spätere Untersuchung ergab zwar, dass er einen völlig normalen Chromosomensatz besaß, aber das Schlagwort vom „Mörderchromosom“ war geboren und fand schnell den Weg durch die ganze Welt.

In Paris hörte ein Rechtsanwalt davon, der 1968 den Prostituiertenmörder Daniel Hugon vor Gericht zu verteidigen hatte. Er ließ bei seinem Mandanten eine Chromosomenanalyse durchführen, um festzustellen, ob ein zweites Y-Chromosom vorliegt. Tatsächlich wurde diese Chromosomenanomalie bei Daniel Hugon nachgewiesen. In seinem Plädoyer vertrat der Rechtsanwalt daraufhin die Auffassung, dass Hugon für seine Tat nicht voll zur Verantwortung gezogen werden könne, da er aufgrund des zweiten Y-Chromosoms genetisch für Gewaltverbrechen prädestiniert sei. Diese Argumentation überzeugte das Gericht und der Angeklagte wurde deshalb als nur beschränkt schuldfähig eingestuft. Das Aufsehen erregende Urteil rief in vielen Ländern heftige Diskussionen darüber hervor, ob bei Strafprozessen genetische Analysen sinnvoll und notwendig sein könnten. Einige Bundesstaaten der USA führten die routinemäßige Chromosomenuntersuchung bei jugendlichen Rechtsbrechern mit männlichem Geschlecht ein. In Deutschland schrieb der bekannte Kriminologieprofessor Armand Mergen in seinem Buch ›Der geborene Verbrecher‹ etwas blumig: „Der biologische Fundus des aggressiven Verbrechens scheint gefunden zu sein. Der Boden, auf dem etwas Auffallendes, oftmals Erschreckendes geschieht, ist aus biologischem Material zusammengesetzt. Ist die Zusammensetzung normal, so wächst eine normale Frucht darauf, ist sie aber abnorm, so wachsen kranke und durch ihre Verschiedenheit auffallende Früchte.“ In diesem Zusammenhang wurde sogar der Vorschlag diskutiert, XYY-Männer prophylaktisch einzusperren, um die Gesellschaft vor ihrer kriminellen Aggressivität zu schützen.

Um diese ausufernde Diskussion wieder auf eine reale Basis zurückzuführen, begannen einige kritische Wissenschaftler mit großen Studien, bei denen in der Normalbevölkerung Chromosomenanalysen durchgeführt wurden. Dabei zeigte sich bald, dass etwa jeder tausendste Mann ein überzähliges Y-Chromosom besitzt. Das bedeutet, dass es in Deutschland etwa 40000 XYY-Männer gibt. Wenn sie alle durch das zweite Y-Chromosom zu gewalttätigen Kriminellen prädestiniert wären, müssten die Gefängnisse von solchen Verbrechern überquellen. Mit dieser Erkenntnis war die generelle Gefährlichkeit eines zweiten Y-Chromosoms schon deutlich relativiert. Erklärungsbedarf bestand jedoch weiterhin für die unbestreitbare Tatsache, dass unter gewaltbereiten Kriminellen die relative Häufigkeit von XYY-Männern im Vergleich zur Normalbevölkerung deutlich erhöht ist. Deshalb starteten Forscher der Harvard-Universität in den USA eine langfristig angelegte Studie, bei der in einer großen unausgelesenen Serie von Neugeborenen Chromosomenanalysen durchgeführt wurden. Es war geplant, Kinder mit Anomalien der Geschlechtschromosomen dann über mehrere Jahre zu beobachten, um festzustellen, in welcher Weise ihre Entwicklung verändert ist. Diese „Harvard“-Studie stieß aber auf große öffentliche Kritik. Man befürchtete, dass die Erziehung der Kinder negativ beeinflusst würde, wenn die Eltern frühzeitig vom Vorliegen einer Chromosomenanomalie Kenntnis erhielten. Der Widerstand wurde schließlich so heftig, dass die Studie abgebrochen wurde, bevor brauchbare Ergebnisse vorlagen.

In Dänemark waren die Bedenken nicht so groß, sodass dort eine über zehn Jahre laufende Untersuchung durchgeführt werden konnte. Dabei zeigte sich, dass die XYY-Knaben schon im Säuglingsalter gewisse Auffälligkeiten aufwiesen. Sie schliefen mehr und waren ruhiger. Im Alter von zwei bis fünf Jahren ergab sich in psychologischen Tests bereits eine mehr oder minder starke Verzögerung der Intelligenzentwicklung. Im Kindergarten neigten die Knaben dazu, sich zu isolieren und relativ wenig an Gruppenspielen teilzunehmen. Erstaunlich war allerdings, dass diese Auffälligkeiten nicht nur bei XYY-Knaben feststellbar waren, sondern auch bei Jungen, die eine XXY-Konstellation der Geschlechtschromosomen aufwiesen. In diesen Fällen konnte also nicht das zweite Y-Chromosom für die veränderte Verhaltensweise verantwortlich gemacht werden. Die XXY-Konstellation kommt ähnlich häufig vor wie der XYY-Karyotyp, das überzählige X-Chromosom bewirkt aber eine gewisse Verweiblichung, nicht nur der Körperformen, sondern auch des Verhaltens. Bei beiden Chromosomenanomalien tritt jedoch eine verminderte Intelligenz auf, sodass die beobachteten Entwicklungsstörungen wahrscheinlich damit in Zusammenhang stehen.

In Dänemark wurde auch eine große retrospektive Studie durchgeführt, bei der untersucht wurde, wie sich Männer entwickelt hatten, bei denen erst im späteren Leben eine veränderte Zahl der Geschlechtschromosomen festgestellt worden war. Sowohl bei den XYY- als auch den XXY-Probanden konnte eine unter der Norm liegende Intelligenz und eine erhöhte Kriminalität nachgewiesen werden. Das Spektrum der Straftaten war aber bei beiden Gruppen recht ähnlich und unterschied sich auch nicht wesentlich von dem anderer Straftäter mit niedriger Intelligenz. Eine gesteigerte Gewaltbereitschaft war bei XYY-Männern nicht vorhanden.

Etwa zur gleichen Zeit untersuchte der französische Psychiater B. Noël 14 XYY-Männer mit verschiedenen psychologischen Tests. Dabei zeigte sich, dass sie im Vergleich zu einer Gruppe normaler Männer impulsiver reagierten und einen Mangel an emotionaler Selbstkontrolle aufwiesen. Auch ihr Selbstbewusstsein war nur schwach ausgeprägt.

Heute wird kaum mehr daran gezweifelt, dass die Hypothese, das zweite Y-Chromosom prädestiniere die betroffenen Männer zur Gewalttätigkeit, ein folgenschwerer Irrtum war. Ihre oft unterdurchschnittliche Intelligenz und psychische Labilität sind vermutlich dafür verantwortlich, dass sie unter ungünstigen sozialen Umständen relativ häufig straffällig werden. Die allermeisten XYY-Männer führen aber ein völlig unauffälliges Leben und die bei ihnen vorliegende Chromosomenanomalie wird oft gar nicht oder nur zufällig entdeckt.

Gefährliche Bauchlage

Das Drama des plötzlichen Kindstodes

Man kann sich für Eltern fast nichts Schlimmeres vorstellen als den plötzlichen Tod ihres Kindes. Meist kommt dieser Schicksalsschlag aus heiterem Himmel, ohne dass eine Vorerkrankung des Kindes bekannt war. Am häufigsten sind Kinder von diesem auch als „Krippentod" bezeichneten tödlichen Geschehen zwischen dem zweiten und vierten Lebensmonat betroffen. In den ersten beiden Lebenswochen und nach dem 10. Lebensmonat ist der Krippentod selten. Der Winter scheint für die wenige Monate alten Säuglinge besonders gefährlich zu sein, denn in dieser Jahreszeit häufen sich die Todesfälle. Etwa 90% davon treten im Schlaf auf. Die Ursachen für den plötzlichen Kindstod, der international „Sudden Infant Death Syndrome" (SIDS) heißt, sind noch weitgehend unerforscht, obwohl das schreckliche Phänomen schon seit dem Altertum bekannt ist.

Dank der guten Zusammenarbeit zwischen zahlreichen Elterninitiativen und Kinderärzten kennt man inzwischen viele Faktoren, die das Risiko für den plötzlichen Kindstod deutlich erhöhen. Stark gefährdet sind Frühgeborene mit niedrigem Geburtsgewicht und Kinder, die in kurzen zeitlichen Abständen geboren werden. Harnwegsinfekte der Mutter in der Schwangerschaft scheinen ebenso eine Rolle zu spielen wie Luftwegsinfekte des Kindes. Ein niedriger Apgarwert, der anzeigt, dass die Lebensfunktionen des Kindes bei der Geburt nicht optimal waren, erhöht das SIDS-Risiko ebenfalls beträchtlich. Auch eine erbliche Komponente ist vorhanden, denn es wird eine deutliche familiäre Häufung von SIDS-Fällen beobachtet. Kinder, die schon einmal einen Sterbeanfall überlebt haben, sind besonders stark gefährdet. Das Alter der Mutter scheint insofern einen Einfluss zu haben, als bei einer Geburt vor dem 20. Lebensjahr das Kind ein erhöhtes SIDS-Risiko hat. Besonders problematisch ist, dass die verschiedenen Risikofaktoren sich nicht nur addieren, sondern potenzieren.

Über einen speziellen Risikofaktor, nämlich die Bauchlage für Säuglinge, wurde in den letzten Jahren besonders heftig diskutiert. Zu Beginn der 70er Jahre des 20. Jahrhunderts wurde in vielen Ländern von Kinderschwestern und Kinderärzten empfohlen, Säuglinge in Bauchlage schlafen zu lassen.

Die Kampagne begann in den USA und beruhte vermutlich auf der Beobachtung, dass schwer verletzte und bewusstlose Soldaten am besten auf dem Bauch liegend transportiert werden. In Europa wurde die Bauchlage ab 1971 verstärkt propagiert, nachdem auf einem Kinderärzte-Kongress in Wien die

Vorteile dieser Lagerung herausgestellt worden waren. Die dieser Empfehlung zugrunde liegenden Untersuchungsergebnisse wurden allerdings fast ausschließlich an Frühgeborenen erhoben. Dabei zeigte sich, dass bei diesen Kindern in Bauchlage weniger Speisebrei aus dem Magen in die Speiseröhre zurückfloss. Außerdem hatten sie seltener Koliken und auch die psychomotorische Entwicklung verlief günstiger. Für die Eltern war besonders angenehm, dass die Kinder besser durchschliefen und weniger weinten. Gegen die Rückenlage wurde ins Feld geführt, dass die Kinder sich leichter an Erbrochenem verschlucken könnten und dass sich ihr Hinterkopf zu flach entwickeln würde. Die Vorteile der Bauchlage für Kleinkinder fanden sowohl über Kinderärzte als auch durch Kinderpflegebücher schnell eine große Verbreitung und wurden auf der ganzen Welt von vielen Eltern befolgt.

Ungefähr ab dieser Zeit wurde in den USA eine starke Zunahme von SIDS-Fällen beobachtet, ohne dass man dafür zunächst eine Erklärung hatte. Wenige Jahre später zeigte sich das Phänomen auch in Europa. Der Anstieg nahm dramatische Ausmaße an: In Schweden wurden beispielsweise 1973 ca. 30 SIDS-Fälle auf 100000 lebende Neugeborene registriert. 1979 waren es bereits doppelt so viele und 1990 wurden 120 solche Todesfälle gemeldet. In vielen anderen Ländern wurde eine ähnliche Entwicklung beobachtet. Es bildeten sich auch viele sehr aktive Selbsthilfegruppen. In Deutschland entstand die bundesweit tätige „Gemeinsame Elterninitiative Plötzlicher Säuglingstod (GEPS)", die allen Betroffenen mit Rat und Tat zur Seite steht.

Fieberhaft suchte man auf der ganzen Welt nach den Ursachen für die erschreckende Zunahme des Krippentodes. 1985 erschien in der renommierten englischen Zeitschrift „Lancet" eine Arbeit, in der festgestellt wurde, dass SIDS in Hongkong wesentlich seltener vorkommt als in Europa. Der Autor gab als mögliche Erklärung für diesen gravierenden Unterschied an, dass in Hongkong die Babies fast ausschließlich auf dem Rücken liegen, während viele Kinder in Europa in der Bauchlage schlafen.

Erst jetzt erinnerte man sich daran, dass bereits 1944 der Kinderarzt H. Abramson auf einen Zusammenhang zwischen Schlafposition und SIDS hingewiesen hatte. Auch zwei Studien aus den fünfziger Jahren des 20. Jahrhunderts hatten bestätigt, dass die Bauchlage einen Risikofaktor für den plötzlichen Kindstod darstellt. Es lässt sich heute nicht mehr nachvollziehen, warum diese wichtigen Erkenntnisse wieder in Vergessenheit geraten waren.

In Holland wurde 1987 die erste intensive Aufklärungskampagne gestartet, in der Eltern auf die Gefahren der Bauchlage hingewiesen wurden. Dadurch wurde erreicht, dass innerhalb eines Jahres der Prozentsatz der auf dem

Bauch schlafenden Kinder von 50 % auf 19 % zurückging. Gleichzeitig nahm die Zahl der SIDS-Fälle um etwa 40 % ab. Da diese Studie aber ohne Kontrollgruppe durchgeführt worden war, wurde sie nicht allgemein anerkannt. 1990/91 entstanden zwei kontrollierte Studien in England und Neuseeland, die zu ähnlichen Ergebnissen wie die Holländer kamen. Fünf Jahre später berichtete eine norwegische Arbeitsgruppe, dass die mehrjährige intensive Aufklärung der Eltern einen Rückgang der Kinder in Bauchlage von 64 % auf 8 % bewirkt habe. Parallel dazu reduzierte sich die Zahl der SIDS-Fälle um etwa die Hälfte.

Durch diese und andere Studien ist inzwischen wohl endgültig bewiesen, dass die Einführung der kindlichen Bauchlage zu Beginn der 70er Jahre des 20. Jahrhunderts ein schrecklicher Irrtum war, der den dramatischen Anstieg der Fälle von plötzlichem Säuglingstod in vielen Ländern der Erde bewirkt hat. Für viele Eltern, die auf diese Weise ein Kind verloren haben, ist es vermutlich eine sehr bittere Erkenntnis, dass sie vielleicht selbst dazu beigetragen haben, indem sie dem falschen Rat von Fachleuten hinsichtlich der Schlafposition für Säuglinge gefolgt sind.

Man ist sich heute allerdings weitgehend darin einig, dass die Bauchlage allein wohl nur in seltenen Fällen den plötzlichen Kindstod verursacht. Meistens kommt es erst bei einer Kombination von mehreren Risikofaktoren zu Todesfällen. Um diese zu vermeiden, wird neben einer Lagerung in Rücken- oder Seitenlage empfohlen, die Kinder nicht auf weichen verrutschbaren Unterlagen schlafen zu lassen. Außerdem sollte eine Überwärmung des Kindes während des Schlafes vermieden werden. Günstig scheint auch die Verwendung von Schnullern zu sein. Die Eltern sollten im Kinderzimmer keinesfalls rauchen, da vor allem der Kohlenmonoxidgehalt des Rauches für Kleinkinder gefährlich sein kann. Bei Kindern mit einem erhöhten SIDS-Risiko wird empfohlen, sie im Zimmer der Eltern, aber nicht in deren Bett schlafen zu lassen. Außerdem kann ein Heimmonitor zum Einsatz kommen, der die Atem- und Herztätigkeit des Kindes kontrolliert und bei Unregelmäßigkeiten Alarm auslöst. Die Eltern sollten vor dem Einsatz solcher Geräte in die wichtigsten Erste-Hilfe-Maßnahmen eingewiesen werden. Ein Nachteil vieler Überwachungsgeräte ist jedoch, dass sie häufig Fehlalarm auslösen. Neuerdings wurde auch ein Spezialstrampelanzug entwickelt, der ähnlich ausgerüstet ist wie die Astronautenbekleidung. In ihm sind Messfühler für die Überwachung der lebenswichtigen Körperfunktionen eingenäht. Der Anzug ist an eine Überwachungseinheit angeschlossen, die im Alarmfall nicht nur die Eltern, sondern per Telefon auch den Kinderarzt zu Hilfe rufen kann.

Trotz einiger Fortschritte ist bei uns der plötzliche Kindstod immer noch die häufigste Todesursache im ersten Lebensjahr, wenn man die Neonatalperiode (erste vier Lebenswochen) ausklammert.

Jährlich stirbt in Deutschland etwa jedes tausendste Neugeborene an SIDS, wobei Knaben etwas häufiger betroffen sind als Mädchen. Diese Zahl ist im Vergleich zu anderen Ländern beunruhigend hoch. Das hängt möglicherweise auch damit zusammen, dass in Deutschland keine groß angelegte Aufklärungskampagne über die SIDS-Vorsorge stattgefunden hat. Es ist zu hoffen, dass dieses deutsche Defizit in absehbarer Zeit behoben wird. Auch die Ursachen des plötzlichen Kindstodes müssen noch weiter aufgeklärt werden. Das ist eine der wichtigsten Voraussetzungen, um die Zahl der Todesfälle weiter zu senken. Die derzeit am häufigsten vertretene Hypothese über die Entstehung von SIDS nimmt an, dass bei den Kindern aus verschiedensten Gründen die so genannte „Arousal-(Weck-)Reaktion" gestört ist. Darunter versteht man, dass während des normalen kindlichen Schlafs immer wieder kurze Aufwachphasen eintreten müssen, um eine normale Atmung zu gewährleisten. Mit dieser Weckstörung scheint auch zusammenzuhängen, dass die gefährdeten Babies nicht ausreichend in der Lage sind, auf eine steigende Kohlendioxydkonzentration bzw. abfallende Sauerstoffsättigung im Blut mit verstärkter Atemtätigkeit zu reagieren. Vermutlich sind die dafür vorhandenen Zentren im Gehirn noch ungenügend entwickelt oder geschädigt. Der endgültige Beweis für diese Entstehungstheorie steht allerdings noch aus. Da bei einem Teil der Kinder dem Krippentod Infekte vorausgehen, wird angenommen, dass es bei ihnen zu einer übersteigerten Immunreaktion kommt, die schockähnliche Reaktionen auslöst. Dafür spricht, dass bei der Sektion nicht selten entsprechende Organveränderungen gefunden werden.

Der schreckliche Irrtum bei der Bauchlage-Empfehlung muss für alle, die in diesem Bereich Verantwortung tragen, eine dringliche Warnung sein. Sie sollten bei der Aufstellung und Verbreitung von neuen Regeln für die Säuglingspflege äußerste Vorsicht walten lassen. Insbesondere scheint es gefährlich zu sein, Erkenntnisse, die man an einer bestimmten Patientengruppe (im vorliegenden Fall Frühgeborene) gesammelt hat, ungeprüft auf alle Kleinkinder zu übertragen.

Gefährdeter Magen

Die Ursachen für Magengeschwüre

Unser Magen ist ein ziemlich empfindliches Organ. Dafür ist vor allem die Schleimhaut verantwortlich, die ihn völlig auskleidet und die vielfältige Funktionen hat. Sie produziert in speziellen Magendrüsen mehrere Enzyme, die zur Verdauung der Nahrung notwendig sind. Für die Enzymaktivierung, aber auch für die Abtötung von Keimen, die mit der Nahrung aufgenommen werden, wird im Magen auch Salzsäure gebildet. Da sowohl die Enzyme als auch die Salzsäure die Schleimhaut schädigen können, schützt sie sich durch die Bildung eines Schleimfilms auf ihrer Oberfläche. Trotz dieses Schutzes kann es aber auf vielen verschiedenen Wegen zur Entzündung der Schleimhaut kommen, die Gastritis genannt wird. Bei einer lang anhaltenden Gastritis besteht die Gefahr, dass durch eine Art Selbstverdauung ein Magengeschwür (Ulcus) entsteht. Dabei greifen die Entzündungserscheinungen auf immer tiefere Schichten der Magenwand über und es kann schließlich eine mehr oder minder starke Magenblutung auftreten. Im Extremfall durchbricht das Ulcus die Magenwand, wobei Speisebrei in die Bauchhöhle gerät. Dieser Zustand ist lebensbedrohlich und es muss schnellstens eine Operation erfolgen. Ein ähnliches Geschehen kann sich auch im oberen Teil des Zwölffingerdarms (Duodenum) abspielen. Dort kann die Salzsäure aus dem Magen ebenfalls ein Ulcus auslösen. Duodenalgeschwüre sind sogar deutlich häufiger als Geschwüre des Magens.

Die Ursachen, die zu einer chronischen Gastritis und im weiteren Verlauf zu einem Ulcus führen können, erschienen lange Zeit sehr vielfältig. Die mehr naturwissenschaftlich ausgerichteten Ärzte machten dafür vor allem Ernährungsfehler und/oder die übermäßige Aufnahme von bestimmten Genussmitteln, wie z. B. Nikotin, Koffein und Alkohol verantwortlich. Die dadurch häufig auftretenden Reizungen der Magenschleimhaut standen im Verdacht, die Entstehung einer chronischen Entzündung zu verursachen.

Viele psychologisch orientierte Ärzte nahmen aber auch an, dass Gastritis und Magen-Darm-Geschwüre oft auf einer psychosomatischen Basis vor allem durch Stress entstehen. Als Begründung wurde angeführt, dass Personen mit starken beruflichen Belastungen, wie z. B. Schichtarbeiter, Fernfahrer und Krankenpflegepersonal ein besonders hohes Risiko für diese Erkrankung haben. Auch die Tatsache, dass Männer etwa fünfmal häufiger erkranken als Frauen, interpretierte man als Hinweis auf psychosomatische Ursachen. Da

Frauen seltener voll berufstätig sind, wurde angenommen, dass sie weniger unter Stress leiden als Männer.

Neben der Stressbelastung wurden von Psychologen noch weitere seelische und emotionale Risikofaktoren benannt: So sollten „emotionaler Hunger“, aber auch Suche nach Geborgenheit, übermäßige Verwöhnung, Frustrationen und Enttäuschungen sowie heruntergeschluckte Sorgen die Gefahr erhöhen, eine Ulcuskrankheit zu entwickeln. Es wurden vielfältige Tests entwickelt, um das psychosomatische Risiko auch quantitativ erfassen zu können. Der Psychologe H. Weiner berichtete 1977 in seinem Buch ›Psychobiologie menschlicher Krankheiten‹ beispielsweise über eine Kombination von psychologischen und physiologischen Untersuchungen, die mit hoher Genauigkeit vorhersagen sollen, welche Männer während ihres Wehrdienstes an einem Zwölffingerdarmgeschwür erkranken. Entsprechend den Vorstellungen über die psychischen Ursachen der Geschwürentstehung wurden die Kranken in vielen Fällen auch einer oft langwierigen psychologischen Therapie zugeführt.

Trotz dieser unterschiedlichen Einschätzungen der Erkrankungsrisiken war man sich in der Ärzteschaft aber in einem Punkt weitgehend einig: Infektionen mit Bakterien sollten bei der Entstehung von Ulcuserkrankungen keine Rolle spielen, weil die Keime in dem stark sauren Milieu des Magens nicht lange genug überleben könnten.

Dieses Dogma stellte sich jedoch 1983 als Irrtum heraus. In diesem Jahr veröffentlichten nämlich die beiden jungen australischen Ärzte Robin Warren und Barry Marshall in der bekannten englischen Medizinzeitschrift „Lancet“ einen Artikel mit dem Titel: „Unidentifizierte gekrümmte Bazillen im Epithel des Magens bei aktiver chronischer Gastritis“. Die Veröffentlichung wurde zunächst erwartungsgemäß nicht sehr ernst genommen, da sie der festgefügten Meinung widersprach, der Magensaft würde Keime schnell abtöten.

Als Marshall im gleichen Jahr seine Untersuchungsergebnisse auf dem internationalen Mikrobiologenkongress in Brüssel vorstellte, reagierte das Auditorium ebenfalls ablehnend. David Graham vom Medical Center in Houston (Texas) beschrieb seine damalige Meinung so: „Da war ein verrückter Kerl, der wilde Behauptungen in die Welt setzte. Es schien mir, als ob er gerade daran war, die Forschungsarbeit auf diesem Sektor um Jahre zurückzuwerfen …“

Die beiden jungen Wissenschaftler waren durch diese negativen Reaktionen verständlicherweise sehr verärgert und enttäuscht. Robin Warren entschloss sich deshalb zu einem durchaus nicht ungefährlichen Selbstversuch: Er schluckte eine größere Menge einer Kulturflüssigkeit, in der etliche Millionen der noch nicht eindeutig identifizierten Bakterien enthalten waren. Prompt bekam er fünf Tage später eine schwere Gastritis. Bei der Untersuchung des Magens zeigte sich, dass die Bakterien keineswegs abgestorben waren, sondern sich sogar kräftig vermehrt hatten. Da dieser schlagende experimentelle Beweis nicht wegzudiskutieren war, begann man nun auf der ganzen Welt mit intensiven Studien über die Zusammenhänge zwischen Keimbesiedlung und Ulcusentstehung. Zunächst wurde das Bakterium genauer untersucht. Dabei stellte man eine spiralförmige Gestalt und lange fadenförmige Geißeln fest. Es zeigte sich auch, dass es sich um kein neu entdecktes Bakterium handelte, sondern dass es unter dem Namen Campylobacter schon seit dem 19. Jahrhundert bekannt war. Man hatte es auch schon mehrfach auf der Magenschleimhaut gefunden, aber nie mit der Gastritis oder Ulcusentstehung in Zusammenhang gebracht. Wegen seiner ausgeprägt spiraligen Form wurde der Keim in Helicobacter (von Helix = Spirale) umbenannt. Da er sich bevorzugt in der Nähe des Magenausgangs (Pylorus) ansiedelt, wurde sein Name zu „Helicobacter pylori" erweitert.

Bei der Erforschung der Überlebensstrategie des Bakteriums stieß man auf einen sehr ungewöhnlichen Stoffwechselprozess: Um trotz der Salzsäure auf der Magenschleimhaut langfristig existieren zu können, produziert der Keim das Enzym Urease. Mit seiner Hilfe wandelt Helicobacter pylori Harnstoff in Ammoniak und Kohlendioxid um. Dadurch neutralisiert das Bakterium in seiner unmittelbaren Umgebung das saure Milieu so weit, dass es überleben kann. Der Urease-Test hat sich auch als wichtiges diagnostisches Hilfsmittel für den schnellen Nachweis einer Helicobacter-Infektion eingeführt. Der Keim hat sich auch noch in anderer Weise sehr gut an die speziellen Verhältnisse im Magen angepasst. Mit Hilfe seiner Geißeln kann er sich auch im zähen Magenschleim fortbewegen und ist so in der Lage, bis zu den Schleimhautzellen vorzudringen, die er vor allem im Vorraum des Pylorus, dem so genannten Antrum besiedelt. Dort verursacht er die danach benannte Antrumgastritis, die auch als Typ-B-Gastritis bezeichnet wird. Mit dem Speisebrei gelangt der Erreger dann auch ins Duodenum, wo er vor allem im Anfangsteil ebenfalls Entzündungen hervorruft. Bei einem chronischen Verlauf der Entzündungserscheinungen kann ein Ulcus, in seltenen Fällen sogar ein Karzinom bzw. Lymphom entstehen.

Reihenuntersuchungen in vielen Ländern ergaben, dass Helicobacter-Infektionen ausgesprochen häufig sind. Weltweit ist etwa jeder zweite Mensch infiziert und in Europa trägt etwa jeder Dritte den Keim in sich. Der Durchseuchungsgrad ist stark vom Hygienestandard abhängig. In Entwicklungsländern wie z.B. Peru oder Bangladesch sind bereits fast alle Kinder ab dem

5. Lebensjahr infiziert. Der genaue Übertragungsmodus des Keimes ist allerdings noch nicht bekannt. Wenig weiß man bis heute auch darüber, warum nur bei ca. 10 % der Keimträger eine Ulcuserkrankung entsteht. Durch DNA-Analysen wurde kürzlich festgestellt, dass Helicobacter pylori vermutlich erst seit einigen tausend Jahren existiert. Es wird angenommen, dass er sich erst im Zusammenhang mit dem Sesshaftwerden der ersten Menschen stark ausgebreitet hat, weil vorher keine größeren Populationen auf engem Raum zusammengelebt haben.

Seit feststeht, dass dieses Bakterium maßgeblich an der Entstehung der Ulcuserkrankungen beteiligt ist, wurde die Behandlung radikal umgestellt. Man versucht durch eine intensive Antibiotikatherapie die Keime auszurotten und erzielt damit oft schnelle Heilungserfolge. Am wirksamsten ist eine Behandlung mit zwei verschiedenen Antibiotika und die zusätzliche Gabe eines so genannten „Protonenpumpenhemmers", der die Salzsäureproduktion im Magen unterdrückt. Eine Neuinfektion ist unter guten hygienischen Verhältnissen eher selten. Es kommt allerdings des Öfteren vor, dass die Therapie nicht ausreichend lange oder mit weniger wirksamen Antibiotika durchgeführt wird, sodass die Infektion wieder aufflammt. Inzwischen ist auch nachgewiesen worden, dass durch die Antibiotikagaben sogar die durch Helicobacter induzierten Magentumoren oft erfolgreich behandelt werden können. Um eine dauerhafte Reduktion der Helicobacter-Infektionen zu erreichen, wird zur Zeit intensiv an der Entwicklung einer Impfung gearbeitet. Mit ihr könnte man relativ schnell und kostengünstig die Zahl der Ulcuserkrankungen vermindern und damit einen wichtigen Beitrag zur Volksgesundheit leisten. Allerdings haben sich bei den entsprechenden Forschungen einige Probleme ergeben, sodass es vermutlich noch einige Jahre dauern wird, bis ein gut wirksamer und weitgehend risikoloser Impfstoff zur Verfügung steht.

Ziemlich ungeklärt ist noch die Frage, warum nur ein vergleichsweise geringer Prozentsatz der Keimträger eine chronische Gastritis bzw. ein Ulcus entwickelt. Hier sahen die Vertreter der Psychosomatik ihre neue Chance, nachdem ihre Theorie vom stressinduzierten Ulcus sich als Irrtum erwiesen hatte. Sie modifizierten ihre Hypothese insofern, als sie jetzt annehmen, dass Stress oder andere seelische Belastungen eine Vorschädigung der Magenschleimhaut bewirken. Erst auf dieser Basis sollen die Keime dann die Möglichkeit haben, Entzündungen und Geschwüre auszulösen. Diese Erklärung klingt durchaus glaubwürdig, bedarf aber trotzdem noch der kritischen Überprüfung. Insbesondere muss dabei geklärt werden, ob langwierige und kostspielige psychotherapeutische Interventionen wirklich dazu beitragen, die Zahl der Erkrankungsfälle deutlich zu reduzieren.

5. Pharmakologie

Kampf dem Schmerz

Die Entwicklung der Analgetika

Der Schmerz ist seit jeher ein ständiger Begleiter des Menschen. Deshalb ist auch die Bekämpfung der verschiedenen Formen des Schmerzes schon immer ein großes menschliches Bedürfnis gewesen. Bei der Entwicklung von Medikamenten gegen Schmerzen, den so genannten „Analgetika", wurden im Laufe der Jahrtausende große Erfolge erzielt. Es kam dabei aber auch zu zahlreichen folgenschweren Irrtümern.

Das wohl am längsten bekannte Mittel gegen Schmerzen ist das aus den Kapseln des Schlafmohns gewonnene Opium. Es gibt Hinweise darauf, dass schon vor 6000 Jahren die heilsame Wirkung des Schlafmohns bei den Sumerern und Ägyptern bekannt war. Auf Kreta wurde eine über 3000 Jahre alte Statue einer Mohngöttin gefunden, die anzeigt, dass auch dort schon sehr früh die Bedeutung dieser Pflanze bekannt war. Der berühmte griechische Arzt Dioscurides beschrieb in seiner vor etwa 2000 Jahren erschienenen fünfbändigen Arzneimittellehre Opium als ein wichtiges Schmerz- und Schlafmittel. Auch die sehr alte traditionelle chinesische Medizin kannte die heilsame Wirkung des Opiums schon lange. Allerdings zeigte sich auch bald, dass Opium süchtig machte. In China kam es ab dem 18. Jahrhundert durch das Opiumrauchen zu so großen Suchtproblemen, dass die Regierung sich gezwungen sah, Gegenmaßnahmen zu ergreifen. Die in diesem Zusammenhang erlassenen Handelsverbote führten Mitte des 19. Jahrhunderts zu den so genannten „Opiumkriegen".

Ein großer Fortschritt für die medikamentöse Anwendung des Opiums wurde 1805 erzielt, als es dem Apotheker Friedrich Wilhelm Sertürner in Paderborn gelang, das Morphin als Hauptwirkstoff zu isolieren. Dabei unterlief Sertürner allerdings insofern ein Irrtum, als er zunächst versuchte, aus dem Rohopium eine Säure zu gewinnen. Der Gedanke war nahe liegend, denn man hatte damals schon einige Säuren aus Pflanzen isoliert, und deshalb konnte man durchaus vermuten, dass der analgetische Effekt des Opiums auf einer solchen Säure beruht. Es gelang Sertürner auch tatsächlich, die Mekonsäure zu isolieren, die sich aber als nicht besonders wirksam erwies.

Durch Einsatz von Ammoniak konnte er dann aber eine basische Substanz auskristallisieren, die eine starke schmerzlindernde, aber auch schlaffördernde Wirkung hatte. Deswegen gab Sertürner ihr den Namen Morphium bzw. Morphin, den er von Morpheus, dem griechischen Gott des Traumes, ableitete.

Die Firma Merck in Darmstadt brachte 1828 das Morphium als stark wirksames Analgetikum in den Handel. Im Deutsch-Französischen Krieg 1870/71 kam das neue Schmerzmittel bei vielen Verwundeten zum Einsatz. Dabei zeigte sich allerdings auch deutlich die süchtig machende Wirkung, sodass man intensiv nach Substanzen suchte, die gegen Schmerzen ähnlich gut wirkten, aber nicht zu solch starker Abhängigkeit führten.

1874 gelang es dem englischen Chemiker C. R. Wright, durch chemische Umwandlung des Morphins das Diacetylmorphin herzustellen. Berühmt-berüchtigt wurde diese Verbindung aber erst, als Ende des 19. Jahrhunderts die Farbenfabriken Bayer sie unter dem Namen „Heroin" als Medikament auf den Markt brachten. Den Namen leiteten die Werbestrategen der Firma Bayer übrigens von dem griechischen Wort „Heros" – der Held – ab, vermutlich, weil sie sich von dem Mittel „heroische" Wirkungen versprachen. Vor der Markteinführung wurden zunächst einige Versuche an Fischen, Meerschweinchen und Katzen durchgeführt. Nachdem diese zufrieden stellend verlaufen waren, ging man dazu über, das Mittel an Werksangehörigen samt ihrer Kinder auszuprobieren. Da hierbei auch keine schwerwiegenden Nebenwirkungen beobachtet wurden, kam das „Medikament" schon wenig später in den Handel. Bayer startete im Jahr 1900 dafür eine große Werbekampagne. Auf der ganzen Welt wurden Anzeigen geschaltet und den Ärzten gingen Tausende von kostenlosen Probepackungen zu. Als Anwendungsgebiete wurde eine breite Palette von Krankheiten genannt. Insbesondere bei Schmerzzuständen aller Art, aber auch bei Bronchitis, Multipler Sklerose, Asthma, Magenkrebs, Epilepsie und Schizophrenie sollten gute Behandlungserfolge erzielt werden. Für Kinder wurde der Einsatz als Hustenmittel und zur Krampflösung bei Darmkoliken empfohlen. Dabei wurde ausdrücklich betont, dass das neue Medikament ungefährlich sei und keinerlei Abhängigkeit erzeugen würde. Man ging sogar so weit, das Heroin als Mittel gegen den Morphinismus anzupreisen. Aufgrund der breiten Palette von Anwendungsmöglichkeiten stieg der Absatz innerhalb von 10 Jahren um das 20fache und trug wesentlich dazu bei, dass aus Bayer ein großer Pharmakonzern wurde. Zum Leidwesen der Bayer-Chefs war das Heroin allerdings nicht patentierbar, weil die Substanz ja schon relativ lange bekannt war. Deshalb konnten auch andere Pharmafirmen, wie z.B. Hoffmann-La Roche, Boehringer, Knoll, Merck, in das lukrative Geschäft einsteigen.

Die ersten Hinweise auf die Gefährlichkeit des Heroins lösten bei Bayer sehr scharfe Reaktionen aus. Der damalige Bayer-Prokurist Carl Duisberg forderte seine Mitarbeiter auf, sie sollten diejenigen „mundtot schlagen", die behaupteten, Heroin sei kein sicheres Medikament. Er führte weiter aus: „Wir dürfen nicht dulden, dass in der Welt behauptet wird, wir hätten unvorsichtigerweise Präparate poussiert, die nicht sorgfältig erprobt sind." Auch viele Ärzte bestätigten die Ungefährlichkeit des Medikaments. Der Arzt Grinewitsch schrieb, nachdem er 2000 Patienten mit Heroin behandelt hatte: „Ein krankhaftes Gelüste nach dem Mittel" sei ihm nicht aufgefallen. Die tatsächlich meist fehlende Suchtauslösung erklärt man heute vor allem dadurch, dass damals Heroin nicht gespritzt, sondern oral eingenommen wurde. Außerdem lagen die verwendeten Einzeldosen niedrig, sodass es fast nie zu rauschartigen Zuständen kam, sondern die Schmerzlinderung und eine leichte Euphorie im Vordergrund standen. Bis etwa 1920 war deshalb eine echte Heroinsucht in Europa noch weitgehend unbekannt. Die Mode, Heroin in hohen Dosen zu injizieren, kam in den USA auf. Ab 1910 nahm dort die Zahl der Heroinsüchtigen so stark zu, dass der Handel mit der Droge von Staats wegen stark eingeschränkt wurde. Das führte allerdings zu einem steilen Preisanstieg und zum Aufblühen eines kriminell organisierten Schwarzhandels. Daran beteiligten sich auch viele renommierte Pharmafirmen. Beispielsweise verschiffte Hoffmann-La Roche von Hamburg aus große Mengen Drogen und tarnte sie als „harmlose Chemikalien". Wegen dieses Vergehens erhielt die Firma 1927 eine Verwarnung von der Internationalen Opium-Kommission. Als die Gefahr des Heroinmissbrauchs immer deutlicher wurde, stellten Bayer und die meisten anderen Firmen die Herstellung ein. Damit war der einmal in Gang gesetzte Heroinmissbrauch aber nicht mehr aufzuhalten. Inzwischen gibt es auf der ganzen Welt illegale Heroinlabors, und die dort hergestellte Droge wird durch straff organisierte kriminelle Händlerringe vertrieben. Allein in Deutschland gibt es heute schätzungsweise 150 000 Heroinabhängige, die sich größtenteils durch Straftaten das Geld beschaffen, das sie für die Befriedigung ihrer Sucht benötigen. Da ein Heroinabhängiger pro Jahr etwa 15 000 € benötigt, ergibt sich eine Bedarfssumme von über 2 Milliarden. Der durch die Beschaffungskriminalität angerichtete Schaden liegt noch um ein Mehrfaches höher.

Parallel zum Höhenflug des Heroins bemühten sich Chemiker auf der ganzen Welt um die Aufklärung der Strukturformel des Morphins. 1907 publizierte Ludwig Knorr, ein Schüler des großen deutschen Chemikers Emil

Fischer, als Erster eine Morphinformel. Sie enthielt aber noch zwei Fehler, sodass dem Engländer Sir Robert Robinson die Ehre gebührt, 1925 die richtige Formel gefunden zu haben. Damit bestand die Möglichkeit, das Morphinmolekül zu verändern und auf diese Weise gezielt neue Analgetika mit geringeren Nebenwirkungen herzustellen. So entstand beispielsweise das Methadon, das heute vor allem zur Heroinsubstitution bei Suchtkranken eingesetzt wird. Bei der chemischen Variation des Morphinmoleküls zeigte sich immer wieder, dass ein vierfach besetztes Kohlenstoffatom mit einem daran gebundenen Benzolring als Grundgerüst notwendig war. Außerdem musste eine Kette von zwei Kohlenstoffatomen mit einer Aminogruppe vorhanden sein, um einen analgetischen Effekt zu erzielen. Daraus zog man den Schluss, dass eine Beziehung zwischen dieser chemischen Struktur und der schmerzlindernden Wirkung bestünde. Das erwies sich aber nach einiger Zeit als Irrtum, denn oft traten, trotz chemischer Ähnlichkeit der Substanzen, völlig andere Wirkungen auf. Schließlich entdeckte man sogar etliche Verbindungen, die zwar ähnlich wie Morphin wirkten, aber völlig anders aufgebaut waren. Ein wichtiger Vertreter dieser Gruppe ist das Tilidin (Valoron), das wegen seiner chemischen Unähnlichkeit zum Morphin lange Zeit nicht unter das Betäubungsmittelgesetz fiel. 1976 soll der Valoron-Hersteller Goedecke versucht haben, einen Artikel in der Münchner „Medizinischen Wochenschrift" zu verhindern, in dem der Drogentherapeut Hans Wilhelm Beil über Valoron-Missbrauch durch Heroinsüchtige berichten wollte. Kurze Zeit später wurde Valoron als Sucht erzeugendes Betäubungsmittel eingestuft.

Bei der Entwicklung einer anderen Gruppe von Analgetika spielten Irrtümer und Zufälle ebenfalls eine wichtige Rolle: 1884 experimentierte der schon erwähnte Chemiker Ludwig Knorr mit Phenylhydrazin. Durch Umsetzung mit Acetessigester erhielt er farblose Kristalle, die er für einen Abkömmling des Chinolins hielt. Das war zwar ein Irrtum, aber trotzdem hatte Knorr eine interessante Verbindung gefunden. Wie Knorr später selbst feststellte, handelte es sich dabei in Wirklichkeit um das Pyrazolon. Es wurde zur Ausgangsbasis für viele Analgetika, z. B. das Metamizol, das auch heute noch unter dem Namen „Novalgin" im Gebrauch ist.

Im Jahr 1887 wollten in Straßburg die Ärzte Cahn und Hepp untersuchen, ob Naphthalin als Mittel gegen Wurmbefall eingesetzt werden könnte. Bei der Lieferung der Substanz unterlief dem Apotheker aber eine Verwechslung und er verschickte Acetanilid statt Naphthalin. Bei der Erprobung des Mittels zeigte sich keine gute Wirkung gegen Würmer, aber ein deutlich fiebersenkender und analgetischer Effekt. Als man diese interessanten Wirkungen genauer analysieren wollte, wurde die Verwechslung erkannt und Acetanilid kam unter dem Namen Antifebrin als neues Medikament gegen Fieber und Schmerzen auf den Markt.

Etwa zur gleichen Zeit beschäftigte man sich bei Bayer in Elberfeld mit der Substanz p-Nitrophenol, die bei der Farbstoffherstellung als Abfallprodukt in großen Mengen anfiel. Der Chemiker Hinsberg veränderte die Struktur der Verbindung in mehrfacher Hinsicht, wobei p-Äthoxyacetanilid entstand. Bei der pharmakologischen Prüfung zeigte sich ein deutlich besserer analgetischer Effekt als beim Acetanilid. Unter der Bezeichnung „Phenacetin" wurde die Substanz jahrzehntelang sehr intensiv als Schmerzmittel eingesetzt, weil man irrtümlicherweise annahm, Phenacetin sei weitgehend frei von schädlichen Nebenwirkungen. Nach einigen Jahren stellte sich jedoch heraus, dass das Mittel bei langfristigem Gebrauch eine schwere Nierenentzündung verursachen kann. Die Schädigung des Nierengewebes ist so typisch, dass man den Zustand heute als „Phenacetinniere" bezeichnet. Bei vielen dieser Patienten wurden die Nieren durch das Phenacetin so weitgehend zerstört, dass sie an die künstliche Niere angeschlossen werden mussten oder eine Nierentransplantation notwendig wurde. Die Phenacetinniere ist eines der markantesten Beispiele für gefährliche Arzneimittel-Nebenwirkungen, die große Gesundheitsschäden angerichtet haben, weil die Zusammenhänge erst relativ spät erkannt wurden.

Tödlicher Irrtum

Vom Kokain zur Lokalanästhesie

Sigmund Freud (1856–1939) wird zweifellos zu Recht als „Vater der Psychoanalyse" bezeichnet. Er hat sich in diesem Bereich große Verdienste erworben, wenn auch manche seiner Theorien sehr extrem waren und sich später zum Teil als nicht haltbar erwiesen (siehe auch S. 59ff.). Weniger bekannt ist, dass Freud als junger Arzt sich mit Arzneimittelforschung beschäftigte und darüber auch viel beachtete Publikationen verfasst hat. Er untersuchte den Einsatz von Kokain für die Behandlung der verschiedensten Krankheiten. Dabei unterlief ihm allerdings ein folgenschwerer Irrtum, der seinem Freund und Kollegen Dr. Ernst von Fleischl-Marxow das Leben kostete. Freud behandelte Fleischl nämlich wegen seiner Morphinabhängigkeit mit Kokain in immer höheren Dosen. Der Patient wurde dadurch vom Kokain abhängig, ohne langfristig vom Morphinismus geheilt zu werden. An den Folgen der zweifachen Sucht verstarb Fleischl schließlich.

Bevor Freud diesen missglückten Behandlungsversuch unternahm, experimentierte er selbst mit Kokain. Er hatte im Jahr 1881 im Alter von 24 Jahren sein Studium mit dem Doktor der Medizin abgeschlossen. Anschließend war er kurzfristig als wissenschaftliche Hilfskraft im Physiologischen Institut an der Universität Wien bei dem damals sehr prominenten Professor Ernst Brücke beschäftigt. Dort lernte er Dr. Fleischl kennen, der schon länger eine Assistentenstelle innehatte. Da Freud in dem Institut nur sehr wenig verdiente und für sich auch keine beruflichen Karrierechancen sah, ging er als Sekundararzt ans Wiener Allgemeine Krankenhaus, um sich auf eine Tätigkeit als niedergelassener Arzt vorzubereiten. Die praktische Arbeit mit den Patienten in den Abteilungen Chirurgie, Innere Medizin und Augenheilkunde interessierte ihn aber nicht besonders und deshalb war er froh, schließlich in der Psychiatrischen Klinik arbeiten zu können. Dort erhielt er eine Stelle im Laboratorium für Gehirnanatomie.

Auf der Suche nach einem wissenschaftlichen Thema, mit dem er sich habilitieren konnte, stieß Freud auf eine Veröffentlichung aus Deutschland, wo der Truppenarzt Aschenbrandt über die erfolgreiche Anwendung von Kokain bei Soldaten berichtete. Die Substanz erschien Freud so interessant, dass er beschloss, damit ein Projekt zu starten. An seine Verlobte schrieb er: „Ich lese von Cocain, dem wirksamen Bestandteil der Cocablätter … Ich will mir nun das Mittel kommen lassen und aufgrund naheliegender Erwägungen es bei Herzkrankheiten, ferner bei nervösen Schwächezuständen, insbesondere bei den elenden Zuständen bei der Morphiumentziehung versuchen." Zunächst führte Freud Selbstversuche durch, wobei er mit 200 Milligramm begann, die er oral einnahm. Seine sehr positiven Erfahrungen teilte er auch seiner Verlobten mit und schickte ihr sogar von dem „Zaubermittel", als sie über Appetitlosigkeit klagte. Dazu schrieb er ihr: „… und wenn Du unartig bist, wirst Du sehen wer stärker ist, ein kleines sanftes Mädchen, das nicht ißt, oder ein großer wilder Mann, der Cocain im Leib hat. In meiner letzten großen Verstimmung habe ich wieder Coca genommen und mich mit einer Kleinigkeit wunderbar auf die Höhe gehoben." Offensichtlich konsumierte Freud das Kokain ziemlich bedenkenlos und es darf als glückliche Fügung gewertet werden, dass er keine schwerwiegenden Folgeschäden davontrug.

Freud war schnell überzeugt, dass Kokain ein wertvolles Heilmittel darstellt, das gegen vielerlei Beschwerden einsetzbar ist. Außerdem hoffte er durch einen Aufsatz über die wundersamen Wirkungen des Kokains schnell berühmt zu werden und seine finanzielle Lage so zu verbessern, dass er seine Verlobte Martha Bernays heiraten konnte. Bereits nach wenigen Wochen hatte er seine Veröffentlichung fertig gestellt, die 1884 im „Centralblatt für die gesamte Therapie“ erschien. Unter dem Titel ›Ueber Coca‹ sang Freud 26 Seiten lang ein Loblied auf die neue Wunderdroge. Der Aufsatz wurde sogar ins Englische übersetzt und in einer angesehenen amerikanischen Fachzeitschrift abgedruckt. Dadurch wurde Freud auch international bekannt und konnte sich schließlich auch habilitieren. Die damals durchaus auch schon bekannten negativen Wirkungen des Kokains erwähnte Freud in seiner Publikation nur am Rande und erklärte sie weitgehend durch Überdosierungen. Zur Frage der Abhängigkeitsentwicklung schrieb er: „Bemerkenswerth erscheint mir, was ich an mir selbst und anderen urteilsfähigen Beobachtern erfahren habe, daß nach der ersten und wiederholten Cocaeinnahme durchaus kein Verlangen nach weiterem Cocagebrauch eintritt, vielmehr eher eine gewisse nicht motivierte Abneigung gegen das Mittel.“

In seiner Begeisterung für Coca verstieg sich Freud sogar zu der Behauptung: „Die Coca ist ein weit kräftigeres und unschädlicheres Stimulans als der Alkohol, und ihrer Anwendung in großem Maßstabe steht derzeit nur ihr hoher Preis im Wege.“

Zu Freuds Entschuldigung kann man anführen, dass damals auch von anderen Autoren sehr positiv über Coca als Therapeutikum berichtet wurde.

Insbesondere der Arzt Th. Aschenbrandt, durch dessen Arbeit Freud erst auf das Kokain aufmerksam wurde, lobte das Mittel. Er hatte es als Militärarzt während eines Manövers in Bayern eingesetzt und berichtete unter anderem, dass er dadurch den Krankenstand der von ihm betreuten Truppe deutlich senken konnte. Freud schrieb deshalb in seiner Publikation auch den bemerkenswerten Satz: „Aschenbrandt's Erfahrungen dürften nicht verfehlen die Aufmerksamkeit der Heeresleitung auf die Coca zu lenken.“ Neben der Empfehlung des Kokains zur Hebung der Wehrtüchtigkeit von Soldaten, empfahl Freud die Droge aber auch für die „verschiedenartigsten psychischen Schwächezustände“ und bei „jenen Fällen von functionellen Störungen, die wir jetzt mit dem Namen der Neurasthenie decken“.

Ein eigenes Kapitel seiner Arbeit widmete Freud dem Thema: „Coca in der Morphin- und Alkoholentwöhnung“. Darin bezog er sich auf 16 Mitteilungen aus der amerikanischen Literatur über erfolgreiche Entzugsbehandlungen unter Anwendung von Kokain. Allerdings war nur bei drei dieser Fälle angegeben worden, dass die Morphinabhängigkeit dauerhaft beseitigt wurde. Diese weitgehende Einschränkung des Therapieerfolges versteckte Freud in einer Fußnote. Im fortlaufenden Text schrieb er aber euphorisch: „Daß die Morphinkachexie der blühen[d]sten Gesundheit wich, sodaß die Kranken kaum zu erkennen waren, wird mehrmals hervorgehoben.“

Nach diesem recht einseitigen Literaturüberblick schilderte Freud seine Entzugstherapie bei seinem ehemaligen Kollegen Fleischl unter anderem mit folgenden Worten: „... ich hatte Gelegenheit eine plötzliche Morphinentziehung unter Cocagebrauch bei einem Manne zu beobachten, der bei einer früheren Entziehungscur unter schwersten Abstinenzerscheinungen gelitten hatte ... nach 10 Tagen konnte er das Mittel [Kokain] bei Seite lassen. Es handelte sich bei der Morphinentziehung durch Coca also nicht um einen Tausch, bei welchem aus dem Morphinisten ein Coquero [Cocasüchtiger] wird, sondern nur um einen temporären Cocagebrauch."

Diese Feststellung war aber zweifellos sehr voreilig, denn Dr. Fleischl kam zwar zeitweilig von Morphium los, verlangte aber immer höhere Dosen von Kokain und wurde davon ebenfalls abhängig. Später konsumierte er auch wieder Morphium, sodass schließlich der übermäßige Gebrauch beider Drogen zu seinem Tode führte.

Freud hat jedoch nie seine Irrtümer bei der Beurteilung des Kokains eingestanden. Den negativen Ausgang seiner Suchttherapie erklärte er damit, dass Fleischl das Kokain nicht eingenommen, sondern sich gespritzt habe. Dabei verschwieg Freud, dass er Kokaininjektionen selbst empfohlen hatte. Als er zum Professor ernannt werden sollte, erwähnte Freud in seiner Veröffentlichungsliste allerdings den Vortrag nicht, in dem er die Therapie mit Kokainspritzen gelobt hatte. Ab 1887 äußerte er sich zum Kokaingebrauch öffentlich überhaupt nicht mehr. Es ist bis heute unklar, ob Freud später noch Kokain eingenommen hat und inwieweit seine Arbeit davon beeinflusst wurde. Ein Kollege erhob später den Vorwurf, Freud habe die „dritte Geißel der Menschheit" heraufbeschworen. Mit den ersten beiden Geißeln waren Alkohol und Morphium gemeint. Tatsächlich folgte auf die Freud'schen Empfehlungen eine Welle des Kokainkonsums, deren Ausmaß und schlimme Folgen man aber Freud sicher nicht allein anlasten kann. In den zwanziger Jahren des 20. Jahrhunderts kam es nochmals zu einem starken Anstieg des Kokainkonsums und auch in unserer Zeit nimmt der Missbrauch dieser Droge wieder stark zu. Wegen seiner stark süchtig machenden Wirkung wird Kokain heute neben dem Morphin und seinen Abkömmlingen als eine der gefährlichsten Drogen eingestuft. Eine längere Therapie findet mit Kokain deshalb nur noch in extremen Ausnahmefällen statt.

Neben den vielen und zweifellos schwerwiegenden Fehleinschätzungen, die Freud bei der Verwendung des Kokains unterliefen, entdeckte er allerdings auch eine Wirkung, die noch heute genutzt wird. In einem Satz beschrieb er in einer seiner Publikationen, dass das Kokain einen lokal betäubenden Effekt hat. Die praktischen Anwendungsmöglichkeiten dieser Wirkung für kleinere Operationen entdeckte jedoch erst der Augenarzt Karl Koller, der 1884 nach dem Eintropfen einer Kokainlösung ins Auge schmerzfreie Eingriffe durchführte. Später wurden ungefährlichere Medikamente wie Novocain, Pantocain und Xylocain für die Lokalanästhesie entwickelt, die den Einsatz von Kokain weitgehend verdrängt haben.

Gestörtes Wachstum

Die Entstehung der Contergan-Katastrophe

Die Einführung des Beruhigungsmittels „Contergan" war wohl einer der tragischsten Irrtümer in der gesamten Arzneimittelforschung des 20. Jahrhunderts. Die Firma Grünenthal entwickelte das Präparat mit dem Wirkstoff Thalidomid vor allem als Alternative zu den barbiturathaltigen Schlafmitteln, die sich als lebertoxisch und süchtig machend erwiesen hatten. In den damals üblichen Testverfahren zeigte Contergan eine sehr gute Verträglichkeit und keinerlei schwerwiegende Nebenwirkungen. Die Zulassungsbehörden glaubten deshalb auf eine Rezeptpflicht verzichten zu können. 1957 kam das Medikament in Deutschland auf den Markt und erreichte in Form von Tabletten, Tropfen oder Zäpfchen schnell hohe Verkaufszahlen. Allein von den Tabletten wurden bis zu 20 Millionen pro Monat abgesetzt, was etwa der Hälfte des deutschen Marktes für Beruhigungs- und Schlafmittel entsprach. 1961 nahmen etwa 700 000 Deutsche regelmäßig Contergan ein. Auch in 46 anderen Ländern (insbesondere Großbritannien und Australien) wurde das Medikament mehr oder minder schnell eingeführt.

Die Herstellerfirma unterstützte die Markteinführung nach Kräften mit Reklame. Dabei kam unter anderem auch folgender recht gefühlsduseliger Werbetext zum Einsatz: „Ein Augenblick voll natürlicher Harmonie läßt uns wünschen, daß die Sekunde sich dehne. Doch zumeist bleibt es Augenblick und flüchtiger Wunsch, denn die Unruhe, dem Geist einst dienstbar, beherrscht uns und treibt uns umher. Ruhe und Schlaf zu fördern vermag Contergan. Dieses gefahrlose Medikament belastet den Leberstoffwechsel nicht, beeinflußt weder den Blutdruck noch den Kreislauf und wird auch von empfindlichen Patienten gut vertragen. Schlaf und Ruhe: Contergan, Contergan forte." Vor allem die immer wieder betonte Ungefährlichkeit und gute Verträglichkeit führten dazu, dass auch viele Schwangere Contergan einnahmen, um die bei ihnen relativ häufigen Unruhezustände und Schlafstörungen sowie die morgendliche Übelkeit zu beheben. Sogar bei unruhigen Kindern wurde das Mittel recht bedenkenlos eingesetzt.

Relativ bald nach der Markteinführung kam der Verdacht auf, dass eine langfristige Anwendung von Contergan in hohen Dosen zu Störungen im Nervensystem führen könnte. Die Fälle waren allerdings selten und die Symptome nicht sehr typisch, sodass die Zusammenhänge unklar blieben. Weder die Behörden noch Grünenthal sahen deshalb einen Anlass, den Verkauf von Contergan einzuschränken. Etwa ein Jahr später fiel Kinderärzten die starke Zunahme einer bestimmten Form von Gliedmaßenfehlbildungen bei Neugeborenen auf. Es handelte sich um die so genannte Phokomelie, bei der vor allem die langen Röhrenknochen der Extremitäten kein normales Wachstum zeigten. Oft waren dadurch nur kurze Stummel als Arme bzw. Beine vorhanden, auf denen einzelne Finger oder Zehen saßen. Die oberen Extremitäten waren davon deutlich häufiger betroffen als die unteren. Daneben wurden aber auch Fehlbildungen der Ohren und seltener der Augen beobachtet. Schwere Veränderungen der inneren Organe kamen ebenfalls vor, waren aber vergleichsweise selten. Insbesondere die sehr auffälligen Fehlbildungen der Extremitäten waren früher nur vereinzelt aufgetreten, weshalb ihre Zunahme relativ schnell auffiel. Zunächst hatte man aber keine Ahnung, was als Ursache in Frage kommen könnte. Nach den ersten Berichten über die Zunahme des geheimnisvollen Fehlbildungssyndroms in Deutschland häuften sich auch aus anderen Ländern die Meldungen ähnlicher Fälle, die USA blieben jedoch verschont. Bei der intensiven Suche nach den Ursachen für die Zunahme der typischen Fehlbildungen in einigen Ländern unter Aussparung der USA fiel schließlich auf, dass Contergan dort noch nicht als Medikament zugelassen worden war. Grünenthal hatte zwar einen entsprechenden Antrag gestellt, war aber damit nicht gleich erfolgreich. Dafür war vor allem die Ärztin Kathleen Kelsey verantwortlich. Sie hatte damals gerade bei der US-Zulassungsbehörde für Medikamente, der sog. Food and Drug Administration (FDA), mit der Arbeit begonnen. Bei der Durchsicht der Zulassungsunterlagen waren Frau Dr. Kelsey gewisse chemische Ähnlichkeiten zwischen Thalidomid und den barbiturathaltigen Schlafmitteln aufgefallen. Da die Barbiturate als gefährliche Substanzgruppe bekannt waren, verzögerte Kelsey die Zulassung, indem sie weitere Informationen anforderte. Grünenthal beschwerte sich zwar darüber und setzte die FDA unter Druck, aber Frau Kelsey blieb standhaft.

Anfang 1961 konnte dann der Humangenetiker Widukind Lenz nachweisen, dass zwischen der mütterlichen Einnahme von Contergan und den kindlichen Fehlbildungen ein Zusammenhang bestand. Die Gesundheitsbehörden ordneten daraufhin die Rezeptpflicht an. Im November 1961 nahm Grünenthal das Medikament in Deutschland „freiwillig“ vom Markt. In einigen anderen Ländern wurde es erst 1963 zurückgezogen. Für ein Verbot hätte damals die Beweislage vermutlich noch nicht ausgereicht, da völlig unklar war, auf welchem Weg die Schädigung der Kinder verursacht wurde. Die bis dahin durchgeführten Tierversuche waren alle negativ verlaufen. Eine spezielle Untersuchung auf teratogene Effekte hatte man allerdings nicht durchgeführt, weil sie damals für die Zulassung eines Medikamentes noch nicht vorgeschrieben war. Als Teratogenität bezeichnet man in der Wissenschaft embryonale Schädigungen durch Medikamente oder andere äußere Einflüsse. Dieser Forschungsbereich steckte damals noch in den Kinderschuhen. Nachdem gegen Contergan erste Verdachtsmomente aufgekommen waren, führte man Versuche an Labortieren durch, wobei aber keine teratogenen Schäden auftraten. Erst als man später Versuche mit Affen durchführte, zeigten sich Fehlbildungen bei den Nachkommen. Inzwischen ist bekannt, dass die üblichen Versuchstiere wie Ratten und Mäuse in dieser Hinsicht um ein Vielfaches weniger empfindlich reagieren als der Mensch und andere Primaten. Frau Dr. Kelsey wurde kurz nach der Entdeckung der teratogenen Wirkung des Thalidomids von Präsident John F. Kennedy mit einem hohen Orden ausgezeichnet. Durch ihre Standhaftigkeit hat sie vermutlich etlichen tausend amerikanischen Kindern die Gesundheit erhalten. Allein in Deutschland verursachte Contergan bei etwa 7000 Kindern schwere Fehlbildungen. Insgesamt schätzt man, dass auf der ganzen Welt ca. 12 000 Kinder betroffen wurden.

Die genaue Analyse des Fehlbildungsmusters ergab deutliche zeitliche Abhängigkeiten: Die Kinder waren vor allem in den ersten 8 Wochen der Schwangerschaft gefährdet. Wenn die Mutter das Contergan beispielsweise um den 21. Tag nach der Befruchtung eingenommen hatte, zeigte sich beim Kind ein völliges Fehlen der Ohrmuscheln. Die Einnahme etwa am 24. Tag führte dagegen zu einem völligen Fehlen der Arme und am 27. Tag zur totalen Hemmung der Beinentwicklung. Bei späterem Contergangebrauch wurden meist nur noch einzelne Knochen wie z. B. das Schienbein oder der Oberschenkel in ihrer Entwicklung gehemmt. Nachdem feststand, dass die Fehlbildungen durch Contergan ausgelöst worden waren, begann ein langer und komplizierter Rechtsstreit. Er sollte klären, inwieweit die Firma Grünenthal fahrlässig oder schuldhaft gehandelt hatte und deshalb schadensersatzpflichtig war. Der Prozess zog sich jahrelang hin und es wurde dabei mit allen juristischen Tricks gearbeitet. Den drei Staatsanwälten, die die Anklage vertraten, standen 18 Verteidiger gegenüber. Schließlich zeichnete sich ab, dass eine Verurteilung des Herstellers oder einzelner Verantwortlicher wahrscheinlich nicht zustande kommen würde, weil man alle damals vorgeschriebenen Arzneimittelprüfungen durchgeführt hatte. Durch politischen Druck wurde aber erreicht, dass Grünenthal 110 Millionen DM in eine neu gegründete Stiftung einbezahlte. Von staatlicher Seite wurden 100 Millionen beigesteuert. Mit Mitteln dieser Stiftung werden die betroffenen Personen bis heute unterstützt, wobei man besonderen Wert auf eine möglichst gute Ausbildung legt. Einigen gelang so trotz ihrer schweren Behinderung der Berufseinstieg. Prominentestes Beispiel ist der Sänger Thomas Quasthoff, der als Bassbariton auf allen großen Bühnen dieser Welt singt. Er sagte bei einem Interview: „Musik ist da, um zu heilen. Niemand weiß das besser als ich, weil die Musik mir über so viel Schlimmes in meinem Leben hinweggeholfen hat."

Inzwischen weiß man auch etwas genauer, wodurch die Fehlbildungen verursacht wurden. Es zeigte sich nämlich, dass der Wirkstoff Thalidomid ein so genanntes Razemat bildet. Darunter versteht man ein Gemisch aus optisch links- bzw. rechtsdrehenden, aber ansonsten gleichen Molekülen. Nach Isolierung der beiden Molekültypen ergab sich, dass der eine für den beruhigenden Effekt verantwortlich ist, während der andere vor allem entzündungshemmend wirkt. Mit dieser entzündungshemmenden Wirkung hängt vermutlich auch die Fruchtschädigung zusammen, weil dabei die Oberfläche embryonaler Zellen so verändert wird, dass bestimmte entwicklungssteuernde Faktoren sich nicht mehr anlagern können. Vor allem die starke Entzündungshemmung, aber auch andere pharmakologische Effekte, haben dazu geführt, dass Contergan seit einigen Jahren zunehmend wieder als Medikament eingesetzt wird. Es hat sich nämlich bei Lepra als gut wirksam erwiesen und auch die AIDS-Forscher setzen einige Hoffnung in das Contergan. Sogar bei einigen Tumoren scheint es positive Wirkungen zu entfalten. Allerdings hat der erneute Einsatz von Thalidomid auch bereits wieder zur Geburt von fehlgebildeten Kindern geführt. In Brasilien, wo das Medikament relativ unkontrolliert gegen Lepra zum Einsatz kommt, wurde 1993 über die Geburt von 23 „Contergan-Kindern" berichtet. Die FDA in den USA hat deshalb für den Thalidomid-Gebrauch das so genannte STEPS-Programm entwickelt. STEPS steht als Abkürzung für „System for Thalidomide Education and Prescribing Safety". STEPS fasst in sieben Programmpunkten die Voraussetzungen zusammen, die erfüllt sein müssen, um die Thalidomid-Anwendung so sicher wie möglich zu machen. Es ist zu hoffen, dass dieses System weltweit zum Einsatz kommt, damit die Zahl kindlicher Fehlbildungen möglichst niedrig gehalten werden kann.

Die Contergankatastrophe hat im gesamten Arzneimittelwesen zu vielfältigen Änderungen geführt. In vielen Ländern wurden neue Arzneimittelgesetze geschaffen, die vorschreiben, dass alle Medikamente auf ihre teratogenen

Wirkungen geprüft werden müssen. Auch eine Prüfung auf genschädigende Effekte wurde neu eingeführt. Trotz dieser sicher notwendigen Vorsichtsmaßnahmen kann man aber auch heute noch nicht sicher ausschließen, dass es zu folgenschweren Irrtümern bei der Sicherheitsbeurteilung von Medikamenten kommt. Insbesondere Schwangere sollten deshalb mit der Einnahme von Arzneimitteln möglichst zurückhaltend sein.

Schützende Hormone

Hormontherapie im Alter

Das Klimakterium oder auf Deutsch die Wechseljahre sind im Leben einer Frau eine psychisch und physisch schwierige Zeit. Sie muss sich mit mehr oder minder deutlichen Alterungserscheinungen auseinander setzen, die vor allem durch Änderungen im Hormonhaushalt ausgelöst werden. Meist beginnt das Klimakterium im Alter von 45 bis 55 und dauert mehrere Jahre. Zunächst werden die Monatszyklen unregelmäßig und kommen schließlich zum Erliegen. Die letzte auftretende Regelblutung nennt man die Menopause. Man unterscheidet im Klimakterium deshalb zeitlich eine Prä- und Postmenopause. Verursacht werden die Wechseljahre dadurch, dass im Eierstock das Heranreifen von Eizellen und damit auch das Entstehen von Follikeln und Gelbkörpern zunächst verringert wird und später ganz aufhört. Dementsprechend geht auch die Produktion von Follikelhormon (Östrogen) und Gelbkörperhormon (Progesteron) zurück. Das Hypothalamus-Hypophysen-System reagiert auf diesen Mangel mit einer verstärkten Hormonausschüttung, weil es mit den Eierstöcken durch einen Regelkreis verbunden ist. Diese hormonelle Imbalance führt bei etwa 70 % der Frauen zu mehr oder minder starken klimakterischen Beschwerden. Dabei stehen vor allem Hitzewallungen, Schlafstörungen, Nervosität und verminderte Leistungsfähigkeit im Vordergrund. Der Östrogenmangel führt auch zu degenerativen Veränderungen von Haut und Schleimhaut. Weniger auffällig, aber wegen seiner Folgeschäden besonders wichtig, ist der bei vielen Frauen auftretende Knochenschwund (Osteoporose). Dadurch steigt nach einigen Jahren das Risiko für Knochenbrüche stark an, wobei Oberschenkelhalsbrüche und Wirbelfrakturen besonders häufig sind. Auch Herz-Kreislauf-Erkrankungen nehmen nach der Menopause deutlich zu.

Zur Minderung der klimakterischen Beschwerden, insbesondere aber wegen des Osteoporoserisikos wurde in den drei letzten Jahrzehnten zunehmend eine Hormonersatztherapie eingeführt. Auch ein positiver Effekt auf das Herz-Kreislauf-System wurde erwartet. Inzwischen nehmen auf der ganzen Welt Millionen von Frauen während des Klimakteriums und zum Teil auch noch danach Hormonpräparate ein, die vor allem Östrogene enthalten. In Deutschland wird geschätzt, dass etwa jede zweite Frau im Alter zwischen 50 und 60 Jahren eine Hormonersatztherapie erhält. Von den günstigen Wirkungen dieser Behandlung war man allgemein so überzeugt, dass man zunächst versäumte, systematische Begleitstudien durchzuführen, um die therapeutischen Effekte abzusichern und unerwünschte Nebenwirkungen der Hormontherapie zu erfassen. Deshalb dauerte es etliche Jahre, bis sich herausstellte, dass die langfristigen Östrogengaben zu Veränderungen der Gebärmutterschleimhaut (Endometrium) führten und dadurch das Risiko für Gebärmutterkrebs deutlich erhöht wurde. Eberhard Greiser, der Leiter des Bremer Instituts für Präventionsforschung und Sozialmedizin, errechnete im Jahr 2000 in einer Aufsehen erregenden Studie, dass in Deutschland von etwa 9000 jährlichen Krebserkrankungen des Endometriums etwa ein Drittel auf die Östrogentherapie zurückgeführt werden kann. Es ist zwar schon seit längerem bekannt, dass man dieses Risiko durch eine Kombination von Östrogen- und Progesterongaben deutlich vermindern kann, aber Greiser musste feststellen, dass in Deutschland 1996 noch jede fünfte Frau im Alter von 50 bis 59 Jahren eine Östrogen-Monotherapie erhielt. Auch eine Umfrage im Jahre 2000 in Bremen zeigte, dass diese Therapie immer noch im Einsatz war.

Aber nicht nur die Gefahr für Endometriumkrebs scheint durch die Hormonersatztherapie anzusteigen, sondern auch das Brustkrebsrisiko. Greiser bezog seine Studie auf die ca. 42000 Frauen, die 1998 in Deutschland im Alter von 40 bis 79 Jahren erstmals an Brustkrebs erkrankt waren. Etwa 5000 dieser Neuerkrankungen sollen nach Greisers Berechnungen auf die Einnahme von Hormonpräparaten zurückzuführen sein. Inzwischen wurde zwar ein Rechenfehler entdeckt, aber die Zahl der hormoninduzierten Brustkrebsfälle reduzierte sich dadurch nur um 200, sodass immer noch etwa 10% aller Mammakarzinome auf die Hormontherapie zurückgeführt werden.

Greisers Angaben stießen allerdings in der deutschen Ärzteschaft auf heftige Kritik. Insbesondere wurde bemängelt, dass er als Rechenbasis für seine Risikoberechnung die Daten einer 1995 veröffentlichten Gesundheitsstudie an amerikanischen Krankenschwestern gewählt hatte. Matthias Beckmann von der Universität Düsseldorf legte für eine ähnliche Risikoanalyse eine Studie zugrunde, die 1997 in der Zeitschrift „Lancet" publiziert worden war. Die Autoren hatten darin mehrere größere Untersuchungsserien zum Brustkrebsrisiko zusammengefasst. Seine auf Deutschland bezogenen Ergebnisse fasste

Beckmann wie folgt zusammen: „Doch selbst, wenn ich annehmen würde, dass 1,4 Millionen Frauen die Therapie zehn Jahre beibehalten, komme ich auf maximal 1600 zusätzliche Tumoren pro Jahr." Greiser antwortete darauf: „Unsere Zahlen machen zumindest deutlich, dass wir zuverlässigere Daten über den Umgang mit der Hormonersatztherapie brauchen."

Die sieben Fachverbände, die in einer gemeinsamen Stellungnahme im Deutschen Ärzteblatt Greisers Berechnungen als Panikmache verurteilten, hoben vor allem hervor, dass die Risiko-Nutzen-Analyse für die Hormonersatztherapie insgesamt sehr positiv sei. Sie bezogen sich dabei auf amerikanische Studien, wonach die Hormonsubstitution die Sterblichkeit von Frauen nach der Menopause um etwa 50 % gesenkt hatte. Der Effekt wurde vor allem auf die günstigen Wirkungen der Östrogene bei Herz-Kreislauf-Erkrankungen zurückgeführt.

Diese Vorstellungen über eine allgemein lebensverlängernde Wirkung der Hormonsubstitution haben sich allerdings kürzlich weitgehend als Irrtum erwiesen. Ein Teil der großen „Women's Health Initiative (WHI)"-Studie, die seit 1993 in den USA an über 16000 Frauen nach der Menopause durchgeführt wurde und bis 2005 dauern sollte, ist im Jahr 2002 vorzeitig abgebrochen worden. Die beteiligten Frauen waren zu Beginn der Untersuchung nach dem Zufallsprinzip in zwei Gruppen eingeteilt worden. Der einen Hälfte wurde täglich eine Östrogen-Progesteron-Kombination verabreicht, während die andere Hälfte ein Placebopräparat bekam, in dem keine Hormone enthalten waren. Nach einem mittleren Beobachtungszeitraum von etwas mehr als fünf Jahren zeigte sich, dass in der Gruppe der hormonbehandelten Frauen deutlich weniger Oberschenkelhals- und Wirbelbrüche auftraten als in der Kontrollgruppe. Gleichzeitig ergab sich aber schon nach dem ersten Behandlungsjahr in der Hormongruppe eine Zunahme der Herz-Kreislauf-Erkrankungen. Besonders deutlich nahm die Zahl der Thrombosen und Lungenembolien zu. Nach dem 4. Jahr stieg in dieser Gruppe auch die Zahl der Brustkrebsfälle an. Die Studienleitung bewertete diese unerwarteten Nebenwirkungen der Hormonersatztherapie als so schwerwiegend, dass sie eine Weiterführung dieses Studienteils bis zum geplanten Ende für nicht verantwortbar hielt. Eine 2003 durchgeführte Auswertung der gesammelten Daten erbrachte weitere Hinweise auf negative Effekte der jahrelangen Hormongaben: Bei Frauen, deren geistige Leistungsfähigkeit seit Beginn der Studie jährlich getestet worden war, zeigten sich in der hormonbehandelten Gruppe etwa doppelt so viele Demenzfälle wie in der Placebogruppe.

Einige der deutschen Gynäkologenverbände bezweifelten zwar zunächst, ob die amerikanischen Ergebnisse übertragbar sind, weil bei uns meist andere

Hormonpräparate und andere Dosierungen angewendet werden. Das Bundesinstitut für Arzneimittel- und Medizinprodukte geht aber davon aus, dass eine Vergleichbarkeit angenommen werden kann. Auch die im September 2003 publizierte KORA-Studie (Kooperative Gesundheitsforschung in der Region Augsburg) zeigt ein ähnliches Risikoprofil wie die amerikanische Studie. Die Arzneimittelkommission der deutschen Ärzteschaft erarbeitete deshalb inzwischen eine sehr kritische Stellungnahme zur Hormontherapie im Klimakterium. Im Rahmen einer Pressekonferenz wies der Vorsitzende dieser Kommission angesichts der vielen beunruhigenden Meldungen auf gewisse Parallelen zur Contergan-Katastrophe hin, die vor 40 Jahren Deutschland erschütterte (siehe die „Irrtumsgeschichte" zuvor).

Es ist zu hoffen, dass seine Warnung die von der Pharmaindustrie tatkräftig geförderte Hormoneuphorie etwas bremst. Man sollte sich auch nicht der Illusion hingeben, dass durch die Anwendung von so genannten Phytoöstrogenen das Risiko ausgeschaltet werden kann. Diese zur Zeit vielfach als Nahrungsergänzungsmittel angepriesenen Pflanzenextrakte mit östrogenähnlicher Wirkung können ebenfalls schädliche Nebenwirkungen haben. Das Gleiche gilt für den Extrakt aus der Traubensilberkerze, der zwar seit langem als Arzneimittel für die Behandlung klimakterischer Beschwerden zugelassen ist, dessen Wirksamkeit und Ungefährlichkeit aber keinesfalls überzeugend belegt sind.

Ein Hormonersatz wird neuerdings auch bei älteren Männern empfohlen. Da auch beim Mann mit steigendem Alter oft ein Nachlassen der Produktion von Sexualhormonen, insbesondere den Androgenen nachweisbar ist, wurden die Begriffe „Klimakterium virile" bzw. „Andropause" geprägt. Sie suggerieren, dass beim älteren Mann ähnlich wie bei der Frau zu einer bestimmten Zeit ein rasch fortschreitender Mangel an Geschlechtshormonen auftritt. Diese Annahme beruht auf einem Irrtum. Die Androgenreduktion verläuft viel langsamer und zeigt große individuelle Unterschiede. Deshalb ist eine Hormonsubstitution nur dann sinnvoll, wenn nachweislich ein Androgenmangel besteht und klinische Symptome wie z.B. eine Osteoporose vorhanden sind. Besonders wichtig ist aber, dass vor einer Hormontherapie das Vorliegen eines Prostatakarzinoms ausgeschlossen wird, da Androgene einen tumorfördernden Effekt haben. Ähnlich wie bei der Hormonersatztherapie für Frauen fehlen auch systematische und gut kontrollierte Studien über die Langzeitwirkung der Androgenbehandlung bei Männern. Es kann deshalb nicht ausgeschlossen werden, dass auch dabei neben dem bereits bekannten Risiko für Prostatakrebs noch weitere unerwünschte und evtl. sogar gefährliche Nebeneffekte auftreten.

In jüngster Zeit wird vor allem in den USA eine weitere Hormonsubstitution propagiert, die positive Wirkungen bei älteren Männern und Frauen haben soll. Bei dem oft als „Antiaging pill" angepriesenen Hormon handelt es sich um das Dehydroepiandrosteron (DHEA), das bei beiden Geschlechtern in der Nebennierenrinde gebildet wird. Bei kleinen Kindern wird dieses Hormon nur in sehr geringen Mengen gebildet. Etwa ab dem 8. Lebensjahr steigt der DHEA-Pegel im Blut an und erreicht sein Maximum im Alter von 25–30 Jahren. Danach fällt er jährlich um ca. 2%, sodass bei einem 80-jährigen Menschen nur noch etwa 20% der Maximalkonzentration vorhanden sind. Vom DHEA ist bekannt, dass es im Körper sowohl in Androgene als auch in Östrogene umgewandelt werden kann. Außerdem gibt es Hinweise auf Aktivitäten dieses Hormons im Gehirn, weshalb DHEA auch als Neurosteroid bezeichnet wird. Im Tierversuch konnten antidiabetische und tumorhemmende Wirkungen nachgewiesen werden, die aber für den Menschen noch nicht bestätigt worden sind. DHEA-Gaben bei depressiven Patienten beiderlei Geschlechts führten zu einer signifikanten Gemütsaufhellung. Die DHEA-Substitution bei gesunden Frauen und Männern im höheren Alter erbrachte bisher allerdings keine einheitlichen Ergebnisse. Es ist daher auf jeden Fall viel zu früh für einen breiten Einsatz von DHEA als „Antiaging-Mittel". Bevor keine systematischen Langzeituntersuchungen vorliegen, ist von einer Anwendung ohne ärztliche Verschreibung dringend abzuraten, da ernsthafte Nebenwirkungen zu befürchten sind. Insbesondere ist eine Stimulierung hormonabhängiger Tumoren nicht auszuschließen. Der folgenschwere Irrtum bei der Einschätzung der Östrogensubstitution sollte allgemein zur Vorsicht beim Umgang mit Hormonpräparaten mahnen.

6. Biologie

Geheimnisvolle Entwicklung

Irrtümer in der Embryologie

Die Frage, wie Leben entsteht und wie sich aus winzigen Embryonen hoch komplexe Organismen entwickeln, hat die Wissenschaft schon seit Jahrtausenden beschäftigt.

Als Vater der Embryologie gilt der große griechische Gelehrte Aristoteles (384–322 v. Chr.), der ein fünfbändiges Werk mit dem Titel ›Von der Zeugung und Entwicklung der Tiere‹ verfasst hat. Darin unterschied er vier Entstehungsmöglichkeiten von Organismen: Urzeugung, Knospung, zwittrige und getrennt-geschlechtliche Fortpflanzung. Die embryonale Entwicklung eines tierischen bzw. menschlichen Organismus stellte Aristoteles sich so vor, dass aus einer anfangs unstrukturierten Masse durch die Kraft der Morphogenese (Gestaltbildung) der Körper entsteht. Für die Steuerung dieses Vorgangs nahm er ein Wirkprinzip an, das er „Entelechie" nannte und das er zum Teil mit der Seele gleichsetzte.

Diese Lehre beherrschte über Jahrhunderte das Denken der Ärzte und Biologen, obwohl die Vorstellungen von Aristoteles zum Teil auf gravierenden Irrtümern beruhten. So vertrat er beispielsweise die Meinung, der Samen entstünde aus dem Blut des Mannes und die Befruchtung erfolge durch die Vereinigung des Samens mit dem weiblichen Menstruationsblut. Obwohl längst bekannt ist, dass diese Vorstellung falsch war, hat sie sich bis heute in dem Ausdruck „Blutsverwandtschaft" erhalten. Auch die Urzeugung, die nach Aristoteles durch Fäulnis entstehen sollte, kommt uns heute eher merkwürdig vor.

Erst im 16. Jahrhundert n. Chr. kam es in der Embryologie zu wichtigen neuen Erkenntnissen. Der Niederländer Volcher Coiter (1514–1576) entdeckte, dass der Embryo aus einem Ei hervorgeht und dass das Ei aus dem Eierstock stammt. Der englische Arzt William Harvey (1578–1657) kam durch seine Studien ebenfalls zu der Überzeugung, dass es zumindest bei höheren Tieren keine Urzeugung gibt. Von ihm stammt der berühmte Ausspruch: „ex ovo omnia" (alles aus dem Ei). Mit der Einführung des Mikroskops in die Forschung durch Antoni van Leeuvenhoek (1632–1723) trat zeitweilig die Bedeutung der Samenzellen des Mannes in den Vordergrund. Man glaubte in diesen

Zellen vorgeformte kleine Menschlein, so genannte „Homunculi" erkennen zu können, die während der Embryonalentwicklung nur noch heranwachsen. Der berühmte Anatom Marcello Malpighi (1628–1694) vertrat jedoch die Auffassung, dass der präformierte Mensch in der Eizelle enthalten sei. In den Folgejahren entspann sich ein heftiger Streit zwischen den Gefolgsleuten von Leeuvenhoek, die als „Homunculisten" bezeichnet wurden, während die Anhänger Malpighis den Namen „Ovisten" erhielten.

Im 18. Jahrhundert traten dann die „Vitalisten" hervor, die sich wieder stärker an den Vorstellungen des Aristoteles orientierten. Sie nahmen an, dass ein immaterielles Wirkprinzip die „vis vitalis" (Lebenskraft) den Eidotter in ein Lebewesen umwandelt. Ein bekannter Vertreter dieser Richtung war der Berliner Arzt Caspar Friedrich Wolff (1738–1794). Sein Göttinger Kollege Johann Friedrich Blumenbach (1742–1840) vermutete einen physikalisch wirkenden „Bildungstrieb", der durch die Keimzellen weitergegeben wird. Erst die Brüder Oskar (1849–1922) und Richard Hertwig (1850–1937) entdeckten an Seeigeln, dass die Vereinigung der Kerne von Ei- und Samenzelle zur Entstehung eines Embryos führt.

Aber auch die Vorstellung von einer „Urzeugung", bei der aus totem Material neues Leben hervorgeht, hatte im 17. und 18. Jahrhundert noch viele Anhänger. Die meisten von ihnen akzeptierten zwar, dass diese spontane Entwicklung von Leben für den Menschen und größere Tierarten nicht zutraf. Für Kleinlebewesen wie Würmer und Insekten sprach jedoch der erste Augenschein so deutlich für die Urzeugung, dass man sich eine andere Entstehung kaum vorstellen konnte. Als klassischer Beweis wurde das Auftreten von Maden in faulendem Fleisch angesehen.

Der italienische Arzt Francesco Redi (1626–1697) wies als Erster experimentell nach, dass die Entstehung der Maden nicht auf Urzeugung beruhte. Er beschickte acht Flaschen mit Fleischproben. Die eine Hälfte der Behälter versiegelte er, die andere Hälfte ließ er unverschlossen. Nach wenigen Tagen zeigte sich, dass nur in den offenen Flaschen Maden auf dem faulenden Fleisch vorhanden waren. Da Redi vermutete, dass für die Madenbildung Fliegen verantwortlich sein könnten, führte er seinen Versuch in modifizierter Form noch einmal durch. Diesmal verschloss er einige fleischhaltige Flaschen mit Fliegendraht, während er die anderen offen stehen ließ. Tatsächlich konnten sich Maden nur in den unverschlossenen Flaschen entwickeln, womit bewiesen war, dass die Fliegen dafür verantwortlich waren.

Die Anhänger der Urzeugung reagierten auf diese unwiderlegbaren neuen Erkenntnisse mit einem Rückzug auf noch kleinere Lebewesen. Sie behaupteten, die Urzeugung gelte nur für Mikroorganismen.

Der englische Forscher John Turberville Needham (1713–1781) glaubte das auch mit einem Experiment belegen zu können. Er kochte Fleischbouillon und füllte sie in einen Behälter, den er verschloss. Als er nach einigen Tagen die Nährflüssigkeit unter dem Mikroskop untersuchte, fand er viele Bakterien. Da er annahm, dass durch das Kochen alle vorher vorhandenen Mikroorganismen abgetötet worden wären, hielt Needham es für bewiesen, dass in der Bouillon Urzeugung stattgefunden hatte. Daran zweifelte allerdings der Italiener Lazzaro Spallanzani (1729–1799). Er wiederholte den Versuch, kochte die Nährflüssigkeit aber deutlich länger als Needham. In den danach verschlossenen Behältern entwickelten sich keine Mikroorganismen. Aber auch dieses Ergebnis konnte die Vertreter der Urzeugungs-Theorie noch nicht endgültig mundtot machen. Sie behaupteten, in der Luft sei ein noch unbekannter Stoff enthalten, der tote Materie zum Leben erwecken könne. Eine Erhitzung würde die „Lebenskraft" in der Luft zerstören. Diese Theorie war schwer zu widerlegen und deshalb dauerte es fast noch 100 Jahre, bis die Urzeugung endgültig als Irrtum ad acta gelegt werden konnte.

Besonders heftige Diskussionen löste gegen Ende des 19. Jahrhunderts das von Ernst Haeckel (1834–1919) formulierte „ontogenetische Grundgesetz" aus. Es besagt, dass sich während der Ontogenese (Individualentwicklung) die Phylogenese (stammesgeschichtliche Entwicklung) in abgekürzter Form wiederholt. Ernst Haeckel war ein glühender Anhänger Darwins. Er sah in seinem ontogenetischen Grundgesetz, das er auch biogenetisches Grundgesetz oder Rekapitulationshypothese nannte, einen schlagenden Beweis für die damals noch sehr umstrittene Evolutionstheorie. In seinem zweibändigen Werk ›Generelle Morphologie der Organismen‹ beschrieb Haeckel seine Theorie wie folgt: „Das organische Individuum … wiederholt während des raschen und kurzen Laufes seiner individuellen Entwicklung die wichtigsten von denjenigen Formveränderungen, welche seine Voreltern während des langsamen und langen Laufes der paläontologischen Entwicklung nach den Gesetzen der Vererbung und Anpassung durchlaufen haben."

Als Beweise für sein biogenetisches Grundgesetz führte Haeckel an, dass Säugetiere in ihrem frühesten Stadium wie einzellige Lebewesen aussehen. Später entwickeln sie zwei Keimblätter und ähneln dabei einer Qualle, bevor sie ein wurmähnliches Aussehen annehmen. Im weiteren Verlauf der Entwicklung entstehen fischähnliche Kiemenanlagen und ein deutlicher Schwanzansatz. Auch die Entwicklung anderer Organsysteme erinnert stark an ein Fisch-, Amphibien- oder Reptilienstadium.

Haeckel ging allerdings mit den Belegen für seine Rekapitulationstheorie nicht immer streng wissenschaftlich um. Er manipulierte die Abbildungen der Embryonalstadien verschiedener Tierarten zum Teil beträchtlich, um die Ähnlichkeit zu „verbessern“. Er wurde deswegen von Arnold Brass heftig angegriffen, der 1908 eine Streitschrift mit dem folgenden Titel publizierte: „Das Affenproblem. Professor Ernst Haeckels Darstellungs- und Kampfesweise sachlich dargelegt nebst Bemerkungen über Atmungsorgane und Körperform der Wirbeltierembryonen“. Es folgte ein langer öffentlich ausgetragener Streit zwischen den Anhängern und Gegnern der Haeckel'schen Theorien, wobei es letztlich um eine grundsätzliche Auseinandersetzung über die gesamte Evolutionstheorie ging.

Die Gültigkeit des biogenetischen Grundgesetzes ist bis heute umstritten, auch wenn eine gewisse Einigkeit darin besteht, dass es in der von Haeckel vertretenen Form wohl als Irrtum eingestuft werden muss. Manche Embryologen sehen die Haeckel'schen Gedankengänge insofern als sehr fruchtbar an, als sie die Forschung auf dem Gebiet stark beflügelt haben. Andere Vertreter dieses Faches meinen, die Entwicklungsbiologie sei durch Haeckel eher behindert als gefördert worden. Der bekannte Göttinger Embryologe Erich Blechschmidt hat seine sehr scharfe Kritik an Haeckel 1968 wie folgt formuliert: „Dieses seither so genannte ‚Biogenetische Grundgesetz‘ war ein katastrophaler Irrtum in der Geschichte der Naturwissenschaften. Er hat die Biologie um ein volles Jahrhundert in theoretischer und praktischer Hinsicht zurückgeworfen. Auf theoretischem Gebiet durch die Annahme, daß mit der vergleichend-anatomischen Feststellung von Ähnlichkeit bereits eine Patentlösung gefunden sei, um generelle Entwicklungsvorgänge zu erklären. Auf praktischem Gebiet, weil man meinte, nunmehr überhaupt jede Gestaltungskraft und damit die Psyche des Menschen selbst einfach als eine Wiederholung d. h. als Reproduktion auffassen zu dürfen.“

Im Jahr 1982 fügte Blechschmidt noch konkreter hinzu: „Die phylogenetische Deutung von Entwicklungsprozessen beim Menschen ist ein irriger Versuch, mit Kurzschlüssen etwas zu deuten und so auf bequeme Weise abzutun, was in Wahrheit durch intensive Forschungstätigkeit beim Menschen und auch beim Tier als ontogenetische Differenzierung aufgeklärt werden muß. Das Thema in der Entwicklungsbiologie ist nicht die Ähnlichkeit der Strukturen, sondern der Grund dieser Ähnlichkeit. Hier beginnt das wissenschaftliche Problem.“

Bei der Beantwortung dieser von Blechschmidt sehr richtig beschriebenen Fragestellung ist man in den letzten Jahren ein gutes Stück vorangekommen. Man weiß heute, dass die frühe Embryonalentwicklung bei vielen verschiedenen Tierarten genetisch sehr ähnlich gesteuert wird. Schon kurz nach der Befruchtung werden Gene des Embryos aktiv, die für eine segmentartige

Gliederung des Körpers verantwortlich sind. Danach übernehmen in einer Art Kaskade weitere Genreihen die Feinsteuerung der Entwicklung. Eine ganz zentrale Rolle spielen in der frühen Embryogenese die so genannten „homeotischen" Gene. Diese Gengruppe steuert bei vielen Organismen die Bildung vergleichbarer Körperteile und Organsysteme. Vor allem diese Ähnlichkeit in der Entwicklungssteuerung ist wohl dafür verantwortlich, dass sich die Embryonen der verschiedensten Tierarten, einschließlich des Menschen, in frühen Stadien recht ähnlich sehen. Haeckel hatte demnach zwar eine entwicklungsbiologische Gesetzmäßigkeit durchaus richtig erkannt, aber die falsche Begründung dafür geliefert. Solche Irrtümer sind in der Wissenschaft relativ häufig. Sie werden nicht selten, wie auch der beschriebene Fall zeigt, durch eine mehr oder minder starke Voreingenommenheit verursacht, die den kritisch-nüchternen Blick auf die tatsächlich vorliegenden Fakten behindert.

Komplexe Wirkung

Die Erforschung der Nierenfunktionen

Die Harnbildung ist ein sehr komplizierter Vorgang. Deshalb ist es nicht verwunderlich, dass die Wissenschaft viele Irrwege beschritten hat, bevor sie die zugrunde liegenden Mechanismen aufklären konnte.

Der griechische Arzt Asklepiades (um 130 v. Chr.) vertrat noch die Auffassung, dass aufgenommene Flüssigkeit im Innern des Organismus verdampft und sich in der Blase als eine Art Kondensat wieder sammelt, ohne dass die Niere dabei eine Funktion hat. Diese Vorstellung blieb lange erhalten. Erst der berühmte Galenus aus Pergamon (129–199 n. Chr.) widerlegte diesen Irrtum durch ein wohl durchdachtes Tierexperiment, das er wie folgt beschrieb: „Man legt die Harnleiter frei und unterbindet den einen, den anderen läßt man in die Blase sich entleeren. Nach einiger Zeit kann man dann demonstrieren, wie der unterbundene Harnleiter in seinem nach der Niere zu gelegenen Abschnitt voll und gedehnt erscheint, während der andere, nicht ligierte, selber schlaff ist, dagegen die Blase mit Urin gefüllt hat. Dann durchschneidet man den erstgenannten gestauten Harnleiter und zeigt, wie der Urin daraus hervorspritzt – gleich wie bei einem Aderlaß das Blut."

Trotz dieser eindrucksvollen Demonstration der Nierentätigkeit bei der Harnausscheidung war Galens Meinung über die Entstehung des Urins doch noch sehr von Irrtümern geprägt. So nahm er an, dass Wasser aus dem Magen über das Pfortadersystem in die Darmlymphe gelangt und sie verdünnt. Diese

Lymphe wird dann zur Leber geleitet, wo sie anschließend in Blut umgewandelt und zur rechten Herzkammer transportiert wird. Nach der dort erfolgenden Bluterwärmung ist das zugeführte Wasser überflüssig und wird deshalb über die Niere ausgeschieden.

Diese aus heutiger Sicht recht abstrusen Vorstellungen wurden jahrhundertelang für richtig gehalten. Dabei spielte sicher auch die große Ehrfurcht eine Rolle, die man allgemein dem berühmten Arzt und Wissenschaftler Galen entgegenbrachte.

Erst 1564 veröffentlichte der italienische Arzt Bartolomeus Eustachius (1520–1574) eine anatomische Arbeit über die Nieren, die neue Erkenntnisse brachte. Darin schrieb er sehr anschaulich: „Wo die Kelche des Nierenbeckens aufhören, sitzen ihnen schlaffe fleischige Höcker (Caruncula) wie Deckel auf. Wenn du aber diese Fleischhöcker der Länge nach aufschneidest, wird sich dir ein wundervolles Kunstwerk der Natur enthüllen ... Wahrhaftig du wirst Rinnen und Kanälchen, fein wie Haare, höchst elegant darin ausgemeißelt sehen, und ich zweifle nicht, daß durch diese der Harn in die Zweige des Harngangs durchgeseiht wird.“ Etwa 100 Jahre später entdeckte ein weiterer Italiener, der Arzt und Anatom Marcello Malpighi (1628–1694), die Nierenkörperchen mit Hilfe eines Mikroskops, das immerhin schon eine 16fache Vergrößerung erreichte. Ihm zu Ehren heißen sie heute auch „Malpighi'sche Körperchen“. Ihre Darstellung beschrieb er wie folgt: „Um sie ohne jede Schwierigkeit sehen zu können, muß man in die Nierenarterie – arteria emulgens – eine schwarze mit Weingeist gemischte Flüssigkeit einspritzen und zwar so viel, daß die ganze Niere anschwillt und ihre Oberfläche geschwärzt erscheint ... Schneidet man die Niere der Länge nach entzwei, so findet man zwischen den Bündeln der Harnkanälchen wiederum diese kugeligen Gebilde: Wie Äpfel hängen sie an den hübschen Bäumchen der Blutgefäße.“ Damit hatte Malpighi den Zusammenhang zwischen dem Gefäßsystem und der Nierenfunktion entdeckt. Er hielt die Nierenkörperchen und die anschließenden Nierenkanälchen (Tubuli) allerdings noch für Drüsenkomplexe mit den dazugehörigen Ausführungsgängen. Dieser Irrtum überdauerte die nächsten zwei Jahrhunderte.

Auch der englische Physiologieprofessor Sir William Bowman (1816–1892), nach dem die Bowman'sche Kapsel der Nierenkörperchen benannt wurde, hatte noch ziemlich falsche Vorstellungen von der Funktion der Nieren. Er meinte, dass die schlingenförmigen Blutkapillaren (Glomeruli) in den Malpighi'schen Körperchen lediglich Wasser absondern, während Salze und organische Verbindungen von den Tubuli in den Harn abgegeben (sezerniert) werden. Erst der junge Physiologe Carl Friedrich Ludwig (1816–1895) stellte in seiner Habilitationsschrift ›Beiträge zur Lehre vom Mechanismus der Harnsekretion‹ die Hypothese der Harnfiltration auf. Er experimentierte mit Farbstoffsuspensionen, die er in die Nierenarterie injizierte. Dabei beobachtete er, dass der Farbstoff in der Niere zurückgehalten wurde, sodass nur farblose Flüssigkeit in den abführenden Harnwegen auftrat. Daraus schloss Ludwig, dass in den Nierenkörperchen ein sehr feines Filtriersystem vorhanden sein muss, das kleine Moleküle durchlässt, größere aber ebenso wie Zellen abfängt. Die treibende Filtrationskraft sah Ludwig zu Recht im Blutdruck, der dafür sorgt, dass in den Glomeruli aus dem Blut ein zellfreies Ultrafiltrat abgepresst wird. Da die so entstehende Menge an Filtrat sehr groß war, nahm Ludwig an, dass in den Tubuli durch osmotische Kräfte ein großer Teil des Wassers rückresorbiert wird.

Die geniale Filtrations- und Rückresorptions-Theorie von Ludwig erklärte aber noch nicht alle Phänomene der Harnbildung. Der in Breslau tätige Biologe und Arzt Martin Heidenhain (1864–1949) konnte nämlich nachweisen, dass in den Nierentubuli auch Sekretionsvorgänge ablaufen. Er neigte deshalb mehr der Bowman'schen Harnbildungstheorie zu. Es entbrannte eine lang andauernde Auseinandersetzung zwischen den Anhängern der Sekretionstheorie und der Rückresorptionshypothese. Erst in den dreißiger Jahren des 20. Jahrhunderts wurde zunehmend klar, dass letztlich beide Parteien teilweise recht hatten, da in den Tubuli sowohl Resorptions- als auch Sekretionsprozesse ablaufen. Inzwischen ist für viele Substanzen geklärt, wo und in welchem Ausmaß sie sezerniert bzw. resorbiert werden.

Als kompliziert erwies sich die Aufklärung der Transportmechanismen, die für die Sekretion und Resorption einzelner Stoffe verantwortlich sind. Dementsprechend trat dabei zunächst wieder Verwirrung auf. Bei der Messung der transtubulären elektrischen Potenzialdifferenz streuten die Ergebnisse zwischen 0 und –80 Millivolt. Zunächst nahm man an, dass die hohen Werte richtig sind und die niedrigen auf Messfehlern beruhen. Langwierige Untersuchungen ergaben aber schließlich, dass die hohen Werte darauf zurückzuführen waren, dass die Elektrodenspitze bei diesen Messungen oft von Zellmaterial umschlossen war und deshalb falsche Werte lieferte. Sobald man die Spitze freispülte, sank die Potenzialdifferenz auf Null. Ähnlich schwierige experimentelle Probleme ergaben sich bei der Erforschung der Kochsalzrückresorption.

Die intensive Beschäftigung mit den Vorgängen bei der Harnbildung führte für lange Zeit zu der irrtümlichen Annahme, dass die Nieren ausschließlich dafür zuständig seien. Erst 1897 entdeckten Robert Tigerstedt und Per Bergmann in Schweden, dass die Nieren auch eigene Wirkstoffe produzieren. In ihrem Labor des berühmten Stockholmer Karolinska-Instituts zerrieben die beiden Wissenschaftler eine frische Kaninchenniere mit Glaspulver in physiologischer Kochsalzlösung. Nach einer Filtration injizierten sie den Extrakt einem Kaninchen in die Halsvene. Schon 80 Sekunden später stieg der Blutdruck des Tieres um ca. 50 % an. Das überraschende Ergebnis machte deutlich, dass in dem Nierenextrakt eine stark blutdrucksteigernde Substanz enthalten sein musste. In Anlehnung an die lateinische Bezeichnung „ren" für die Niere nannten Tigerstedt und Bergmann den noch nicht genauer bekannten Wirkstoff „Renin". Es dauerte einige Zeit, bis man feststellen konnte, dass es sich dabei um ein eiweißspaltendes Enzym handelt, das in den so genannten „Epitheloidzellen" in der Nähe der Glomeruli gebildet wird. Es ist ein wichtiges Glied im so genannten „Renin-Angiotensin-Aldosteron-System", das den Elektrolythaushalt regelt und den Blutdruck stark beeinflusst.

Obwohl Tigerstedt diese Zusammenhänge noch nicht kannte, erahnte er bereits, welch wichtige Funktionen das neu entdeckte Renin hat. Er schrieb: „Es läßt sich von vorneherein nicht ausschließen, daß diese Substanz [Renin] unter Umständen in einer reichlicheren Menge als sonst gebildet werden könnte … In diesem Fall würde sie aber eine kräftigere und mehr ausdauernde Wirkung als unter normalen Umständen auf die Gefäßmuskulatur ausüben müssen und solcher Art den Widerstand in dem Gefäße chronisch über dessen normale Größe erhöhen. Die Folge davon wäre dann die Herzhypertrophie." Tatsächlich stellte sich später heraus, dass bei Menschen mit zu hoher Reninproduktion schnell ein erhöhter Blutdruck entsteht, der bei längerer Dauer das Herz-Kreislauf-System schwer schädigt. Nachdem 1956 das Angiotensin-Converting-Enzym (ACE) gefunden worden war, suchte man intensiv nach einem ACE-Hemmer, weil man hoffte, damit ein gutes Mittel zur Senkung des Bluthochdrucks gewinnen zu können. Erst 1965 war diese Suche erfolgreich, als man im Gift einer brasilianischen Viper eine ACE-hemmende Substanz entdeckte. Daraus wurde das „Captopril" entwickelt, das den ersten ACE-Hemmer in Tablettenform darstellt. Dieses Medikament und seine Weiterentwicklungen haben sich inzwischen als eine der wichtigsten Arzneimittelgruppen für die Behandlung des Bluthochdrucks etabliert.

Die Beteiligung der Nieren an der Hormonproduktion wurde erst in der zweiten Hälfte des 20. Jahrhunderts entdeckt. Es war zwar schon früher aufgefallen, dass Patienten mit schweren Nierenerkrankungen oft auch eine Blutarmut (Anämie) entwickelten. Als Ursache dafür vermutete man aber zunächst Giftstoffe, die wegen der Nierenschädigung nicht mehr ausgeschieden werden können und deshalb das Knochenmark schädigen. Diese Vorstellung erwies sich aber als Irrtum, denn es gelang 1977, aus 2500 l Urin etwa

7 Milligramm eines Hormons zu gewinnen, das wegen seiner anregenden Wirkung auf die Bildung von Erythrozyten im Knochenmark Erythropoietin (EPO) genannt wurde. Später konnte festgestellt werden, dass EPO vor allem in speziellen Bindegewebszellen gebildet wird, die in der Umgebung der Nierenkanälchen liegen. Aber auch die Leber kann geringe Mengen EPO herstellen. Seit 1983 ist die EPO-Produktion mit gentechnischen Methoden möglich, sodass es als Medikament in ausreichenden Mengen zur Verfügung steht. Für viele Nierenkranke bedeutet das eine große Hilfe, weil bei ihnen EPO das allgemeine Wohlbefinden und die Leistungsfähigkeit erheblich verbessert. Es hat aber nicht lange gedauert, bis EPO auch missbraucht wurde. Leistungssportler stellten nämlich fest, dass man EPO als schwer nachweisbares Dopingmittel verwenden kann.

Außer dem Renin, Angiotensin und Erythropoietin werden in der Niere auch noch einige andere hormonähnliche Substanzen gebildet. Beispielsweise entsteht in der Niere aus Vitamin D_3 das Kalzitriol, das den Kalzium- und Phosphorstoffwechsel stark beeinflusst. Auch so genannte Eikosanoide und Kinine werden in den Nieren produziert. Sie spielen unter anderem bei Entzündungsreaktionen eine wichtige Rolle. Es ist durchaus möglich, dass in den nächsten Jahren noch weitere wichtige Wirkstoffe entdeckt werden, die aus den Nieren stammen.

Dynamisches Phänomen

Die Wiederentdeckung der Antizipation

Das Wort „Antizipation“ stammt von dem lateinischen Wort „anticipare“ ab, das „vorwegnehmen“ bedeutet. In begrifflicher Hinsicht wird Antizipation jedoch sehr vielfältig gebraucht. Das Wort spielt nicht nur in der Philosophie eine wichtige Rolle, sondern auch in der Rhetorik und Psychologie. Sogar in der Musik und im Finanzwesen kommt es vor und hat jeweils eine wesentlich andere Bedeutung. Hier soll aber vor allem die Antizipation als humangenetischer Begriff interessieren, weil sie in diesem Bereich eine interessante Entwicklung erfahren hat. Antizipation bedeutet in der Humangenetik, dass bei manchen Erbkrankheiten in der Generationenfolge die Krankheitserscheinungen immer früher auftreten und oft auch schwerwiegender werden. Das kann sich beispielsweise bei der Erhebung einer Familienanamnese so darstellen, dass der Großvater in relativ hohem Alter leichte Symptome einer Erbkrankheit entwickelt hatte. Sein Sohn wies bereits im mittleren Alter deutliche Krankheitsmerkmale auf. Der Enkel ist aber schon in jungen Jahren schwer erkrankt.

Da solche Familien bereits im 19. Jahrhundert beobachtet wurden, prägte man schon damals den Begriff „Antizipation", ohne jedoch eine plausible Erklärung dafür zu haben. Besonders populär wurde die Antizipation zu Beginn des 20. Jahrhunderts, als man sie mit der Vorstellung verknüpfte, dass es in manchen Familien über die Generationen zu fortschreitenden Degenerationserscheinungen kommt, die zu einem Verfall der geistigen und körperlichen Fähigkeiten führen. Diese Theorie wurde auch in der Literatur aufgegriffen, wofür der Roman ›Buddenbrooks‹ von Thomas Mann ein besonders markantes Beispiel ist.

Als die Mendel'schen Vererbungsregeln wieder entdeckt wurden, hatte man Probleme, die Antizipation damit in Einklang zu bringen. Deshalb zweifelten viele Wissenschaftler die Existenz der Antizipation an und versuchten das Phänomen als statistischen Artefakt zu erklären. Der berühmte Arzt und Statistiker Wilhelm Robert Weinberg wies darauf hin, dass die Antizipation durch eine nicht auslesefreie Erfassung von Familien mit Erbkrankheiten vorgetäuscht werden kann. Um solche Selektionsfehler zu vermeiden, führte Weinberg ein nach ihm benanntes Korrekturverfahren ein. Diese „Weinberg-Korrektur" besagt, dass man den Probanden, über den eine erbkranke Familie erfasst wurde, bei den weiteren Betrachtungen außer Acht lassen muss.

Von anderer Seite wurde zusätzlich argumentiert, dass die im Laufe der Jahre fortschreitende Verbesserung der diagnostischen Möglichkeiten dazu führen kann, dass Patienten in immer jüngerem Alter als Träger einer Erbkrankheit erkannt werden. Dadurch würde ein antizipatorischer Effekt in Erscheinung treten, der in Wirklichkeit gar nicht existiere. Endgültig in Verruf geriet die Antizipation, nachdem sie vor allem in Deutschland unter den Nationalsozialisten auch als Begründung für eugenische Eingriffe zur Erhaltung der „völkischen Erbgesundheit" herangezogen worden war. Obwohl die Wirksamkeit solcher Vorsorgemaßnahmen völlig unbewiesen war, schreckte man in dieser unheilvollen Zeit auch vor Zwangssterilisationen und sogar Patiententötungen nicht zurück. Aufgrund dieser makabren Vorgeschichte war die Antizipation im Bereich der Humangenetik für lange Zeit kein Thema mehr.

Das änderte sich allerdings, als man in den siebziger Jahren des 20. Jahrhunderts vor allem bei männlichen Patienten mit einer speziellen erblichen Schwachsinnsform eine sehr ungewöhnliche Veränderung des Erbmaterials entdeckte. An dem X-Chromosom dieser geistig Behinderten wurde eine besondere Strukturveränderung gefunden, die man als „fragiles X" bezeichnete. Die damit zusammenhängende Schwachsinnsform wurde deshalb auch

„Fragiles-X-Syndrom" genannt. Durch intensive molekularbiologische Untersuchungen konnte schließlich 1991 geklärt werden, dass es sich bei der Strukturveränderung des X-Chromosoms um eine so genannte „dynamische Mutation" handelt, bei der es in einem Gen zu einer starken Vervielfachung eines kurzen DNS-Segmentes kommt. Schon bei ganz normalen Menschen ist dieses aus drei Basen bestehende so genannte CGG-Triplett etwas vermehrt. Aus noch ungeklärten Gründen kann sich vor allem bei der Vererbung über Frauen das CGG-Triplett bis auf 200 vermehren. Man spricht dann von einer Prämutation, weil die Träger trotz dieser Genveränderung noch keine Krankheitssymptome zeigen. Insbesondere bei der Weitergabe der Prämutation durch die Mutter kommt es dann oft zu einer extremen Vermehrung des CGG-Tripletts, sodass mehr als 1000 dieser DNS-Segmente hintereinander auftreten können. Das führt zur Inaktivierung des betroffenen Genes und damit zu einer Störung der Intelligenzentwicklung, die bei Söhnen stärker ausgeprägt ist als bei Töchtern. Auch einige andere weniger schwerwiegende Symptome werden dadurch ausgelöst.

Mit der Entdeckung dieser neuen Mutationsform, die sich in der Generationsfolge verändert, hatte man auf einmal einen biologischen Mechanismus erkannt, der das Phänomen der Antizipation erklären konnte. In den folgenden Jahren wurden gezielte Untersuchungen vor allem bei solchen Erbkrankheiten durchgeführt, bei denen antizipatorische Effekte bereits bekannt waren. Dazu gehörte auch die Chorea Huntington. Diese Erkrankung war bereits 1872 von dem amerikanischen Nervenarzt George Sumner Huntington entdeckt und später nach ihm benannt worden. „Chorea" leitet sich von dem griechischen Wort *choreia* = Tanz ab. Die Krankheit trägt auch den deutschen Namen „erblicher Veitstanz". Diese Bezeichnung geht darauf zurück, dass man in früheren Jahrhunderten beim Auftreten dieser Erkrankung eine Wallfahrt zur Veitskapelle bei Ulm durchführte, um Heilung zu erbitten. Als besonders auffälliges Symptom werden zunächst unwillkürliche Muskelbewegungen beobachtet, die den Eindruck eines zwanghaften Tanzes erwecken können. Nach dem Auftreten der ersten Krankheitserscheinungen kommt es meist innerhalb weniger Jahre zum totalen geistigen Verfall, sodass die Patienten voll pflegebedürftig werden. Die Krankheit wird autosomaldominant vererbt, was bedeutet, dass jeweils die Hälfte der Kinder eines Erkrankten auch davon betroffen wird. Allerdings treten die ersten Symptome meist nach dem 40. Lebensjahr auf, sodass die Patienten erst von ihrer Erkrankung erfahren, wenn sie bereits Kinder haben. Deshalb kommt es nicht allzu selten vor, dass die Chorea Huntington in einer Familie in mehreren Generationen immer wieder auftritt.

Beim Vergleich der Patienten, die aus verschiedenen Generationen einer großen Familie stammten, fiel schon George S. Huntington auf, dass die Kinder und Enkel meist früher und schwerer erkrankten als ihre Vorfahren.

Tatsächlich fand man bei der Chorea jetzt auch eine dynamische Mutation. Das betreffende Gen liegt auf dem kurzen Arm des Chromosoms 4 und enthält bei Gesunden ein CAG-Triplett in bis zu 30facher Wiederholung. Vor allem bei einer Vererbung über die männliche Keimbahn kann es zu einer Vermehrung dieses DNS-Segmentes kommen. Wenn die Zahl von 37 CAG-Tripletts überschritten wird, muss damit gerechnet werden, dass die betroffene Person an Chorea Huntington erkrankt. Je mehr Tripletts vorhanden sind, umso früher und schwerer bricht die Krankheit aus. Ein prominentes Opfer dieser heimtückischen Erkrankung war beispielsweise der berühmte amerikanische Sänger Woody Guthrie (der geistige Vater von Bob Dylan), der 1967 daran verstarb.

Inzwischen weiß man auch genauer über die molekularen und biochemischen Mechanismen Bescheid, die letztlich die Erkrankung verursachen: Das auf Chromosom 4 liegende Gen ist für die Bildung eines Proteins verantwortlich, das Huntingtin genannt wird. Durch die Vermehrung der CAG-Tripletts in dem Gen entsteht häufiger als normal die Aminosäure Glutamin, wodurch der Aufbau des Huntingtins gestört wird. Es nimmt eine so genannte Amyloidstruktur an, was dazu führt, dass zunehmend Nervenzellen zerstört werden. Eine ähnliche Proteinveränderung spielt auch bei der Alzheimer-Erkrankung und bei der Creutzfeldt-Jakob-Krankheit eine wichtige Rolle.

Die Aufklärung der genetischen Grundlagen hat es möglich gemacht, die Chorea zu diagnostizieren, lange bevor die ersten Krankheitssymptome auftreten. Das hat beispielsweise den Vorteil, dass die Betroffenen rechtzeitig entscheiden können, ob sie unter diesen Umständen Kinder haben wollen. Gleichzeitig entsteht aber insofern ein großes Problem, als der Nachweis des krankhaft veränderten Huntingtin-Gens bedeutet, dass der Genträger mit fast hundertprozentiger Sicherheit eine Chorea Huntington entwickeln und daran sterben wird. Vor einer solchen Diagnostik muss daher ein intensives Beratungsgespräch geführt werden, um sicherzustellen, dass der Ratsuchende sich die Konsequenzen für sein eigenes Leben bewusst macht und überlegt, ob er mit der Kenntnis über sein zukünftiges Schicksal leben kann. Viele, die zunächst einen Test haben wollen, verzichten nach einem solchen Gespräch darauf. Welche extremen Argumente bei der Entscheidung eine Rolle spielen können, macht ein Beispiel deutlich, das die Choreaforscherin Nancy Wechsler gern erzählt: Eine Mutter meldete ihre beiden Kinder zum Test mit folgenden Worten an: „Ich habe nur genug Geld, um eines davon auf die Universität zu schicken. Ich will wissen, in welches ich investieren soll." Wegen der Tragweite einer Entscheidung für oder gegen die Diagnostik wird auch die Mitteilung des Untersuchungsergebnisses meist mit einem psychologischen Betreuungsangebot verbunden.

Durch die Entdeckung der dynamischen Mutationen ist endgültig klar geworden, dass das Phänomen der Antizipation nicht auf einem statistischen Irrtum beruht, sondern eine klar belegbare biologische Basis hat. Im Laufe der Jahre konnte inzwischen eine erstaunlich hohe Zahl von weiteren Erbkrankheiten ermittelt werden, bei denen sowohl ein antizipatorischer Effekt als auch pathologische Vermehrungen von bestimmten Tripletts in einem Gen vorkommen. Die meisten von ihnen führen zu fortschreitenden neuromuskulären Veränderungen, die oft tödlich enden. Es ist zu hoffen, dass die Aufklärung der genetischen Ursachen in absehbarer Zeit auch zu verbesserten Behandlungsmöglichkeiten dieser schweren Krankheiten führt.

Angeregte Teilung

Der Mythos „mitogenetische Strahlung"

Der aus Russland stammende Arzt Alexander Gurwitsch (1874–1954) schrieb im Jahr 1923 einen Artikel über eine sehr schwache Strahlung, die nach seinen Beobachtungen von sich teilenden Zellen ausgeht und andere Zellen zur Teilung anregt. Da die Zellteilung im wissenschaftlichen Sprachgebrauch auch als „Mitose" bezeichnet wird, nannte Gurwitsch die beschriebene Strahlung „mitogenetisch". In seiner auf Deutsch verfassten Arbeit (Gurwitsch hatte in München promoviert) mit dem Titel ›Die Natur des spezifischen Erregers der Zellteilung‹ stellte er sein Experiment im Detail vor: Er ließ eine Zwiebel in einem engen Glasröhrchen wachsen. Die neu entstehenden Wurzelspitzen, die er als Strahlungsquelle betrachtete, brachte er rechtwinklig in die Nähe einer zweiten Zwiebelwurzel, die als Strahlungsempfänger dienen sollte. Die Wurzeln der beiden Pflanzen trennte er durch eine Glas- oder Quarzschranke. Nach einer Expositionszeit von 10 Sekunden bis 60 Minuten wurde die angelagerte „Empfänger"-Wurzel in eine „sendernahe" und eine „senderferne" Hälfte zerlegt. Von diesen Wurzelteilen fertigte Gurwitsch histologische Schnitte an, in denen er die Zahl der sich teilenden Zellen ermittelte.

Bei dem Experiment stellte Gurwitsch fest, dass bei einer Trennung der beiden Wurzeln durch Quarzglas in dem der „Sender"-Wurzel nahe liegenden

Teil der „Empfänger“-Wurzel signifikant mehr Mitosen auftraten als in dem fern liegenden Abschnitt. Wenn als Barriere jedoch normales Glas verwendet wurde, trat zwischen den zwei Wurzelabschnitten kein Unterschied in der Mitosenzahl auf. Daraus schloss Gurwitsch, dass von der in starkem Wachstum befindlichen „Sender“-Wurzel eine schwache ultraviolette Strahlung ausging, die das Quarzglas durchdringen konnte und in der „Empfänger“-Wurzel Mitosen induzierte. Da UV-Licht normales Glas nicht durchdringen kann, wurde bei diesem Experiment erwartungsgemäß auch kein mitogener Effekt sichtbar.

Bei späteren Experimenten ersetzte Gurwitsch die Zwiebelwurzeln durch Pilze und Bakterien und beobachtete auch dabei, dass das Wachstum der Bakterien durch stark wachsende Pilze nur dann angeregt wurde, wenn eine Quarzschicht die beiden Kulturen trennte. Bei Trennung mit normalem Glas war der Effekt nicht nachweisbar.

Die Arbeiten von Gurwitsch fanden für einige Jahre großes Interesse sowohl bei Biologen und Medizinern als auch bei Physikern und lösten eine Vielzahl von ähnlichen Versuchen mit sehr verschiedenen Zellen aus. Neben Experimenten mit Pflanzen, Pilzen und Bakterien wurde auch mit verschiedenen menschlichen Zellen gearbeitet. Es gab Berichte, wonach die Blutzellen von gesunden Kindern mitogenetische Strahlung aussendeten. Wenn aber Vitamin-D-Mangel vorlag, konnte diese Strahlung nicht nachgewiesen werden. Krebszellen, die in ein Tier eingepflanzt wurden, behinderten dessen mitogenetische Strahlung. Das neue Forschungsgebiet erschien so interessant, dass Gurwitsch sogar für den Nobelpreis vorgeschlagen wurde. Im Laufe der Jahre zeigte sich allerdings, dass die Ergebnisse der zahlreichen Untersuchungen sehr uneinheitlich ausfielen. Manche Autoren sahen signifikante Ergebnisse, andere konnten bei weitgehend gleicher Versuchsanordnung keine Effekte nachweisen.

Da die mitogenetische Strahlung wegen ihrer Fähigkeit, Quarz zu durchdringen, dem ultravioletten Bereich zugeordnet wurde, versuchte man sie mit entsprechenden physikalischen Methoden nachzuweisen. Die Experimente mit fotografischen Platten, fotoelektrischen Zellen und fotosensiblen chemischen Reaktionen verliefen jedoch alle negativ. Als das Argument vorgebracht wurde, die Strahlung sei zu schwach, um solche Effekte auszulösen, wurden extrem sensitive Methoden eingesetzt, die aber auch nicht zum Nachweis der mitogenetischen Strahlung führten. In der schon damals sehr angesehenen Wissenschaftszeitschrift „Nature“ erschien 1931 ein Editorial, in dem festgestellt wurde, dass das neue Forschungsgebiet keinen klaren Nachweis der mitogenetischen Strahlung erbracht hat. Die amerikanischen Physiker A.

Hollaender und W. D. Claus setzten sich 1935 mit den bis dahin bereits über 500 Publikationen über mitogenetische Strahlung kritisch auseinander und konstatierten, dass die meisten von ihnen fehlerbehaftet oder widersprüchlich waren. Sie zogen daraus folgenden Schluss: „Es müssen mehr überzeugende und eindeutige Beweise für die Existenz dieses Phänomens vorgelegt werden, bevor es als real anerkannt werden kann."

Nach dieser umfassenden und kritischen Bewertung ließ das Interesse an der mitogenetischen Strahlung für einige Jahrzehnte deutlich nach. Erst 1966 bekam die Forschung auf diesem Gebiet wieder Auftrieb, nachdem Anna Gurwitsch (die Tochter von Alexander Gurwitsch) über mitogenetische Strahlung berichtet hatte, die angeblich von Herzmuskelzellen verschiedener Tierarten abgegeben wurde. Als aber eine Bestätigung durch andere Wissenschaftler ausblieb, setzte sich wieder die Überzeugung durch, dass die „mitogene Strahlung" nicht existiert und die nachgewiesenen Effekte vermutlich auf fehlerhaften Versuchsanordnungen und Irrtümern bei der Auswertung von Messungen beruhten.

In den siebziger Jahren des 20. Jahrhunderts tauchten jedoch neue Gurwitsch-Anhänger auf, die nun „ultraschwache Photonenemissionen" und „Bioluminiszenz" mit dem Zellwachstum in Verbindung brachten. In Deutschland machte vor allem der Physiker Fritz-Albert Popp von sich reden. Er konnte angeblich ultraschwache Zellstrahlung messen und mit den verschiedensten Phänomenen ursächliche Zusammenhänge feststellen. Außerdem bezeichnete er Gurwitsch als „das größte Genie des zu Ende gehenden Jahrhunderts". Popp arbeitete zunächst an der Universität Marburg. Nach seinem Abdriften in fragwürdige Wissenschaftsbereiche beendete man dort das Dienstverhältnis mit ihm. In seinem Buch ›Die Botschaft der Nahrung‹ berichtet Popp mit einem gewissen Stolz, dass ihm sogar empfohlen wurde, sich auf seinen Geisteszustand untersuchen zu lassen. Aus der Tatsache, dass die etablierte Wissenschaft seine eher abwegigen Theorien nicht akzeptieren wollte, konstruierte Popp eine publizistisch sehr wirksame Verfolgungshypothese, in der er sich zum Opferlamm hochstilisierte.

Es gelang ihm, Sponsoren zu finden, die ihm die Gründung eines privaten Instituts für Photonenforschung ermöglichten. Dort findet Popp bis heute die erstaunlichsten Kausalbeziehungen zwischen der „Zellstrahlung" und fast allen nur denkbaren Lebensphänomenen: So kann er beispielsweise mit Hilfe der „Biophotonik" angeblich „Freilandeier" von „Batterieeiern" unterscheiden und die Keimfähigkeit von Getreide nachweisen. Teilweise erfreut waren die Anhänger der Homöopathie, als Popp behauptete, er könne die bisher nicht feststellbare Wirkung von stark verdünnten homöopathischen Präparaten mit Hilfe seiner „Photonen“ nachweisen. Ab Verdünnungsstufen über D12 konnte er allerdings auch keine Effekte mehr finden. Er bot aber eine diffuse Resonanzhypothese an, mit der auch bei Hochpotenzen noch Effekte erklärbar sein sollen. Auch die „Geistheiler“ machte Popp glücklich, als er angeblich feststellte, dass sie die Biophotonenabstrahlung ihrer Hände willentlich verändern können. Inzwischen gibt es sogar eine eigene Zeitschrift namens „Fusion“, die das hohe Lied des Herrn Popp singt.

Weniger Freunde machte sich Popp durch seine seltsamen Theorien über die Zusammenhänge zwischen der Photonenemission und der Entstehung von Krebs. So behauptet er beispielsweise, dass es keine Tumorzellen gibt, sondern, dass Krebs nur eine „Kohärenzstörung“ ist, „die in der Kommunikation über Licht stattfindet“. Auf Kritik an seinen oft sehr merkwürdigen Vorstellungen, die er natürlich auch immer mit komplizierten Formeln und „Photonenmessungen“ belegt, reagiert Popp meist höchst aggressiv. Er bemüht dabei auch gern die Gerichte, ohne damit jedoch besonders erfolgreich zu sein. Er behauptet Schadensansprüche in Millionenhöhe, die zwar kaum begründet sind, aber durchaus abschreckende Wirkung haben. Diese Strategie führt dazu, dass nur noch wenige anerkannte Wissenschaftler öffentlich an Popp Kritik üben, weil sie weder Zeit noch Lust haben, jahrelange, teure Prozesse zu führen.

Umso mehr sammeln sich aber inzwischen andere „Wissenschaftler“ um Herrn Popp, in der Hoffnung, mit seiner Hilfe ihre oft wunderlichen Hypothesen und Methoden verbreiten zu können. So beruft sich beispielsweise der Arzt Otto Bergsmann mit seiner „Regulationstherapie“ durch „Low-Power-Laser“, die gegen fast alle Gebrechen der Menschheit zu wirken scheint, auf die Popp'schen Photonen.

Auch der Biologe Roland Schulze benutzt die „ultraschwache Zellstrahlung“ für seine „bioenergetische Blutdiagnose“, für die er ein eigenes Institut in Rostock gegründet hat. Seinem Messverfahren hat er den hoch wissenschaftlich klingenden Namen „Biophotonenresonanzspektroskopie“ gegeben. Er verwendet sie, um ein „virales Geschehen im Körper“ nachzuweisen. Dazu stellt er neben einen getrockneten Blutstropfen eine Testampulle „Interferon D30“ in den Messkreis seines Gerätes und wenn dann sofort eine hohe Photonenemission einsetzt, steht die Diagnose „virales Geschehen“ schon fest. Denn laut Herrn Schulze ist „das Blut der universelle Informationsträger des gesamten menschlichen Organismus“. Die Angabe „Interferon D30“ soll vermutlich bedeuten, dass Herr Schulze das gegen Viren wirksame Interferon nach homöopathischen Verfahren auf die 30. Dezimalpotenz verdünnt hat. Es wurde schon mehrfach berechnet, dass bei solchen Verdünnungen kein einziges Molekül der Substanz mehr in der Verdünnungsflüssigkeit vorhanden ist. Aber das stört offensichtlich die Popp'schen Photonen in ihrer Wirkung überhaupt nicht. Immerhin hält Herr Schulze seine Messmethode selbst noch für verbesserungsfähig. Die Liste der Anwendungen der zellulären Photonentheorie ließe sich noch erheblich erweitern, denn der menschlichen Phantasie sind ja bekanntlich keine Grenzen gesetzt, insbesondere, wenn sich damit auch Geld verdienen lässt.

Unter Wissenschaftshistorikern besteht eine gewisse Übereinstimmung darüber, dass Alexander Gurwitsch eigentlich ein ernst zu nehmender Wissenschaftler war. Ihm sind allerdings bei seinen Versuchen zum Nachweis der mitogenetischen Strahlung Fehler und Irrtümer unterlaufen, vermutlich, weil er zu sehr von seiner Idee voreingenommen war. Bei seinen modernen Nachfolgern fällt einem diese wohlwollende Einschätzung schon deutlich schwerer, weil sie sich immer weiter von nachprüfbaren Fakten entfernen und eine kritische Überprüfung ihrer Hypothesen eher behindern als fördern.

Gescheite Würmer

Die Erforschung der Gedächtnismoleküle

Von den Plattwürmern gibt es mehrere tausend Arten, die zum größten Teil an den Meeresküsten leben. Sie sind ziemlich klein und unscheinbar und weisen einen relativ primitiven Körperbau auf, sodass sie lange Zeit für die Wissenschaft nicht besonders interessant waren. Das änderte sich in den sechziger Jahren des 20. Jahrhunderts, als der Neurophysiologe James V. Mc Connel sie zu seinen Versuchstieren erkor. Er wollte feststellen, ob diese Tiere trotz ihres sehr einfach gebauten Nervensystems lernfähig waren. Zu diesem Zweck setzte er die Würmer in ein Glasrohr, das sich am Ende in zwei Schenkel aufteilte. In die eine abzweigende Röhre legte Mc Connel einen Draht, den er an eine Stromquelle anschloss, die andere blieb frei. Durch die elektrischen Schläge, die der Wurm beim Durchkriechen des einen Schenkels regelmäßig bekam, begann er nach vielen Versuchswiederholungen diesen Weg zu meiden. Schließlich kroch er fast nur noch durch den drahtlosen Schenkel der Glasröhre und zeigte damit, dass er aus den schlechten Erfahrungen gelernt hatte.

Diesen „erfahrenen“ Wurm schnitt Mc Connel in zwei Hälften, die sich relativ schnell zu zwei selbstständigen Würmern regenerierten. Die durch ungeschlechtliche Vermehrung erzeugten Tiere verhielten sich in der Glasröhre weitgehend so wie der „dressierte Urwurm“. Bei dem aus dem Kopfteil entstandenen Tier war das noch erklärlich, aber auch der aus dem Hinterteil hervorgegangene Wurm zeigte eine deutliche Scheu vor der verdrahteten Röhre.

Mc Connel wollte nun feststellen, auf welche Weise das Dressurwissen übertragen werden kann. Deshalb zerkleinerte er trainierte Würmer und verfütterte sie an untrainierte Artgenossen. Als er diese „Kannibalen“ in das Glasrohr setzte, zeigte sich, dass sie viel schneller lernten, welcher Weg ungefährlich war, als andere nicht entsprechend gefütterte Würmer.

Die Veröffentlichung dieser hoch interessanten Ergebnisse wirbelte nicht nur unter Wissenschaftlern gewaltig Staub auf. In der „New York Times“ wurde die neue Form des Wissenserwerbs mit folgendem Ratschlag an Studenten kommentiert: „Essen Sie Ihren Professor.“ Bei der weiteren Erforschung des Phänomens wurde die Entdeckung publiziert, dass Plattwürmer nach Blockade der Ribonukleinsäure (RNA)-Synthese ihr erworbenes Wissen nicht mehr weitergeben konnten. Konsequenterweise wurde daraus der Schluss gezogen, dass das RNA-Molekül als eine Art Wissensspeicher funktionieren muss. Die sensationellen Ergebnisse machten die Plattwürmer auf der ganzen Welt zu begehrten Untersuchungsobjekten. Es wurde sogar eine eigene Zeitschrift mit dem originellen Titel „The Wormrunner’s Digest“ gegründet.

Es dauerte nicht lange, bis auch Versuche mit höheren Tieren unternommen wurden. In dieser Hinsicht tat sich vor allem der Schwede Holger Hyden hervor. Er hatte in seinem Labor Ratten darauf dressiert, auf einem Seil zu balancieren. Hyden nahm an, dass durch das intensive Training in den Nervenzellen des Gleichgewichtsorgans der Ratten chemische Veränderungen aufgetreten sein müssten. Bei der Untersuchung der Zellen ergab sich tatsächlich ein erhöhter Gehalt an RNA. Eine ähnliche RNA-Vermehrung erzielte Hyden bei Ratten, die er längere Zeit in einer Art Zentrifuge herumgeschleudert hatte. Die bei ihnen nachgewiesenen RNA-Moleküle hatten aber eine andere chemische Struktur.

Bei anderen Versuchen wurde ein so genanntes „Dunkelflucht-Molekül“ entdeckt. Dafür hatte man Ratten durch elektrische Stromschläge andressiert, dunkle Ecken zu meiden. Das Gehirn dieser Tiere wurde aufgearbeitet und anderen Tieren injiziert. Danach zeigten auch diese undressierten Tiere Dunkelangst.

Die sich rasant entwickelnde Erforschung der Gedächtnismoleküle erhielt aber bald einen kräftigen Dämpfer. Der Professor für Experimentalpsychologie Hans Lukas Tauber vom berühmten Massachusetts Institute of Technology berichtete nämlich, dass er bei seinen Dressurversuchen mit Plattwürmern keinesfalls so erfolgreich war wie einige seiner Kollegen. Seine Würmer lernten nur sehr langsam, welche Glasröhre für sie ungefährlich war, und vergaßen ihr Wissen schon nach kurzer Zeit wieder. Nach der Durchtrennung eines dressierten Wurms waren die entstehenden Tiere keinesfalls schlauer als Würmer anderer Herkunft.

Nachdem sich ein Wissenschaftler getraut hatte, seine negativen Ergebnisse zu veröffentlichen, waren die Zeitschriften plötzlich voll von Arbeiten, die auch über experimentelle Fehlschläge berichteten. Statistische Analysen der positiven Versuchsergebnisse zeigten schließlich, dass es sich weitgehend um Zufallsbefunde handelte, die entweder durch eine zu niedrige Zahl von Versuchen entstanden waren oder auf eine unkritische Auswertung der Ergebnisse zurückgeführt werden konnten. Danach wurde es still um die Gedächtnismoleküle und den „Wormrunner's Digest". Heute wird das Ganze als ein typischer wissenschaftlicher Irrtum eingestuft, der vor allem dann entsteht, wenn ein Forschungsgebiet plötzlich modern wird. Viele unkritische Wissenschaftler meinen dann, sie könnten sich in diesem Bereich wissenschaftliche Lorbeeren verdienen, indem sie möglichst schnell Forschungsergebnisse publizieren. Dabei wird aber übersehen, dass bei einer kleinen Zahl von Versuchen leicht auch zufällig positive Ergebnisse entstehen. Mithilfe von strengen statistischen Kontrollen könnte man diese Zufallsbefunde zwar meist ausmerzen, aber leider wird allzu oft ein wenig diskriminierendes Testverfahren gewählt, sodass signifikante Unterschiede nachgewiesen werden, die eigentlich gar nicht existieren.

7. Ernährungs- und Umweltwissenschaften

Gesunde Keime?

Was nutzt die Probiotik?

Der Begriff „Probiotik" ist ein aus einem lateinischen und griechischen Anteil zusammengesetztes Kunstwort und bedeutet ungefähr „für das Leben". Diese sehr wohlklingende Bezeichnung hat die Industrie für Lebensmittel, insbesondere Sauermilchprodukte eingeführt, die lebende und angeblich gesundheitsfördernde Mikroorganismen enthalten. Probiotische Bakterien werden nicht wie die meisten bisher üblichen Joghurtkeime von der Magensäure weitgehend abgetötet, sondern gelangen lebend in den Darm. Zu ihnen zählen vor allem einige Laktobazillen und Bifidobakterien, aber auch nicht pathogene Formen von Escherichia coli und Enterokokken. Im Darm sollen diese Bakterien gar wundersame Wirkungen entfalten und die Gesundheit nachhaltig fördern.

Die Vorstellung, dass bestimmte Darmbakterien für unser Wohlergehen sehr wichtig sind, ist nicht neu. Sie geht zurück auf den russischen Zoologen und Bakteriologen Ilja Iljitsch Metschnikoff (1845–1916). Er war ein sehr vielseitig interessierter Wissenschaftler und wurde 1908 zusammen mit Paul Ehrlich durch den Nobelpreis für Medizin ausgezeichnet. Metschnikoffs Hauptverdienst war die Entdeckung der so genannten Phagozytose. Darunter versteht man die Fähigkeit von weißen Blutzellen (Leukozyten), belebte und unbelebte Partikel in sich aufzunehmen und dadurch zu zerstören. Metschnikoff überschätzte allerdings die Bedeutung der Phagozytose, indem er sie für den einzigen Abwehrmechanismus des Körpers hielt. Während die Erforschung der Phagozytose vor allem in Fachkreisen als große wissenschaftliche Leistung anerkannt wurde, machte eine eher weniger gut belegte Theorie Metschnikoff auch in weiten Bevölkerungskreisen bekannt. Ihm war bei anthropologischen Studien aufgefallen, dass einige südosteuropäische Bevölkerungsgruppen eine erstaunliche Langlebigkeit aufwiesen. Als er sich die Ernährung dieser Menschen genauer ansah, stellte er fest, dass sie einen hohen Verbrauch an Milchprodukten wie Kefir und Joghurt hatten, die durch Bakterien angesäuert wurden. Aus dieser Beobachtung leitete er die Theorie her, dass die hohe Lebenserwartung durch diese Bakterien verursacht wird, weil sie im Darm gesundheitsschädliche Fäulnisvorgänge verhindern würden. Deshalb empfahl Metschnikoff, diese speziellen Milchprodukte allgemein in den Speiseplan zu übernehmen, und er hielt es für möglich, dass dadurch die Lebenserwartung auf 150 Jahre gesteigert werden könnte. Als durchaus kritischer Wissenschaftler kommentierte Metschnikoff aber seine Theorie wie folgt: „Wenn es richtig sein sollte, daß unser vorzeitiges und unglückliches Altwerden durch Vergiftungen der Gewebe (vor allem durch die im Dickdarm lebenden zahllosen Mikroben) bedingt wird, dann ist es klar, daß alle Agentien, welche die Fäulnis im Darm aufhalten, dadurch den Alterungsprozess hinausschieben ... Aber in so einer wichtigen Frage muß die Theorie durch direkte Beobachtungen geprüft werden."

Die Überprüfung der Theorie erwies sich allerdings als sehr schwierig, weil es eine Vielzahl von Milchsäurebakterien gibt, die schwer zu unterscheiden sind. Man konnte deshalb nicht feststellen, welcher Bakterientyp für die günstigen gesundheitlichen Auswirkungen verantwortlich sein könnte. Trotz dieser Problematik fand Metschnikoffs Ernährungstheorie aber schnell in vielen Ländern eine große Anhängerschaft, wobei vermutlich die Nobelpreisverleihung an ihn eine große Rolle spielte, obwohl er, wie bereits erwähnt, für eine ganz andere Forschungsrichtung ausgezeichnet worden war. Ohne wirklich überzeugende Beweise zu haben, verständigte man sich schließlich darauf, dass vor allem ein besonders langes stäbchenartiges Bakterium, der so genannte Lactobacillus bulgaricus, für die gesundheitsfördernden Wirkungen des Joghurts in Frage komme. Dieser Keim wurde dann lange Jahre vorrangig für die Joghurtherstellung verwendet.

Als sich jedoch die Kundenwünsche änderten und ein weniger säuerlich schmeckender Joghurt bevorzugt wurde, ersetzte man den Lactobacillus bulgaricus durch andere Bakterien, die einen milderen Geschmack ergeben. Bei diesem Wechsel spielten die vorher angeblich so wichtigen gesundheitlichen Vorteile des Lactobacillus bulgaricus keine entscheidende Rolle mehr. Inzwischen hatte sich nämlich weitgehend die Erkenntnis durchgesetzt, dass die Joghurtbakterien im Magen zum größten Teil absterben. Die ihnen von Metschnikoff zugeschriebenen fäulnishemmenden Effekte im Darm mussten deshalb weitgehend als Irrtum eingestuft werden. Um aber den Gesundheitsaspekt wieder verstärkt in den Blickpunkt rücken zu können, experimentierte vor einigen Jahren die Firma Nestlé mit tausenden von Bakterienstämmen. Dabei wurde das Ziel verfolgt, Bakterien zu züchten, die nicht durch die Magensäure abgetötet werden, sondern lebend bis in den Darm gelangen und sich dort ansiedeln und vermehren können. Die Herkunft dieser Keime ist allerdings nicht sehr appetitanregend, denn sie stammten zum Teil aus menschlichen oder tierischen Kotproben. Trotzdem gelang es Nestlé 1995 mit einer groß angelegten Kampagne, den LC1-Joghurt als erstes probiotisches Nahrungsmittel erfolgreich auf den Markt zu bringen. Sehr werbewirksam wurde dem neuen Joghurt auf einer Lebensmittelmesse der Titel „Innovativstes Produkt des Jahres" verliehen. Bald folgten auch andere Hersteller wie Danone mit eigenen probiotischen Produkten, sodass 1999 bereits ein Milliardenumsatz erzielt wurde.

Der gewaltige wirtschaftliche Erfolg ist vor allem darauf zurückzuführen, dass die Gesundheitsaspekte in der Werbung massiv zur Geltung gebracht werden, obwohl die wissenschaftlichen Belege dafür eher bescheiden sind. Viele Untersuchungen wurden nur an Versuchstieren oder in Zellkulturen durchgeführt und deshalb ist keineswegs sicher, dass die Ergebnisse auf den Menschen übertragbar sind. Die Aussagen bleiben deshalb meist auch sehr vage. So wird beispielsweise versprochen, dass die neuen Lebensmittel die Darmflora verbessern, das Immunsystem stärken und Krankheiten vorbeugen. Solche Aussagen sind nach dem Lebensmittelgesetz bei uns eigentlich nicht erlaubt, denn dort steht in § 18, dass krankheitsbezogene Werbeaussagen verboten sind. Deshalb weisen einige Hersteller im Kleingedruckten ihrer Informationsbroschüren vorsichtshalber darauf hin, dass „dieses Produkt nicht dazu bestimmt ist, Krankheiten zu behandeln, zu heilen, zu diagnostizieren oder gar zu verhindern".

In der von der Lebensmittelindustrie vor allem in Europa und Japan angestachelten Probiotika-Euphorie gehen warnende Stimmen weitgehend unter. Ein Kritiker der Probiotika ist der österreichische Immunologe Wolfgang Graninger, der im Jahr 2000 auf einer Ärztetagung Ergebnisse vorstellte, wonach probiotische Lebensmittel bei immungeschwächten Patienten lebensgefährliche Erkrankungen auslösen können. Auf der gleichen Tagung wurde auch über eine Diabetikerin berichtet, bei der durch probiotischen Joghurt ein Leberabszess entstanden war. Der Schweizer Mikrobiologe Prof. Michael Teuber äußerte sich zu der Problematik so: „In diesem Zusammenhang sollte man darauf hinweisen, daß Bifidobakterien auch pathogen sein können." Besonders kritisch ist zu bewerten, dass die probiotischen Bakterien im Darm des Menschen zahlreiche andere durchaus nützliche Keime verdrängen können und so die Darmflora wesentlich verändern. Welche Auswirkungen das langfristig hat, lässt sich heute noch gar nicht klar erkennen. Erstaunlich ist auch, dass in den USA die Probiotika keine große Rolle spielen, obwohl dort sonst fast jedes gesundheitsorientierte Produkt reißenden Absatz findet. Zu dieser Zurückhaltung hat möglicherweise auch der sehr bekannte Biologe R. M. Atlas beigetragen, der die wissenschaftliche Literatur über die gesundheitsfördernden Effekte der Probiotika analysiert hat. Er kam zu der Beurteilung, dass „die meisten Studien ohne Kontrolle durchgeführt wurden und deshalb nicht reproduzierbar sind". Es bleibt abzuwarten, ob sich die großen gesundheitlichen Verheißungen der Lebensmittelindustrie in gut kontrollierten Studien doch noch belegen lassen oder ob sich die Probiotika-Story letztlich als profitabler, aber durchaus nicht ungefährlicher Irrtum erweist.

Obwohl die Frage nach Nutzen oder Schaden der Probiotika noch keineswegs entschieden ist, wurde bereits ein weiterer lebensmitteltechnologischer Schritt getan, der unter anderem zur sprachlichen Verwirrung beitragen wird: Es wurden die so genannten „Präbiotika" entwickelt. Man versteht darunter Stoffe wie z.B. Oligofructosaccharide, die für den Menschen unverdaulich sind, aber den probiotischen Bakterien als Nahrungsquelle dienen können. Eine spezielle Fütterung dieser Keime scheint notwendig zu sein, um sie während der Lagerung im Kühlregal am Leben zu erhalten. Die Kombination von Pro- und Präbiotika wurde von den Lebensmitteltechnologen mit der wohlklingenden Bezeichnung „Synbiotika" belegt. Abgeschaut hat man sich das Ganze bei Säuglingen, die mit der Muttermilch Oligosaccharide aufnehmen. Dadurch scheint das Wachstum von Bifidobakterien im Säuglingsdarm gefördert zu werden. Allerdings kann man die speziellen Oligosaccharide der Muttermilch noch nicht im industriellen Maßstab zu erträglichen Preisen herstellen. Deshalb behilft sich die Lebensmittelindustrie mit ähnlichen Stoffen, die unter anderem aus Soja, Zwiebeln und Hülsenfrüchten gewonnen werden. Sie scheinen den probiotischen Keimen durchaus zu munden, haben aber einen nicht ganz unwesentlichen Nachteil: Im menschlichen Dickdarm führt der mikrobielle Aufbau dieser Präbiotika nicht selten zur starken Gasbildung, sodass Blähungen und Durchfall entstehen können. Michael Teuber fordert deshalb zu Recht, man solle „zunächst die Grundlagen der Erkenntnisse erarbeiten und zwar unabhängig davon, ob man sie auf der Lebensmittelpackung anpreisen kann. Es ist zu erwarten, daß einige der ‚probiotischen' Effekte stillschweigend beerdigt werden."

Angesichts der hohen Absatzzahlen, die sich mit pro- und präbiotischen Produkten erzielen lassen, ist es allerdings nicht sehr wahrscheinlich, dass dieser vernünftige Weg eingeschlagen wird. Vielmehr wird wohl weiterhin der gutgläubigen und gesundheitsbewussten Bevölkerung mit großem Werbeaufwand eingeredet, dass sie mit Hilfe der „Synbiotika" ein langes glückliches Leben zu erwarten habe. Nach Aussage von Volker Pudel, dem ehemaligen Präsidenten der Deutschen Gesellschaft für Ernährung, sind daran auch etliche Wissenschaftler beteiligt. Pudel formulierte das so: „Damit der Rubel rollt, überbieten sich Fachleute in Spekulationen über günstige Wirkungen der Mikroben auf Leib und Seele." Falls sich das Ganze dann doch irgendwann als Irrtum herausstellen sollte, kann man ja eine neue Kampagne für einen anderen Nahrungsmittelzusatz starten, der sicherlich dann auch große gesundheitliche Wohltaten verspricht und Millionen in die Kassen der Lebensmittelindustrie spült.

Gequälte Kinder

Die Spinat-Saga

Viele Kinder werden auch heute noch von ihren Müttern mit Spinatbrei gefüttert, um ihnen genügend Eisen zuzuführen. Geschmacklich scheint Spinat für die meisten Kleinkinder aber eher eine Qual zu sein, denn sie spucken die erste Portion oft auf die mütterliche Bluse und weigern sich dann nicht selten beharrlich, den Mund für weitere Löffel zu öffnen. Um der Gesundheit willen geben die Mütter aber die Spinatfütterung trotz heftiger Gegenwehr nicht auf, sondern versuchen mit allen Tricks, ihrem Liebling seine Ration an eisenspendendem Gemüse einzutrichtern. In den USA wurde 1929 sogar die Comicfigur Popeye des Zeichners Elzi Segar zum Spinatverzehr dienstverpflichtet, um das Ansehen des Grüngemüses bei Kindern zu heben. Dem originellen Seemann mit dem Knautschgesicht und der Tabakpfeife wurde angedichtet, dass er seine Riesenkräfte seinem hohen Spinatkonsum verdankt. Popeyes Vorbild hat angeblich dafür gesorgt, dass in den USA wesentlich mehr Spinat verzehrt wurde. So steht es jedenfalls auf dem Popeye-Denkmal, das zu Ehren des populären Comic-Helden in der texanischen Spinatmetropole Crystal City errichtet wurde.

Inzwischen hat sich aber herausgestellt, dass diese Spinat-Kampagne weitgehend überflüssig ist, denn das Gemüse enthält im Vergleich zu anderen Nahrungsmitteln keinesfalls besonders viel Eisen. Einhundert Gramm gekochter Spinatbrei enthalten ungefähr 2–3 mg Eisen. Schokolade weist dagegen fast die dreifache Menge auf und würde vermutlich bei Kindern deutlich weniger Protest hervorrufen. Die Rolle des Spinats als Eisenspender wird außerdem noch durch ein Phänomen gemindert, das die US-Lebensmittelchemikerin Judy Morill so beschreibt: „Der Verdauungstrakt kann nicht viel davon aufnehmen. Spinat enthält nämlich auch sehr viel Oxalsäure, die das Eisen bindet."

Wie der Irrtum über den hohen Eisengehalt des Spinats entstanden ist, konnte bis heute nicht endgültig geklärt werden. In einem Artikel im „British

Medical Journal“ schrieb der englische Krebsforscher T. J. Hamblin 1981, dass gegen Ende des 19. Jahrhunderts ein amerikanischer Chemiker Spinat auf seine Inhaltsstoffe untersucht haben soll. Beim Niederschreiben seiner Ergebnisse sei ihm aber ein Kommafehler unterlaufen, sodass in seinem Abschlussbericht statt 2,9 mg Eisen 29 mg pro 100 g Spinat standen. Den Namen des Schludrians konnte Hamblin allerdings nicht angeben, sodass der Wahrheitsgehalt der Geschichte zweifelhaft bleibt. Ein anderer Bericht besagt, dass der Fehler eine andere Ursache hatte. Der Schweizer Physiologe Gustav von Bunge soll den Eisengehalt an getrocknetem Spinat korrekt mit 35 mg/100 g bestimmt haben. Dieser Wert wurde dann von anderen Autoren übernommen, ohne dabei anzugeben, dass die Analyse an Spinatpulver und nicht an frischem Spinat durchgeführt worden war. Da Spinat einen hohen Wassergehalt hat, könnte sich der große Unterschied der Werte auch so durchaus erklären lassen. Soweit feststellbar wurde der Fehler in Deutschland bereits in den 30er Jahren des 20. Jahrhunderts bei einer Nachuntersuchung erkannt. Inzwischen hatte sich aber die Spinatfütterung zur Verhinderung von Eisenmangel schon so eingebürgert, dass die Fehlermeldung weitgehend ungehört verhallte. Insbesondere wurde die Botschaft nicht jenseits des Großen Teiches vernommen. Dort wurde noch im Zweiten Weltkrieg der Spinatkonsum auch für Erwachsene heftig propagiert. Man befürchtete, dass die damals auch in den USA knappen Fleischrationen für die Eisenversorgung nicht ausreichen könnten und dadurch der Kampfeswille erlahmen könnte. Deshalb wurde die Parole ausgegeben, die Amerikaner seien „strong to finish ’cos they ate their spinach“. Was man ungefähr so übersetzen kann: Die Amerikaner sind stark um zu siegen, weil sie ihren Spinat essen. Nach dem Krieg beglückten uns die Sieger nicht nur mit der Demokratie, sondern auch mit reichlich Spinat in Dosen. Die deutschen Nachkriegskinder wurden dann auch brav mit der grünen Pampe gefüttert. Erst der Artikel von Hamblin und das darauf folgende Presseecho machten allgemein publik, dass Spinat als Eisenquelle wenig geeignet ist. Vielleicht fand Hamblins Artikel auch deshalb so viel Resonanz, weil er den Comic-Helden Popeye mit einbezog und seine Abhandlung mit der Bemerkung schloss: „Als Eisenquelle hätte Popeye besser die Dosen verzehrt.“

Wenn inzwischen auch unbestritten ist, dass Spinat dem Organismus nur wenig verwertbares Eisen zuführt, so ist man sich doch darüber einig, dass dieses Gemüse insgesamt sehr gesund ist. Es enthält bei schonender Zubereitung viel Vitamin A und C sowie Beta-Karotin und Mineralstoffe. Allerdings muss deswegen keine neue Spinatschlacht zwischen Mutter und Kind entbrennen, denn andere Gemüsesorten mit weniger strengem Geschmack (z. B.

Brokkoli) sind ähnlich gute Vitaminlieferanten. Inzwischen sind auch Zweifel aufgetaucht, ob der Eisenmangel, den man mit der Zwangsverabreichung von Spinat bekämpfen wollte, tatsächlich bei uns eine so große Gefahr darstellt wie man bisher angenommen hat. Es ist zwar richtig, dass Eisen zu den lebensnotwendigen Spurenelementen zählt. Benötigt wird es vor allem für den Aufbau des roten Blutfarbstoffs Hämoglobin, aber auch im Muskeleiweiß und in vielen Enzymen. Unser Körper verliert täglich etwa 1–2 mg Eisen. Bei Frauen im gebärfähigen Alter liegt der durchschnittliche Verlust wegen der Menstruationsblutung bei ca. 3 mg. Durch eine ausgewogene Mischkost nehmen wir aber normalerweise genügend Eisen auf, sodass ein nahrungsbedingter Eisenmangel relativ selten ist. Bei rein vegetarischer Kost ist eine ausreichende Zufuhr allerdings manchmal nicht gesichert. Bei Frauen besteht während der Schwangerschaft und in der Stillzeit ein erhöhter Eisenbedarf, weil das Kind mitversorgt werden muss.

Zu der Frage, wie viel Eisen ein Mensch täglich aufnehmen sollte, gibt es recht unterschiedliche Vorstellungen. Die Angaben dazu hängen stark von der Messung des Eisengehaltes im Organismus ab. Am häufigsten wird der so genannte Hämoglobinwert bestimmt, nicht selten auch das Serumeisen. Darunter versteht man die Menge von Eisen, die im Blutserum an Transportproteine gebunden ist. Wenn diese beiden Eisenwerte erniedrigt sind, bedeutet das aber nicht unbedingt, dass ein echter Eisenmangel vorliegt. In verschiedenen Abwehrsituationen wird nämlich das im Blut befindliche Eisen oft deutlich reduziert. Dabei spielen die so genannten Transferrine eine wichtige Rolle. Aber auch verschiedene Fresszellen können die roten Blutzellen abbauen und das dabei frei werdende Eisen in sich aufnehmen.

Die Herabsetzung des Eisengehaltes im Blut hat vor allem bei der Infektionsbekämpfung eine große Bedeutung, denn viele Krankheitserreger benötigen Eisen für ihre Vermehrung. Bei Infektionen wird deshalb Eisen auch vermehrt in Ferritin umgewandelt, weil Keime diese Speicherform des Eisens nicht nutzen können. Wenn die Körperabwehr die durch den Eisenmangel geschwächten Krankheitserreger vernichtet hat, wird das gespeicherte Eisen wieder freigegeben. Der Vorgang wird auch als „ernährungsbedingte Immunität" bezeichnet. Da der Eisengehalt im Hämoglobin und im Blutserum aus den genannten Gründen stark schwanken kann, lässt sich mit diesen Werten ein echter Eisenmangel nur schwer feststellen. Besser geeignet ist dafür die Messung des Serumferritinspiegels, weil er Auskunft über das Eisendepot im Organismus gibt. Es enthält in der Regel etwa 4 g Eisenverbindungen und damit kann der Körper seinen Eisenbedarf über eine ziemlich lange Zeit problemlos decken.

Das Auftreten von niedrigen Eisenwerten im Blut führt nicht selten dazu, dass man durch Gabe von Eisenpräparaten versucht, den vermeintlichen Eisenmangel auszugleichen. Das kann fatale Folgen haben. Beispielsweise wurde bei afrikanischen Nomadenvölkern ein sehr niedriger Eisengehalt im Blut festgestellt. Er erklärte sich dadurch, dass die Ernährung weitgehend aus Milchprodukten besteht. Als man versuchte, die Eisenwerte durch Medikamente zu „normalisieren", traten plötzlich Seuchen wie Malaria und Ruhr deutlich verstärkt auf. Ähnliche Beobachtungen wurden in Nigeria gemacht. Dort behandelte man Kinder, die an der Mangelkrankheit Kwashiorkor litten, mit Eisen- und Multivitaminpräparaten und erhöhte damit ihre Infektanfälligkeit dramatisch. Das Ergebnis dieses Behandlungsversuchs war vermutlich auch deshalb besonders negativ, weil durch die Gabe von Vitaminen (insbesondere Vitamin C) die Resorption von Eisen im Darm zusätzlich erhöht wurde. Prof. McFarlane warnte nach diesem Fehlschlag, der vielen Kindern das Leben kostete: „Jeder Anstieg des freien Serumeisens kann zu einer lebensbedrohlichen Infektion und zum Tode führen."

Ein zu hoher Eisenspiegel im Blut kann aber auch noch andere schwerwiegende Nebenwirkungen haben. Er begünstigt die Bildung von Oxycholesterin, das zur Entstehung von Arteriosklerose und Herzinfarkt beiträgt. Es gibt inzwischen auch einige Hinweise, dass eine Überversorgung mit Eisen das Krebsrisiko in einigen Organen erhöht.

Wegen dieser durchaus gefährlichen Wirkungen eines Eisenüberschusses erscheinen auch die Empfehlungen zur Gabe von Eisenpräparaten bei Schwangeren als diskussionsbedürftig. Sie beruhen größtenteils auf Berechnungen aus den siebziger Jahren des 20. Jahrhunderts. Die Angaben über den Eisenbedarf während der Schwangerschaft liegen so hoch, dass George Beaton, ein ehemaliger Mitarbeiter der WHO, warnt: „Komitee nach Komitee hat bestätigt, einen Eisenbedarf geschätzt zu haben, der nicht über die Nahrung gedeckt werden kann; damit empfehlen sie absichtlich oder unabsichtlich pharmazeutische Supplemente."

Auch nach der Geburt wird den Säuglingen oft zu viel Eisen zugemutet. Da in der Muttermilch nicht viel Eisen enthalten ist, propagiert die Lebensmittelindustrie eisenangereicherte Säuglingsmilch. Der Nutzen dieses Zusatzes wurde angeblich in einer englischen Studie anhand der Intelligenzentwicklung der Kinder nachgewiesen. Die Ergebnisse waren aber keinesfalls eindeutig. Bei einer anderen Untersuchung zeigte sich, dass Kleinkinder, die zusätzlich Eisen erhielten, sich deutlich schlechter entwickelten als eine Vergleichsgruppe. Weitere Studien erscheinen dringend erforderlich, insbesondere seit der Verdacht aufgetaucht ist, dass ein Eisenüberschuss auch an der

Entstehung des plötzlichen Kindstodes beteiligt sein könnte: Im „British Medical Journal“ erschien 1989 ein Leserbrief, in dem darauf hingewiesen wurde, dass die Lebern von Säuglingen, die am plötzlichen Kindstod gestorben waren, einen stark überhöhten Eisengehalt aufwiesen. Erstaunlicherweise wurde in dieser Richtung seitdem nicht mehr weiter geforscht, obwohl die Ursachen für diese häufigen kindlichen Todesfälle noch weitgehend ungeklärt sind (siehe auch S. 89ff.).

Insgesamt scheint nicht nur bei der Beurteilung des Eisengehaltes im Spinat ein Irrtum aufgetreten zu sein, sondern auch bei der Frage, wie viel Eisen ein Mensch tatsächlich braucht, gibt es wohl einige irrtumbehaftete Vorstellungen.

Unklares Gewicht

Wie viel soll der Mensch wiegen?

Die Frage, welches Körpergewicht für den Menschen am günstigsten ist, wird schon lange heiß diskutiert. In den USA tauchte Mitte des 20. Jahrhunderts das Schlagwort „Idealgewicht“ auf. Die Erfinder dieses Begriffes waren Versicherungsmathematiker der Metropolitan Life Insurance Company, eine der größten amerikanischen Lebensversicherungsgesellschaften. Sie wollten wissen, bei welchem Körpergewicht die höchste Lebenserwartung besteht. Für die Berechnung wurden in der Zeit von 1935 bis 1953 die Daten von fast fünf Millionen Menschen in den USA und Kanada herangezogen. Daraus wurden Tabellen erstellt, aus denen man ablesen konnte, welches Gewicht bei einer bestimmten Körpergröße als „ideal“ anzusehen war. Der Hintergrund dieser Berechnungen war zweifellos nicht vorrangig wissenschaftlicher Natur, sondern vielmehr ein handfestes wirtschaftliches Interesse. Das Tabellenwerk konnte die Versicherung nämlich dazu benutzen, die Differenz zwischen dem „Idealgewicht“ und dem tatsächlichen Gewicht festzustellen und daraus Risikozuschläge zu berechnen, um die (angeblich) reduzierte Lebenserwartung auszugleichen.

Die als „Idealgewicht“ angegebenen Tabellenwerte waren erstaunlich niedrig. Beispielsweise wurde bei der Körperhöhe von 1,80 m für Männer ein Gewicht von 71 kg als „ideal“ angegeben und für Frauen sogar nur 67 kg. Trotzdem wurden die Berechnungen auch von Ernährungswissenschaftlern übernommen und in die entsprechenden Lehrbücher eingeführt. Da viele Menschen die neu aufgestellte Norm deutlich übertrafen, wurden in den USA sowohl von staatlichen Stellen als auch von der Ärzteschaft groß angelegte

Abmagerungskampagnen gestartet, die in der Bevölkerung starke Resonanz fanden. Man wollte ja nicht bewusst seine eigene Lebenserwartung reduzieren und dabei auch noch Risikoprämien bei der Lebensversicherung riskieren. Schnell erkannten die Medien und andere geschäftstüchtige Kreise, dass auf diesem Gebiet viel Geld zu verdienen war, indem man den Leuten Diäten anpries und ihnen die dazugehörigen kalorienarmen Lebensmittel und sonstigen Hilfsmittel teuer verkaufte.

Das Diätfieber griff auch bald auf Europa und insbesondere Deutschland über, da die Fresswelle nach den Hungerjahren der Kriegs- und Nachkriegszeit die Gewichtskurven hatte ansteigen lassen. Sogar das genussliebende Frankreich reagierte heftig auf die neuen Ernährungsdiskussionen und kreierte die „nouvelle cuisine", die weitgehend auf Fett und damit leider auch auf eine wichtige Geschmackskomponente verzichtete. Auch das weibliche Schönheitsideal blieb von der Abmagerungshysterie nicht verschont. Es entstand der so genannte „Twiggy-Typ", der nach dem zeitweilig weltberühmten englischen Modell Lesby Hornby (Künstlername Twiggy) benannt wurde. Twiggy war extrem mager, sie wog während ihrer Hauptkarrierezeit von 1966–69 nur etwa 45 kg – bei einer Körpergröße von 175 cm.

Die Angaben über besonders empfehlenswerte Wege zur Gewichtsreduktion sind inzwischen völlig unüberschaubar geworden. Es gibt höchst einseitige Vorschläge wie z.B. die Kartoffel-, Ananas- oder Eierdiät. Viele andere Diäten beruhen auf der Anwendung irgendwelcher „Wundermittel", die oft sehr teuer, aber meist wenig wirksam sind, dafür jedoch durchaus gefährlich werden können. Besonders abstrus ist die „Blutgruppen-Diät", die von der irrigen Vorstellung ausgeht, man müsse die Ernährung nach den verschiedenen Blutgruppen ausrichten.

Neuerdings werden auch spezielle Arzneimittel zur Gewichtsreduktion entwickelt. Bei den so genannten „Enzymblockern" werden vor allem die fettverdauenden Enzyme gehemmt, sodass Fett unverdaut ausgeschieden wird. Dadurch kann es aber zu sehr unangenehmen Durchfällen kommen. Die Gruppe der Appetitzügler greift dagegen im Gehirn an und vermindert die Esslust. Aber auch bei diesen Medikamenten sind mehr oder minder starke Nebenwirkungen nicht auszuschließen.

Die Erfolge der meisten Abmagerungskuren und gewichtsreduzierenden Diäten erweisen sich aber oft als sehr kurzlebig. Anfangs werden zwar meist einige Kilo heruntergehungert, aber in vielen Fällen ist bald eine Gewichtsgrenze erreicht, die kaum unterschritten werden kann. Nicht selten kommt es nach Beendigung einer strikten Diät sogar zu einem starken Gewichtsanstieg, sobald man wieder zu normalen Essgewohnheiten zurückkehrt. Diese überschießende Gegenreaktion konnten sich die Ernährungswissenschaftler zunächst nicht erklären. Bei genaueren Untersuchungen der Stoffwechselvorgänge vor, während und nach einer Abmagerungskur wurde dann aber der so genannte „Jo-Jo-Effekt“ entdeckt. Darunter versteht man, dass der Organismus in einer Hungerphase sich auf ein Energiesparprogramm umstellt und die zugeführte Nahrung besser ausnutzt. Wenn man dann später wieder mehr Nahrung zu sich nimmt, bleibt der Körper noch einige Zeit in der Sparphase, wodurch sehr schnell die Fettdepots wieder aufgebaut und oft sogar überfüllt werden. Diese Regulationsmechanismen haben sich im Laufe unserer Entwicklung über Jahrtausende herausgebildet. Sie waren damals auch sehr sinnvoll, denn das Nahrungsangebot schwankte bei unseren Vorfahren sehr stark und sie mussten oft lange Hungerperioden überstehen. Heute leben wir zumindest in den hochzivilisierten Ländern eher im Überfluss, weshalb wir uns zum Teil gar nicht mehr vorstellen können, dass unser Körper (auch) auf das Überstehen von Mangelzeiten programmiert ist.

Der Jo-Jo-Effekt führt aber möglicherweise nicht nur dazu, dass kurzfristige Diätphasen und Hungerkuren eher zum Ansteigen als zum Absinken des Körpergewichts führen. Es gibt durchaus ernst zu nehmende Hinweise, dass durch häufige starke Gewichtsschwankungen infolge rigoroser Diäten das Auftreten von Krankheiten wie z. B. Bluthochdruck, Herzinfarkt und Diabetes gefördert wird. Die Bildung von Gallensteinen und ein Verlust von Knochenmasse durch Osteoporose können ebenfalls die Folge sein. Nicht zuletzt müssen auch erhebliche psychische Störungen befürchtet werden, die möglicherweise zur Magersucht (Anorexie) oder Ess-Brech-Sucht (Bulimie) führen. Die Häufigkeit dieser Erkrankungen hat parallel zu der Diätwelle sehr stark zugenommen. Man schätzt, dass heute in Deutschland deutlich mehr als eine Million Frauen an schwerwiegenden psychischen Essstörungen leiden. Nicht selten kommt es dabei sogar zu Todesfällen. Neuerdings schrecken viele Frauen sogar vor hoch riskanten chirurgischen Eingriffen nicht zurück, um einige Kilo Körpergewicht durch Fettabsaugung zu verlieren.

Inzwischen hat sich herausgestellt, dass die Berechnungen des Idealgewichts zumindest teilweise fehlerhaft waren und auch zu einigen falschen Rückschlüssen geführt haben. Der größte Irrtum war wohl die Meinung, dass die Reduzierung des Gewichts auf den „Idealwert“ zu einer Erhöhung der Lebenserwartung führen würde. Schon 1959 verbannten viele Ernährungswissenschaftler das Wort „Idealgewicht“ aus ihrem Vokabular und ersetzten es durch den schwammigen Begriff „wünschenswertes Gewicht“. Im Lauf der Jahre haben zahlreiche Untersuchungen gezeigt, dass die schnelle und drastische Reduktion des Körpergewichts keinesfalls die Lebenserwartung steigert.

Eher das Gegenteil ist der Fall. Eine Studie, die Shlonait Yaari und Uri Goldbourt 1998 in Israel an fast 10000 Menschen durchführten, erbrachte beispielsweise folgendes erschreckende Ergebnis: Bei Teilnehmern, die während der Untersuchungsperiode mehr als fünf Kilo abgenommen hatten, stieg die Sterblichkeit etwa doppelt so stark wie bei denjenigen mit gleich bleibendem Körpergewicht. Diese Reduzierung der Lebenserwartung durch Gewichtsreduktion zeigte sich mehr oder minder deutlich in allen Gewichtsgruppen, also auch bei ausgesprochen Fettleibigen. Aus Deutschland liegen ähnliche Untersuchungsergebnisse vor. Der Arzt Dietrich Rothenbacher fasste das Ergebnis einer Ernährungsstudie an 8000 deutschen Bauarbeitern wie folgt zusammen: „Doch zu unserer Überraschung haben wir ganz was anderes gefunden: lieber dick als dünn. Dünn ist immer schlecht." Kritiker meinten allerdings nicht ganz zu Unrecht, dass man Erkenntnisse, die an körperlich schwer arbeitenden Menschen gewonnen wurden, keinesfalls auf die Allgemeinbevölkerung übertragen könne. Dieser Einwand kann jedoch gegen die so genannte Düsseldorf Obesity Mortality Study (DOMS) nicht erhoben werden. Ralf Bender und seine Mitarbeiter untersuchten im Rahmen dieser Langfriststudie an 6000 stark übergewichtigen Patienten, ob sie eine verkürzte Lebenserwartung haben. Das Ergebnis zeigte, dass nur die extrem Fettleibigen deutlich früher sterben als Normalgewichtige. Ein mäßiges Übergewicht hatte keinen lebensverkürzenden Effekt.

Diese Erkenntnisse haben unter anderem dazu geführt, dass die Idealgewichtstabellen weitgehend verschwanden und durch den so genannten „Body Mass Index" ersetzt wurden. Der „BMI" wird errechnet, indem man den Quotienten aus dem Körpergewicht (in kg) und dem Quadrat der Körpergröße (in m) bildet. Für ein Körpergewicht von 80 kg bei einer Körpergröße von 1,80 m ergibt sich danach ein BMI-Wert von $\frac{80}{1{,}8^2} = 24{,}7$. Als normal wird meist ein Wert von 20–25 angegeben. Im Bereich von 25–30 liegt leichtes Übergewicht vor. Ab einem BMI-Wert über 30 wird von Adipositas oder weniger freundlich auch von Fettsucht gesprochen. Im Normalbereich gibt es auch noch eine Altersstaffelung für den optimalen BMI-Wert: Ab 40 Jahren kann pro Jahrzehnt etwa 1 Indexpunkt hinzugerechnet werden. Eine leichte Zunahme des Körpergewichts mit steigendem Alter wird demnach als durchaus normal angesehen.

Interessant ist ein Vergleich dieser Werte mit dem Idealgewicht: Das Körpergewicht von 80 kg übersteigt bei einem 1,80 m großen Mann das Idealgewicht um 9 kg, aber es liegt beim BMI noch völlig in der Norm. Bei einer Frau mit gleicher Größe und gleichem Gewicht ergibt sich gegenüber dem Idealgewicht sogar ein Übergewicht von 13 kg.

Erstaunlicherweise ist der BMI durchaus keine neue Erfindung. Er wurde bereits im 19. Jahrhundert von einem belgischen Astronomen entwickelt, konnte sich aber lange nicht gegen andere Normwerte für das Körpergewicht durchsetzen. Insbesondere das Normal- bzw. Sollgewicht nach Broca galt lange als guter Normwert. Dabei spielte wahrscheinlich eine nicht unwesentliche Rolle, dass der Wert deutlich leichter zu errechnen ist als der BMI. Nach den Angaben von Broca ergibt die Körperlänge in cm minus 100 das Normalgewicht in kg. Bei einer Körpergröße von 180 cm landet man so bei 80 kg und liegt damit auch im Normbereich des BMI.

Es ist schwer verständlich, warum dieser gute und leicht errechenbare Normwert nach Broca zugunsten eines auf zweifelhafter Basis beruhenden Idealwerts verlassen wurde. Eigentlich hätte schon der erste Augenschein vorsichtig stimmen müssen, denn es war ja gleich erkennbar, dass nur ein relativ geringer Prozentsatz der Bevölkerung diese als „ideal“ bezeichnete Vorgabe erfüllte. Vielleicht waren tatsächlich vor allem starke wirtschaftliche Interessen dafür ausschlaggebend, dass der neue Wert so stark propagiert wurde. Seit einigen Jahren hat in den USA und etwas später auch bei uns eine Bewegung gegen den Schlankheitswahn eingesetzt. „Fat is beautiful“ lautet die neue Devise. Sie hat dazu geführt, dass die Zahl der extrem Übergewichtigen rasant angestiegen ist. Zweifellos wird dabei jetzt in der anderen Richtung übertrieben, denn es steht außer Frage, dass bei einer sehr starken Gewichtszunahme Gesundheitsrisiken entstehen. Hoffentlich wird irgendwann einmal ein Mittelmaß erreicht, indem die Menschen sich wieder vernünftig ernähren und dabei Abmagerungskuren ebenso meiden wie Fressorgien. Wenn man etwas für seine Gesundheit tun will, so sollte man sich vor allem vermehrt körperlich betätigen. Fast alle in dieser Hinsicht durchgeführten Untersuchungen haben ergeben, dass sich auf diesem Wege tatsächlich eine deutlich höhere Lebenserwartung erzielen lässt. Außerdem verbessert man dadurch in der Regel seine Leistungsfähigkeit. Wenn man nicht gleichzeitig deutlich mehr isst, ergibt sich auch fast automatisch eine gewisse Gewichtsreduzierung. Dieser angenehme Nebeneffekt fördert wahrscheinlich zusätzlich die Lebensfreude, auch wenn er sich nicht direkt in mehr Lebensjahren niederschlägt.

Riskante Sanierung

Falsche Lösung für das Asbestproblem

Die Bezeichnung „Asbest“ stammt von dem griechischen Wort „asbestos“ ab, das in etwa die Bedeutung „unvergänglich“ hat. Unter dem Sammelbegriff Asbest werden feuerfeste, faserige Mineralstoffe zusammengefasst, die in verschiedener Form in der Natur vorkommen. Je nach Muttergestein unterscheidet man beispielsweise blauen Hornblende-Asbest und weißen Serpentin-Asbest. Der Weißasbest, der auch Chrysotil genannt wird, macht etwa 90 % des technisch genützten Asbestes aus. Aus langfaserigem Asbest kann man unter Zusatz von Tragfasern (z. B. Baumwolle) feuerfestes Gewebe herstellen, während kurzfaseriger Asbest vor allem als Zusatzstoff für viele verschiedene Baumaterialien verwendbar ist (z. B. Asbestzement, Spritzasbest).

Eines der größten Asbestvorkommen der Welt findet sich in Russland im mittleren Ural. Die Bedeutung des Mineralstoffs für die Region zeigt sich auch darin, dass dort eine Stadt den Namen Asbest trägt. Auch in Kanada gibt es bedeutende Asbestlager. Eine in der Provinz Quebec liegende Stadt trägt deshalb den Namen Asbestos.

Asbest war bereits den Römern bekannt, die daraus unter anderem hitzebeständige Kleidungsstücke herstellten. Aus dieser Zeit stammen auch die ersten Berichte über Gesundheitsschäden, die durch Asbest verursacht wurden. Der römische Schriftsteller Gaius Plinius der Jüngere beschrieb schon im ersten Jahrhundert nach Christus den schlechten Gesundheitszustand von Sklaven, die längere Zeit in Asbestbergwerken gearbeitet hatten. Sie litten vermutlich an der so genannten „Asbestose“. Dabei handelt es sich um eine Staublungenerkrankung, die durch das Einatmen der Asbestfasern entsteht. Sie lösen eine fortschreitende Vermehrung von Bindegewebe in den Lungen aus (Lungenfibrose), die schließlich zu schwerer Atemnot und zum Tod führen kann. Die größte Gefahr geht von relativ langen, aber sehr dünnen und spitzen „Asbestnadeln“ aus, weil sie mit der Atemluft bis in die Lungenalveolen gelangen, sich dort jahrelang festsetzen und schwere Schäden verursachen.

Trotz der frühen Berichte über die Gesundheitsschäden durch Asbest dauerte es bis zum Jahr 1924, bevor die Krankheitserscheinungen genauer erforscht wurden und ein englischer Arzt den Namen „Asbestose“ prägte. Aber auch danach wurde Asbest noch für lange Zeit in großem Umfang in der Textil-, Bau- und Kraftfahrzeugindustrie verwendet. In den siebziger Jahren des 20. Jahrhunderts erreichte der Verbrauch in Deutschland etwa 180 000 t/

Jahr. Zu dieser Zeit wurde festgestellt, dass bei Asbestarbeitern nicht nur Bronchialkrebs gehäuft vorkam, sondern auch ein bösartiger Tumor des Brustfells, das Mesotheliom. Diese Geschwulst war im Gegensatz zum Bronchialkarzinom bei anderen Personengruppen sehr selten und wies deshalb sehr deutlich auf eine spezifische Krebs auslösende Wirkung des Asbestes hin. Beim Bronchialkrebs wurde festgestellt, dass Asbest vor allem dann sehr gefährlich ist, wenn gleichzeitig eine Belastung durch Zigarettenrauch besteht. Das Krebsrisiko steigt dadurch etwa um das Zehnfache. Wodurch Asbest letztlich bösartige Tumoren auslöst, ist bis heute noch nicht endgültig geklärt. Man hat lediglich beobachtet, dass in den Zellen des betroffenen Gewebes Chromosomenanomalien auftreten.

Während sich die Wissenschaft lange Zeit wenig für Asbest interessiert hatte, begann man in den siebziger Jahren des 20. Jahrhunderts mit zahlreichen Studien. Dabei zeigte sich, dass Asbestfasern durch Verwitterung oder andere Einflüsse leicht aus Baumaterialien freigesetzt wurden und sich in der Luft erheblich anreichern konnten. Nachdem Asbest als krebserregender Stoff deklariert worden war, griffen die Medien das eigentlich schon lange bekannte Problem plötzlich auf und mobilisierten die Öffentlichkeit. Es wurde berichtet, dass in Deutschland über eine Million Arbeiter stark asbestgefährdet seien und auch für die Allgemeinbevölkerung ein erhebliches Risiko bestehe. Die Schutzmaßnahmen wurden daraufhin drastisch verschärft. 1979 wurde die Verwendung von Spritzasbest verboten. Asbesthaltige Produkte durften aber im Hochbau noch bis 1991 verbaut werden. Der Ersatz von Asbest bei Tiefbaumaßnahmen wurde 1993 abgeschlossen. Die Entwicklung von Ersatzstoffen führte dazu, dass heute Asbest nur noch in sehr geringen Mengen verarbeitet wird. Es bestehen aber erhebliche Altlasten. In der Bundesrepublik existierte z. B. an Hochbauten eine Fläche von weit über einer Milliarde Quadratmeter Asbestzementplatten. Durch Verwitterung wurden pro Jahr etwa 1000 Tonnen Asbest freigesetzt. Schätzungen zufolge sterben in Deutschland immer noch jährlich einige Hundert Menschen an Asbestose oder an durch Asbest induzierte Tumoren.

Reißerische Medienberichte über diese Belastungen sorgten etwa ab 1975 für eine ausgeprägte Asbesthysterie. Insbesondere als festgestellt wurde, dass auch in vielen Schulen und öffentlichen Gebäuden asbesthaltige Baustoffe vorhanden waren, kam es zu heftigen Protestaktionen, die nicht nur die Politiker, sondern auch die Wissenschaftler aufschreckten. Sie empfahlen die Gebäude durch Entfernung möglichst aller asbesthaltigen Materialien zu sanieren. Wenn das nicht machbar war, erschien ein Abriss unvermeidlich. Seit Beginn dieser Aktionen sind allein in Deutschland dafür etliche Milliarden Euro ausgegeben worden. Ein besonders prominentes „Asbestopfer" ist in Ostberlin der Palast der Republik, der seit Jahren leer steht. Seine Sanierung hat schon über 50 Millionen Euro gekostet. Trotzdem ist seit Jahren strittig, ob das Gebäude nicht doch noch abgerissen werden soll, wobei allerdings auch politische Motive eine Rolle spielen.

Zweifel an der Sinnhaftigkeit der sündhaft teuren Asbestsanierungen wurden in Deutschland erst vor einigen Jahren mehr oder minder durch einen Zufall geweckt: Bei Staubmessungen in einer Schule in Hamburg wurde ein relativ hoher Gehalt an Asbestfasern festgestellt. Die Schule wurde sofort geschlossen. Es begann eine fieberhafte Suche nach den asbesthaltigen Baumaterialien. Aber trotz aller Bemühungen konnte in dem Gebäude keine Asbestquelle gefunden werden. Man stand zunächst vor einem Rätsel, bis sich einer der Bauarbeiter daran erinnerte, dass wenige Tage vor der Staubmessung in der Schule, in einem etwa 500 m entfernten Gebäude, Asbestsanierungsarbeiten stattgefunden hatten. Die genaue Analyse der Asbestfasern ergab, dass der in der Schule untersuchte Staub tatsächlich mit Asbest verseucht war, der aus dem sanierten Gebäude stammte. Offensichtlich war bei der Entfernung asbesthaltiger Bauteile der verseuchte Staub so intensiv aufgewirbelt worden, dass er sich noch in einer Entfernung von mehreren hundert Metern niederschlug. Weitere gezielte Untersuchungen zeigten, dass die Asbestsanierung eines Gebäudes recht häufig zur Verseuchung der umgebenden Bauwerke führte. Auch in den sanierten Gebäuden trat asbesthaltiger Staub auf, der nur sehr schwer zu entfernen war. Oft lagen die Asbest-Messwerte monate-, wenn nicht sogar jahrelang wesentlich über den vor der Sanierung gemessenen Fasermengen.

Auch die Risikoeinschätzung des Asbestes änderte sich: Als Grenzwert für die Normalbevölkerung waren 1000 lungengängige Fasern pro Kubikmeter Luft festgelegt worden. Wenn höhere Werte nachgewiesen wurden, musste eine Sanierungsmaßnahme erfolgen. Als durchschnittliche Außenluftbelastung nahm man in Deutschland etwa ein Zehntel davon an. Der Hamburger Medizin-Professor Eckard Kaukel hat das Gesundheitsrisiko durch Asbest mit anderen Gefährdungspotenzialen verglichen. Dabei legte er für eine Person, die sich 10 Jahre in einem Gebäude mit 1000 Asbestfasern pro Kubikmeter Luft aufhält, den Risikowert auf 1 fest. Die Wahrscheinlichkeit, vom Blitz erschlagen zu werden, lag demgegenüber in Kaukels Berechnungen bei 3, für einen tödlichen Fußgängerunfall bei 290 und für den Tod durch Lungenkrebs (ohne Asbesteinwirkung) bei 8800.

Einen ähnlichen Risikovergleich führte Professor Hans Hofmeister durch, der früher am Bundesgesundheitsamt in Berlin beschäftigt war. Das Ergebnis fasste er so zusammen: „Wenn Schulkinder 48 Stunden pro Woche über einen Zeitraum von zehn Jahren 1000 Asbestfasern pro Kubikmeter einatmen, beträgt die theoretisch errechenbare Gefahr einer Krebserkrankung – auf das ganze Leben bezogen – ein bis vier Fälle bei einer Million Schülern. Im Vergleich dazu ist das Krebsrisiko von Kindern, deren Eltern rauchen, durch Passivrauchen bei gleicher Berechnung etwa hundertmal höher." Eine Untersuchung in Nordrhein-Westfalen hat ergeben, dass im Falle einer Schulschließung wegen Asbestgefährdung ein verlängerter Schulweg für die Kinder wesentlich gefährlicher sein kann, weil das Unfallrisiko das Asbestrisiko oft um ein Mehrfaches übersteigt.

Rolf Schlichting vom Bauamt in Berlin meinte zu den Risikovergleichen: „Der Eindruck macht sich zunehmend breit, daß die Mittel für die Bekämpfung eines relativ unerheblichen Risikos ausgegeben werden." Der Professor für Toxikologie an der Universität Würzburg Dietrich Henschler äußerte die Befürchtung, dass die für die Asbestsanierung ausgegebenen Mittel letztlich an anderen Stellen fehlen werden, wo ungleich höhere Gesundheitsgefahren lauern. Sogar der wissenschaftliche Beirat der Bundesärztekammer hat seinen Empfehlungen zum Umgang mit Asbest ein Vorwort vorangestellt, in dem es unter anderem heißt: „... daß die Gefahr der Asbestbelastung nicht selten zu hoch veranschlagt und dann durch irrtümliche beziehungsweise unnötige Entsorgung zu einem hohen Kostenfaktor werden könnte."

In den USA wird schon seit einigen Jahren über den richtigen Umgang mit Asbest diskutiert. Dort kam man inzwischen zu der pragmatischen Einstellung, dass es besser ist, die begrenzten Mittel einzusetzen, um mit dem Gefahrstoff sicher zu leben, als zu versuchen, ihn vollständig zu eliminieren. Langsam setzt sich auch in Deutschland diese vernünftige Denkweise durch und man ist bemüht, das zweifellos noch vorhandene Asbestproblem möglichst effektiv und kostengünstig zu lösen. Zunehmend wird darauf verzichtet, Totalsanierungen durch Entfernung des Asbestes aus verseuchten Gebäuden durchzuführen. Vielmehr ist man dazu übergegangen, lediglich Ritzen und andere Öffnungen zu versiegeln, durch die Asbestfasern, z. B. aus Dämmmaterial, in die Luft gelangen können. Auch lockerer Spritzasbest, der früher vor allem für den Brand-, Wärme- und Schallschutz eingesetzt wurde, lässt sich dadurch sanieren, dass man die lockeren Teile abwäscht und die Flächen anschließend mit einem Spezialanstrich versiegelt. In den nächsten Jahren muss außerdem verstärkt erforscht werden, ob die jetzt verwendeten Asbest-Ersatzstoffe nicht auch Gesundheitsgefahren in sich bergen. Die meisten dieser neu eingeführten Materialien sind allerdings biologisch abbaubar und deshalb weniger kritisch zu bewerten als die fast unzerstörbaren Asbestfasern.

Die endgültige Bewertung wird jedoch erst in einigen Jahren möglich sein, denn die Induzierung und Entwicklung von bösartigen Tumoren ist in der Regel ein sehr langfristiger Prozess. Ein Beobachtungszeitraum von 20–30 Jahren ist deshalb durchaus notwendig, bevor man ein abschließendes Urteil über die neuen Baustoffe abgeben kann.

Gefährliche Strahlung

Gesundheitsrisiken durch Atombombentests und Kernenergie

Die Entdeckung der Kernspaltung hat die Welt im 20. Jahrhundert so stark verändert wie vorher kaum ein anderes wissenschaftliches Ereignis. Durch die Aufklärung der atomaren Zerfallsprozesse konnte eine völlig neue und fast unerschöpfliche Energiequelle gewonnen werden. Auf dieser Basis wurde aber auch ein Waffenarsenal entwickelt, das die Ausrottung der gesamten Menschheit ermöglicht. Bei den Kernreaktionen entstehen energiereiche Strahlen, deren gesundheitsschädliche Wirkungen zunächst nicht ausreichend erkannt wurden. Deshalb trugen beispielsweise in den USA viele Soldaten schwere Strahlenschäden davon, als sie bei den ersten Atomwaffentests eingesetzt wurden und dabei nicht ausreichend vor diesen Einwirkungen geschützt waren. Erst nach den Atombombenabwürfen über Hiroshima und Nagasaki wurde klar, welch katastrophale Gesundheitsschäden die Nuklearstrahlung bei den Menschen auslöst. Letztlich sind daran in den beiden Städten mehr Menschen gestorben als an den unmittelbaren Folgen der Atombombenexplosionen.

In den Jahren nach dem 2. Weltkrieg begann deshalb eine Phase, in der die Gefahren atomarer Strahlung besonders kritisch betrachtet wurden. Das galt insbesondere auch für die zahlreichen Atombombentests, die damals von mehreren Nationen durchgeführt wurden.

Entsprechend große Aufregung rief daher in den USA eine Studie des Kinderarztes Ernest Sternglass hervor, die 1969 im „Bulletin of the Atomic Scientist“ veröffentlicht wurde. Dr. Sternglass wies anhand von statistischen Analysen nach, dass in der Zeit der atmosphärischen Atomwaffenversuche die Säuglingssterblichkeit signifikant höher lag als aufgrund von Vergleichszahlen zu erwarten war. Nachdem die meisten Nukleartests unterirdisch durchgeführt wurden, normalisierte sich die Zahl der im Säuglingsalter verstorbenen Kinder wieder. Es lag deshalb der Schluss nahe, dass die Kinder durch die freigesetzte Strahlung bei den Atombombenexplosionen in der Atmosphäre schwer geschädigt worden waren. Vor allem die US-Regierung sah sich durch diese Untersuchung unter erheblichem Druck und musste zahllose Schadensersatzforderungen befürchten. Man war deshalb sehr an einer Überprüfung der Untersuchungsergebnisse interessiert. Dabei zeigte sich, dass die Angaben von Sternglass zwar durchaus korrekt waren, vermutlich aber falsch interpretiert wurden. Der Irrtum entstand dadurch, dass Dr. Sternglass als Basis seiner Untersuchungen die jährliche Rate der Säuglingssterblichkeit in den USA von 1930 bis 1950 als Erwartungswert verwendet hatte. Die Zahl der gestorbenen Säuglinge nahm in dieser Zeit von Jahr zu Jahr ab. Die Differenz zwischen den Jahren wurde aber immer geringer, sodass die fallende Verlaufskurve sich deutlich abflachte. Sternglass berechnete nun anhand dieses Kurvenverlaufs mithilfe mathematischer Verfahren die erwartete Säuglingssterblichkeit in den Jahren nach 1950. Dabei zeigte sich, dass zwischen 1955 und 1960 die tatsächliche Säuglingssterblichkeit deutlich höher lag als die erwartete. Ab 1960 näherten sich die registrierten Sterblichkeitszahlen den Erwartungswerten wieder an. Da die meisten atmosphärischen Atombombentests gerade in die Periode 1955–1960 fielen, lag es nahe, einen ursächlichen Zusammenhang zu vermuten.

Es konnte aber gezeigt werden, dass die Sterblichkeitskurve von Säuglingen zwar schon seit Jahrzehnten eine fallende Tendenz hatte, zeitweilig aber auch erhebliche Schwankungen auftraten. Deshalb gab es mehrere Perioden, in denen die tatsächlichen Zahlen deutlich die erwarteten Werte übertrafen, obwohl zu dieser Zeit keine Atombombenversuche unternommen wurden. Sternglass hatte zwar eine zeitliche Korrelation nachgewiesen, die aber keinesfalls als Beweis für einen ursächlichen Zusammenhang gelten kann. Viele andere Faktoren wie z.B. Seuchenzüge oder neue medizinische Errungenschaften beeinflussen ebenfalls die Säuglingssterblichkeit.

Solche zufälligen Korrelationen zwischen zwei Ereignissen sind sehr häufig. Das wohl bekannteste Beispiel ist die Zahl der Störche in Hamburg, die über einen gewissen Zeitraum ähnlich schnell abnahm wie die Einwohnerzahl. Vielleicht wurde von dieser Gleichzeitigkeit die sicher irrige Vorstellung abgeleitet, dass Störche etwas mit dem Kinderkriegen zu tun haben.

Auch bei der Nutzung der Kernenergie zu friedlichen Zwecken kam immer wieder der Verdacht auf, dass die dabei entstehende Strahlung die Gesundheit der Menschen gefährden könnte, die in der Umgebung der Atomkraftwerke (AKW) wohnten. In Deutschland werden bis heute das AKW Krümmel und die nahe gelegene Gesellschaft für Kernenergieverwertung in Schiffbau und Schifffahrt (GKSS) in dieser Hinsicht besonders stark verdächtigt. Ausgangsbasis dafür war die Beobachtung, dass in der Umgebung dieser Anlagen eine vergleichsweise hohe Zahl von Leukämieerkrankungen bei Kindern auftrat. Eine Wortführerin in dieser Auseinandersetzung war vor allem die Bremer Physikerin Inge Schmitz-Feuerhake. Sie untersuchte fünf Geschwister von leukämiekranken Kindern aus der Elbmarsch und fand in deren Blutzellen eine erhöhte Zahl von Chromosomenveränderungen. Da bekannt ist, dass energiereiche Strahlung solche chromosomalen Störungen verursachen kann, stellte Frau Schmitz-Feuerhake eine kühne Theorie auf. Sie behauptete, in der GKSS oder im AKW Krümmel sei vermutlich vor einiger Zeit ein Störfall aufgetreten, der geheim gehalten worden sei. Dabei habe auch eine Freisetzung radioaktiver Strahlung stattgefunden, die für die vielen Leukämiefälle in der Elbmarsch verantwortlich gemacht werden könne. Dieser Anschuldigung wurde umgehend von den Kraftwerksbetreibern widersprochen. Sie wiesen auf das engmaschige Überwachungssystem hin, das einen solchen hypothetischen Unfall mit Sicherheit erfasst hätte. Krebsspezialisten der Universität Kiel stellten außerdem fest, dass die in der Nähe von Krümmel aufgetretenen Leukämien nicht für die Einwirkung radioaktiver Strahlung typisch sind. Eine Häufung von Schilddrüsenkrebs wäre bei einer Strahlungsverseuchung sehr viel wahrscheinlicher. Als Beweis für diese Aussage wiesen die Ärzte auf die Tschernobylkatastrophe hin. Dort ist die Zahl der Kinder mit Karzinomen der Schilddrüse stark angestiegen, während sich die Zahl der leukämiekranken Kinder kaum verändert hat.

Trotz dieser Klarstellungen machten sich die Medien und die beunruhigte Bevölkerung die Störfalltheorie zu Eigen und erzwangen eine groß angelegte und dementsprechend teure Untersuchung. Mit der Durchführung wurde Prof. Jörg Michaelis beauftragt, der das Institut für Medizinische Statistik und Dokumentation an der Universität Mainz leitet. Er überprüfte die Häufigkeit von Krebserkrankungen im Kindesalter in der Umgebung von zwanzig kerntechnischen Anlagen in Westdeutschland. Dabei wurde festgestellt, dass einige Tumortypen in der 15-km-Region um die Atomkraftwerke statistisch signifikant häufiger auftraten als in entsprechenden Vergleichsregionen. In der 5-km-Region war dieser Effekt allerdings nicht nachweisbar, obwohl man ja annehmen müsste, dass der Nahbereich ein höheres Gefährdungspotenzial hat.

Für Kinder unter fünf Jahren ergaben sich weitere merkwürdige Befunde: Bei ihnen traten in der 5-km-Region vor allem um ältere Kernkraftwerke vermehrt Leukämien auf. Eine solche Häufung von Leukämiefällen fand sich aber auch in Regionen, in denen zwar AKWs geplant waren, aber nie gebaut wurden. Für die Umgebung der Kernkraftanlagen in Krümmel bestätigte Michaelis eine im Vergleich ungewöhnlich hohe Zahl von kindlichen Leukämieerkrankungen. Da diese Ergebnisse keinesfalls dazu angetan waren, die Bevölkerung zu beruhigen, wurde eine umfangreiche Nachfolgestudie beschlossen, bei der die Daten des deutschen Kinderkrebsregisters miteinbezogen wurden. Neben der Untersuchung der neuen 5-Jahres-Periode von 1991–1995 fand auch eine Analyse für einen Gesamtzeitraum von 16 Jahren statt. Die in der Voruntersuchung erhobenen Befunde bestätigten sich dabei nicht. Das Ergebnis wurde 1999 im „Deutschen Ärzteblatt“ veröffentlicht. Prof. Michaelis fasste es so zusammen: „Damit ergibt sich auf einer großen Datenbasis, dass Krebserkrankungen bei Kindern, insbesondere auch Leukämien, nicht systematisch gehäuft in der Nähe deutscher kerntechnischer Anlagen auftreten.“

Mit dieser Aussage brachte Michaelis die Antikernkraft-Bewegung gegen sich auf, die ihm „Täuschung der Öffentlichkeit“ und „Mauscheleien“ vorwarf. Die Tatsache, dass die Studie vom Bundesumweltministerium finanziert wurde, führte zu der unhaltbaren Behauptung, dass der Studienleiter „gekauft“ worden sei. Herr Michaelis wehrte sich gegen diese Vorwürfe mit dem Hinweis, dass das ideologisch bedingte Festhalten an der „Strahlenhypothese“ den Blick für eventuell vorhandene andere Leukämieursachen verstelle. Aus einer Befragung von über 2000 Eltern, deren Kinder an Krebs erkrankt waren, habe sich beispielsweise ergeben, dass das Alter der Mutter und das Geburtsgewicht des Kindes mit einem erhöhten Leukämierisiko in Zusammenhang steht. Außerdem konnte festgestellt werden, dass geimpfte Kinder seltener an Leukämie erkranken als nicht geimpfte. Auch das Auftreten von allergischen Erkrankungen senkte das Leukämierisiko. Michaelis betonte außerdem, dass die Studie Hinweise auf eine Belastung mit Pestiziden ergeben habe, sodass man dieser Frage in Zukunft besondere Aufmerksamkeit schenken müsse. Als Hinweis auf die Wirksamkeit solcher anderen Faktoren nannte Michaelis die Gemeinde Sittensen, in der ebenfalls eine deutlich erhöhte Leukämierate bei Kindern feststellbar war, obwohl es dort weit und breit keine Kernkraftanlage gibt. Bis heute ist es allerdings nicht gelungen, die Belastungen ausfindig zu machen, die für die hohe Zahl von kindlichen Leukämien in dieser Gemeinde verantwortlich sein könnten. Die von Frau Schmitz-Feuerhake aufgestellte Theorie, dass in Sittensen eine Überdosis von Röntgenstrahlen verantwortlich sei, wurde von Prof. Horst Jung, dem Direktor des Instituts für Biophysik an der Universität Hamburg, für „schlicht absurd“ erklärt. Er sprach sogar von „wissenschaftlicher Falschmünzerei“ und wunderte sich, „mit welchem Eifer diese Blüten in Umlauf gebracht werden. Von den Medien bis hinauf zur Landesregierung.“ Herr Jung wies darauf hin, dass das in Verdacht geratene Röntgengerät gar nicht in Sittensen, sondern in Rothenburg an der Wümme gestanden habe. In der dortigen Praxis wurden auch zahlreiche Kinder aus anderen Orten der Umgebung untersucht. Dort wurde aber keine Häufung von Leukämien festgestellt.

Die eingefleischten Kernkraftgegner ließen sich aber durch solche Argumente nicht beeinflussen. Sie hielten ihre ideologisch begründeten Vorurteile weiter aufrecht und machten so einen Irrtum zum Glaubensbekenntnis. Leider erwiesen sich dagegen auch Politiker nicht als immun. Anders lässt sich kaum erklären, wieso die Landesregierung von Schleswig-Holstein Ende der neunziger Jahre des 20. Jahrhunderts nochmals eine fast 3 Millionen Euro teure Untersuchung in Auftrag gegeben hat. Die deutschen Krebsexperten sind sich in ihrem Urteil weitgehend einig: „Die Studie ist Unsinn." Und der ehemalige Hamburger Umweltsenator Fritz Fahrenholt meint: „Wenn etwas als Ursache für die Leukämiehäufungen in der Elbmarsch ausgeschlossen werden kann, so ist es das Kernkraftwerk Krümmel."

Auch bei der Tschernobyl-Katastrophe sind Irrtümer aufgetreten, die dazu geführt haben, dass die Folgen des zweifellos sehr schwerwiegenden Unfalls erheblich überschätzt wurden. So gab es 1995 in verschiedenen Medien Berichte, wonach in den 8 Jahren nach dem Unglück bereits 125000 Menschen an den Folgen der frei gewordenen Strahlung gestorben seien. Als Quelle für diese Zahl wurde der Gesundheitsminister der Ukraine genannt. Der Strahlenbiologe Albrecht Keller von der Universität München überprüfte diese Meldung später und musste feststellen, dass der Gesundheitsminister in Wirklichkeit die Gesamtzahl der in dieser Region Verstorbenen genannt hatte. Die Zahl der Strahlentoten liegt sehr viel niedriger. Aus der riesigen Helferschar von etwa 150000 Personen, die bei dem Unglück im Einsatz waren, verstarben in den ersten fünf Jahren etwa 50 Menschen an der Strahlenkrankheit. Bei vielen anderen verursachte die Strahlung Krebs, wobei vor allem bei Kindern der Schilddrüsenkrebs im Vordergrund stand. Die Zahl dieser Krebserkrankungen steigt immer noch stark an, aber da eine hohe Heilungschance besteht, sind bisher nur wenige Menschen daran gestorben. Eine deutliche Erhöhung der Anzahl von Leukämieerkrankungen konnte bis jetzt noch nicht festgestellt werden. Albrecht Keller schrieb in seinem Bericht ›10 Jahre nach Tschernobyl‹, dass insgesamt etwa 2500 Todesopfer zu beklagen seien, wobei aber auch alle mittelbaren Todesfälle durch Unfälle, Herzversagen oder Selbstmord mitgezählt wurden. Es ist schon erstaunlich, wie lange der extreme Irrtum über die Anzahl der Tschernobylopfer nicht berichtigt wurde. Vermutlich passte die Meldung so gut in das Katastrophen-Szenario, dass kaum jemand einen Anlass sah, die Zahlenangaben einer kritischen Prüfung zu unterziehen.

Umstrittener Schmutz

Allergien durch Luftverschmutzung?

Allergien beruhen auf fehlgeleiteten und übersteigerten Abwehrreaktionen des Organismus. Das Immunsystem wird dabei oft durch eigentlich harmlose Dinge wie z. B. Pflanzenpollen zunächst sensibilisiert und reagiert dann bei weiteren Kontakten vor allem mit einer überschießenden Bildung von so genannten IgE-Antikörpern. Dadurch wird eine Ausschüttung von Entzündungsstoffen (insbesondere Histamin) ausgelöst, die zur Entstehung mehr oder minder schwerer Krankheitserscheinungen führt. Eine besonders belastende allergische Erkrankung stellt das Bronchialasthma dar, weil es starke Atemnot auslöst, die mit Erstickungsangst einhergehen kann.

Obwohl man die Grundprinzipien der Allergieentstehung inzwischen ganz gut kennt, ist noch weitgehend ungeklärt, warum die Zahl der Allergiker bei uns und in anderen hoch entwickelten Staaten seit Jahrzehnten so rasant zunimmt. Nach Schätzungen des Ärzteverbandes Deutscher Allergologen (ÄDA) zeigt inzwischen schon jeder dritte Deutsche allergische Reaktionen. Zweifellos spielt bei der Allergieentstehung eine erbliche Komponente eine wichtige Rolle. Das geht aus zahlreichen Familienuntersuchungen hervor. Grob vereinfacht ergibt sich daraus folgendes Bild: Zeigen weder Eltern noch Geschwister eine Allergie, so hat ein weiteres Kind in dieser Familie ein Risiko von ca. 10 % für eine allergische Erkrankung. Reagiert ein Elternteil oder ein Geschwister bereits allergisch, steigt das Risiko auf ca. 30 %. Falls beide Eltern Allergiker sind, liegt das Risiko bei etwa 50 %, und wenn die Eltern die gleichen allergischen Symptome zeigen, steigt das Risiko sogar auf ca. 60 % oder noch höher. Da sich unser Erbgut aber nicht in wenigen Jahrzehnten wesentlich verändert haben kann, lässt sich der Anstieg der allergischen Erkrankungen nicht durch erbliche Faktoren erklären. Es müssen vielmehr noch andere Einflüsse wirksam sein, die beim Vorliegen einer entsprechenden Veranlagung zur Auslösung allergischer Reaktionen führen.

Seit den siebziger und achtziger Jahren des 20. Jahrhunderts wurde in zahlreichen wissenschaftlichen Artikeln vor allem die zunehmende Umweltverschmutzung und insbesondere die starke Belastung der Luft mit Schadstoffen für den Anstieg der Allergieerkrankungen verantwortlich gemacht. Die Medien haben diese Vorstellungen schnell aufgegriffen und oft in grob vereinfachter Form verbreitet, sodass die Bevölkerung den Eindruck gewinnen musste, diese Theorie sei zweifelsfrei durch Fakten belegt. In Wirklichkeit war jedoch nur eine zeitliche Korrelation zwischen dem Anstieg der Umweltverschmutzung und der Anzahl allergischer Erkrankungen festgestellt worden, wodurch ein ursächlicher Zusammenhang aber keinesfalls bewiesen ist.

Inzwischen hat sich die Umweltverschmutzungstheorie aber weitgehend als wenig zutreffend erwiesen. Vor allem Vergleiche zwischen Ost- und Westdeutschland haben dazu beigetragen, dass dieser Irrtum aufgeklärt werden konnte. So war beispielsweise im Winter 1992 die Schwefeldioxid-Konzentration der Luft in Erfurt fünfmal höher als in Hamburg. Die Zahl der Asthmaanfälle zeigte aber eine umgekehrte Tendenz: Sie lag in Hamburg dreifach höher als in Erfurt. Inzwischen hat sich die Luftqualität in Ostdeutschland wesentlich verbessert, aber gleichzeitig ist die Zahl der Allergiker dort stark angestiegen. Ähnliche Beobachtungen wurden auch in anderen Ländern gemacht. Im Rahmen einer internationalen Studie über Asthma und Allergie in der Kindheit (ISAAC) wurden 460 000 Kinder aus 56 Ländern untersucht und befragt. Die Allergiehäufigkeit war besonders hoch in England, Australien und Neuseeland, obwohl dort besonders strenge Grenzwerte für Luftschadstoffe bestehen. In einigen osteuropäischen Ländern und in China, wo eine starke Luftverschmutzung vorliegt, zeigten deutlich weniger Kinder allergische Reaktionen. Deutschland nimmt bei der Anzahl allergischer Erkrankungen einen Mittelplatz ein. Inzwischen wurde eine zweite weltweite ISAAC-Studie gestartet, um die Ursachen für die sehr unterschiedlichen Allergiehäufigkeiten weiter aufzuklären.

Seit man sich von der lieb gewonnenen Vorstellung verabschieden musste, dass die Umweltverschmutzung am Anstieg der allergischen Erkrankungen die Hauptschuld trägt, ist der Blick frei geworden für andere Allergie auslösende Faktoren. Dabei ist man auf hoch interessante Zusammenhänge gestoßen: Offensichtlich spielt für die Entstehung allergischer Erkrankungen eine wichtige Rolle, wie stark das Immunsystem in der frühen Kindheit gefordert wird. Wenn das Kind in einer Umwelt aufwächst, in der es oft Kontakt mit Schmutz, Keimen und Parasiten hat, werden die immunologischen Abwehrkräfte stark beansprucht und richten sich auf die Bekämpfung dieser klassischen „Feinde“ aus. Ist die Umgebung des Kindes aber weitgehend dreck- und keimfrei, „sucht“ sich das Immunsystem andere, zunächst eher harmlose, Reaktionspartner wie z.B. Hausstaubmilben, Pflanzenpollen oder Milcheiweiß. Barbara Laubstein von der Charité-Klinik in Berlin drückte das einmal so aus: „Das Immunsystem hat freie Valenzen.“

Auch in dieser Hinsicht ergaben sich wichtige Hinweise aus einem Vergleich der Lebensumstände in der ehemaligen DDR und in der BRD: Entsprechend den sozialistischen Grundprinzipien einer möglichst gleichförmigen Erziehung kamen die Kinder im ostdeutschen „Arbeiter- und -Bauern-Staat“

fast alle in eine Säuglingskrippe bzw. einen Kindergarten und waren dort früh vielen Infektionserregern ausgesetzt. Im kapitalistischen Westdeutschland lag die Zahl der Krippen- und Kindergartenkinder wesentlich niedriger und deshalb kam es deutlich seltener zum frühen Kontakt mit Infektionsträgern. Dieser Unterschied ist vermutlich eine wichtige Ursache für die wesentlich höhere Allergierate bei den westdeutschen Kindern. In einem Aufsehen erregenden Artikel in dem sehr renommierten Wissenschaftsjournal „Science" wurde 1997 der Zusammenhang zwischen Infekten und Allergien noch weiter präzisiert. T. Shirikawa und seine Mitarbeiter vom Churchill Hospital in Oxford berichteten über eine auffällige Korrelation zwischen dem starken Rückgang der Tuberkulose in den Industrieländern und der enormen Ausbreitung von Asthma und Heuschnupfen. Die Autoren erklärten den Zusammenhang damit, dass die Reaktionen auf die Tbc-Erreger das Immunsystem modifizieren und so für allergische Entgleisungen unempfindlicher machen.

Auf welche neuen Allergene das „unterbeschäftigte" Immunsystem reagiert, hängt stark von den Lebensumständen ab. Die Berliner Allergologin Renate Bergmann berichtete über folgende Beobachtungen: „In Freiburg, in der Welt der Einfamilienhäuser, haben wir das Zehnfache an Allergie auslösenden Hausstaubmilben gefunden wie in Berliner Hochhäusern." Dieser markante Unterschied hängt wohl auch damit zusammen, dass in den ostdeutschen Plattenbauten Teppichböden selten waren und durch die „windige" Bauweise immer eine gewisse „Zwangsbelüftung" herrschte. Die Hausstaubmilben fanden deshalb dort deutlich schlechtere Lebensbedingungen als in den gut isolierten und reichlich mit Teppichböden ausgestatteten Einfamilienhäusern. Auch der Münchner Kinderarzt Carl Peter Bauer stellte fest: „Eine Allergie hängt eindeutig mit dem Allergengehalt der Wohnung zusammen."

Eine andere interessante Erklärung für die starke Zunahme der Pollenallergien lieferte eine gemeinsame Studie des Instituts für Meteorologie in Zürich und der Asthmaklinik in Bad Lippspringe: Die Untersuchungen zeigten, dass seit einigen Jahren die Zahl der von Bäumen produzierten Pollen stark zunimmt. Teilweise wurden bis zu sechsfach höhere Werte als früher festgestellt. Die Autoren vermuten, dass durch die Klimaveränderungen die Bäume zunehmend früher und intensiver blühen und deshalb auch viel mehr Pollen abgeben als in der Vergangenheit. Die Anzahl der Pollen kann aber alleine auch nicht ausschlaggebend für die Zunahme der allergischen Reaktionen sein. Darauf weist der so genannte „Bauernhof-Effekt" hin, der von verschiedenen Autoren in Deutschland, Österreich und der Schweiz festgestellt wurde: Kinder, die auf Bauernhöfen aufgewachsen waren, zeigten sehr viel seltener Allergien als städtische Vergleichsgruppen, obwohl die Bauernkinder zweifelsohne mehr Pollen ausgesetzt waren. Die Münchner Allergologin Erika von Mutius hat dafür die folgende Erklärung: „Stallluft enthält eine Vielzahl verschiedener Keime und das scheint die Reifung des kindlichen Immunsystems in die richtige Richtung zu lenken." Diese Erkenntnisse haben inzwischen sogar schon dazu geführt, dass man versucht, durch Impfungen mit Bauernhof-typischen Allergenen das Entgleisen des Immunsystems bei Kindern zu verhindern. Über den Erfolg dieser Versuche ist bisher allerdings noch relativ wenig bekannt geworden.

Auch beim so genannten „Pseudokrupp" wurde lange Zeit vermutet, dass er durch die Luftverschmutzung verursacht wird. Als Pseudokrupp bezeichnet man eine Kehlkopfentzündung, die meist mit starken Hustenanfällen einhergeht. Durch eine starke Schleimhautschwellung kommt es vor allem bei kleineren Kindern zu mehr oder minder starker Atemnot. Das Bestimmungswort „Pseudo-" weist darauf hin, dass die Krankheitserscheinungen eine gewisse Ähnlichkeit mit dem „echten" Krupp haben, der bei Diphtherie auftritt. Die diphtherische Halsentzündung verläuft allerdings oft viel schwerwiegender und führte früher sehr häufig zum Tode.

Inzwischen hat sich gezeigt, dass der Pseudokrupp in der Regel nicht durch Schadstoffe in der Luft, sondern durch Viren ausgelöst wird. Vor allem die Parainfluenzaviren 1–3 werden dafür verantwortlich gemacht. Auch eine erbliche Komponente scheint eine Rolle zu spielen, denn der Pseudokrupp tritt in manchen Familien deutlich gehäuft auf. Gegen bestimmte Formen des Pseudokrupp stehen heute auch schon Impfstoffe zur Verfügung. Seitdem ist es um die Krankheit relativ ruhig geworden, während in den achtziger Jahren des 20. Jahrhunderts geradezu eine Pseudokrupp-Hysterie herrschte. Vor allem Umweltschützer forderten damals drastische Maßnahmen gegen die Luftverschmutzung, um die Zahl der Asthma- und Pseudokrupp-Erkrankungen zu senken. Inzwischen sind die Schadstoffe in der Luft stark verringert worden, aber die Zahl der Allergien und Pseudokrupp-Fälle hat sich dadurch nicht wesentlich verändert.

8. Chemie und Physik

Ein flüchtiger Stoff

Das lange Leben der Phlogistontheorie

Das Wort „Phlogiston" leitet sich von dem griechischen Verb *phlegein* = brennen ab und hat im Deutschen etwa die Bedeutung „Feuerstoff" oder „brennbares Wesen". Der Begriff wurde 1697 von Georg Ernst Stahl (1659–1734) geprägt. Er war nicht nur ein berühmter Arzt, sondern auch ein sehr vielseitiger Wissenschaftler. Zunächst unterrichtete er Medizin und Chemie an der Universität Jena, dann wurde er als Leibarzt des Herzogs Johann Ernst II. von Sachsen-Weimar berufen. 1694 erhielt er einen Ruf an die neu gegründete Universität Halle. Dort hielt er Vorlesungen über die verschiedensten Gebiete der Medizin und unterrichtete auch in Chemie.

Bei einem seiner chemischen Experimente stellte Stahl fest, dass Kohle durch das Verbrennen deutlich leichter wurde. Eine ähnliche Beobachtung hatte bereits in der Antike der griechische Philosoph Straton von Lampsakos im dritten Jahrhundert vor Christus gemacht. Er hatte Holz verbrannt und danach die zurückbleibende Asche gewogen. Den Gewichtsverlust erklärte Straton durch das Entweichen von Materie aus den Poren im Holz. Ob Stahl die Vorstellungen von Straton kannte, lässt sich heute nicht mehr feststellen. Sicher war ihm aber sein älterer Kollege Johann Joachim Becher (1635–1682) bekannt. Er war zunächst Medizinprofessor in Mainz, später wirkte er in München, Wien, Holland und England. Becher beschäftigte sich aber auch mit vielen naturwissenschaftlichen und wirtschaftlichen Themen. Er konstruierte Uhren und Mühlen sowie Rechen- und Übersetzungsmaschinen. Für die Entdeckung der Leuchtgasherstellung aus Steinkohle wurde ihm in England ein königliches Patent verliehen. Becher war aber auch überzeugter Alchimist und entwickelte in seinem Werk „Naturkündigung der Metalle" theoretisch-philosophische Vorstellungen über die Metalle und ihre Verbrennung.

Bechers noch recht verschwommene Vorstellungen über die Vorgänge bei der Verbrennung konkretisierte Stahl, indem er sich die entweichende Materie als Gas vorstellte, dem er den Namen „Phlogiston" gab. Nach seiner Theorie sollten alle brennbaren Stoffe den Feuerstoff „Phlogiston" in unterschiedlicher Dichte enthalten. Dementsprechend bezeichnete er z. B. die Kohlenasche als „dephlogistierte“ Kohle. Die Stahl’sche „Phlogistontheorie“ wurde schnell sehr populär, weil mit ihr eine ganze Reihe von chemischen Reaktionen elegant zu erklären waren. Beispielsweise wurde so verständlich, dass man verbrannte Metalle, die man damals Metallkalk nannte, durch Zugabe von bestimmten Stoffen (z.B. Kohle, Schwefel, Öl) wieder in den elementaren Zustand zurückführen konnte. Diese zugefügten Stoffe waren nach Stahls Vorstellung phlogistonreich und gaben das gasförmige Phlogiston an die dephlogistierten Metallkalke ab. Die Holzkohle, die schon seit dem Altertum bei der Metallverhüttung zum Einsatz kam, diente demnach nicht nur als Heizmaterial, sondern war chemisch an der Umwandlung des Metallkalks (dem heutigen Metalloxid) zum reinen Metall beteiligt.

Die Phlogistontheorie wurde fast 100 Jahre lang von fast allen damals wichtigen Wissenschaftlern vertreten. Man entwickelte sie zu einer Art Ordnungsprinzip weiter, indem man die Stoffe nach ihrer unterschiedlichen Brennbarkeit einstufte. Die intensive Beschäftigung mit den Verbrennungsvorgängen führte zu zahlreichen bedeutenden Fortschritten in der chemischen Forschung. Dabei wurden allerdings auch Phänomene bekannt, die mit der Phlogiston-Hypothese nicht in Einklang zu bringen waren. So stellte man beispielsweise fest, dass die aus brennbaren Metallen entstehenden Kalke und Erden schwerer waren als das Ursprungsmetall. Nach der Phlogistontheorie müssten sie eigentlich leichter werden, weil das Phlogiston bei der Erhitzung entweichen sollte. Um diesen Widerspruch aufzulösen, wurde von einigen Wissenschaftlern angenommen, dass das Phlogiston ein negatives Gewicht haben kann.

Weltweit begannen die Chemiker mit Versuchen, das Phlogistongas zu isolieren, um es genauer untersuchen zu können. In Schweden führte der Apotheker Carl Wilhelm Scheele entsprechende Experimente durch, indem er Braunstein mit konzentrierter Schwefelsäure erhitzte. Dabei beobachtete er die Entstehung eines Gases, das er anfangs als „Vitriolluft“ und nach weiteren Experimenten als „Feuerluft“ bezeichnete. Erst später stellte sich heraus, dass er den Sauerstoff entdeckt hatte. Weil das Manuskript über seine Versuche mit dem Titel ›Chemische Abhandlung von der Luft und dem Feuer‹ lange unveröffentlicht blieb, wird heute oft der geniale englische Forscher Joseph Priestley (1733–1804) als Entdecker des Sauerstoffs bezeichnet. Priestley hatte zwar eigentlich Theologie studiert, beschäftigte sich aber auch intensiv mit den Naturwissenschaften. Sein besonderes Interesse galt der Luft und den darin enthaltenen Gasen. Priestley beobachtete in einer Brauerei die Gärungsprozesse und stellte mehr oder minder zufällig fest, dass dabei ein Gas entstand, das zu Boden sank und dabei einen brennenden Holzspan zum Erlöschen brachte. Daraus schloss Priestley, dass dieses Gas schwerer war als normale Luft, und nannte es „schwere Luft". In seinem Labor gelang es ihm nach einigen Vorarbeiten „schwere Luft" herzustellen. Als er sie durch Wasser leitete, stellte er fest, dass es einen angenehm säuerlichen Geschmack bekam. Priestley, hatte damit das Sprudelwasser erfunden. Er wurde dafür mit einer königlichen Medaille ausgezeichnet.

Die Erfolge mit der „schweren Luft", die heute Kohlendioxid genannt wird, ermutigten Priestley, noch andere Gase zu studieren. Die meisten von ihnen erzeugte er dadurch, dass er Substanzen über flüssigem Quecksilber erhitzte. Die entstehenden Gase fing er in Gasbehältern auf und untersuchte sie weiter. Als Priestley Quecksilberoxid erhitzte, entstand ein farbloses Gas, das er über die Flamme einer Kerze leitete. In seinem 6-bändigen Werk ›Experimente und Beobachtungen mit verschiedenen Arten von Luft‹ beschrieb er die folgende Reaktion: „... Aber was mich mehr überraschte als ich ausdrücken kann, war, daß die Kerze mit dieser Luft mit einer bemerkenswert heftigen Flamme brannte." Priestley führte mit dieser „neuen Luft" weitere Versuche durch. Dabei entdeckte er, dass eine Maus, die er in einem luftdichten Behälter dieses Gas einatmen ließ, etwa doppelt so lange lebte wie wenn er normale Luft in den Behälter füllte. Wegen dieser positiven Wirkung nannte er das neu entdeckte Gas zunächst „gute Luft". Da Priestley ein überzeugter Anhänger der Phlogistontheorie war, nahm er an, dass das Gas aus Luft durch den Entzug von Phlogiston entstanden war. Er gab ihm deshalb auch den Namen „dephlogistierte Luft". Wenig später entdeckte Priestley bei Versuchen mit Pflanzen, dass sie dephlogistierte Luft erzeugten.

Seine Beobachtungen teilte Priestley dem berühmten französischen Chemiker Antoine Laurent Lavoisier (1743–1794) brieflich mit. Dieser hatte das in dem Brief beschriebene Gas durch die Erhitzung von Eisenoxid auch schon hergestellt, aber seine Bedeutung zunächst nicht erkannt. Erst Priestleys Mitteilung animierte ihn zu weiteren systematischen Experimenten. Dabei untersuchte er insbesondere die Reaktionen von Zinn, Blei, Quecksilber, Kupfer und Eisen bei der Verbrennung. Lavoisier konnte nachweisen, dass das von Priestley beschriebene Gas in der normalen Luft enthalten ist. Als er die Metalle unter Luftzufuhr erhitzte, stellte er fest, dass das Gas sich mit den Metallen verbindet und dadurch der Luft entzogen wird. Bei diesem Vorgang wurde etwa ein Fünftel der Luft verbraucht. Lavoisier wurde durch diese Versuche klar, dass er ein neues Element entdeckt hatte. Er gab ihm den Namen „Oxygen", was „Säurebildner" bedeutet. Lavoisier wählte diese Bezeichnung, weil er meinte, dass alle Säuren Sauerstoff enthalten. Erst wesentlich später wurde erkannt, dass es durchaus auch sauerstofflose Säuren gibt.

Die Entdeckung des Sauerstoffs führte Lavoisier zu der Erkenntnis, dass die Phlogistontheorie der Verbrennung auf einem Irrtum beruhte. Beim Verbrennungsvorgang kommt es offenbar zu einer Sauerstoffbindung, der so genannten Oxidation. Durch das Hinzukommen des Sauerstoffs wird der oxidierte Stoff schwerer. Im Rahmen eines Reduktionsvorgangs kann der Sauerstoff auch wieder freigesetzt werden, wodurch das Gewicht der Substanz zurückgeht. Der von Stahl beobachtete Gewichtsverlust beim Verbrennen von Kohle beruht demnach nicht auf dem Entweichen von Phlogiston, sondern auf dem Verlust von Materie infolge der Rauchbildung.

Die neuen Erkenntnisse von Lavoisier über die chemischen Vorgänge bei der Verbrennung wurden aber keineswegs ohne Widerspruch akzeptiert. Vor allem Priestley blieb bis ans Ende seines Lebens ein überzeugter Anhänger der Phlogistontheorie und bekämpfte deshalb die moderne Lehre mit allen Mitteln. Auch der eigentliche Sauerstoff-Entdecker Carl Wilhelm Scheele konnte sich zeitlebens nicht mit der Oxidations- und Reduktionstheorie anfreunden, sondern beharrte weiter auf der Existenz des Phlogistons. Trotzdem war er ein sehr erfolgreicher Chemiker, der unter anderem die Zusammensetzung vieler Säuren aufklärte und sich schließlich in Schweden durchaus wohlhabend zur Ruhe setzte. Lavoisier ereilte ein schlimmeres Schicksal: Er wurde während der Französischen Revolution verhaftet und schließlich auf der Guillotine hingerichtet. Dieses unschöne Ende hatte allerdings nichts mit Lavoisiers wissenschaftlicher Tätigkeit zu tun, sondern mit der Tatsache, dass er auch als Steuereintreiber tätig war. Erst viel später bedauerten die Franzosen, dass sie einen ihrer größten Wissenschaftler zu Lebzeiten sehr schlecht behandelt hatten, und überhäuften ihn postum mit zahlreichen Ehrungen.

Auch Priestley hatte große Probleme. Wegen seiner religiösen und politischen Ansichten musste er als 61-Jähriger England verlassen und nach Amerika auswandern. Dort bot man ihm eine Professur für Chemie an, die er aber ablehnte. Er zog sich in ein kleines Dorf in Pennsylvania zurück und führte bis zu seinem Tode in einem kleinen Labor chemische Experimente durch. In England wurde er erst viele Jahre später rehabilitiert.

Bei dem zählebigen Phlogiston-Irrtum zeigte sich ein Phänomen, das in der Geschichte der Naturwissenschaften häufiger zu beobachten ist: Wenn eine Theorie lange Zeit besteht und von vielen angesehenen Wissenschaftlern akzeptiert und als Lehrmeinung vertreten wird, so verwandelt sich die Hypothese langsam in eine Art Dogma, an dem Zweifel eigentlich nicht mehr erlaubt sind. Wer sich an diese ungeschriebene Regel nicht hält, gerät leicht in den Ruf eines Außenseiters und riskiert damit seine Karriere. Dieser Effekt führt nicht selten dazu, dass manche Theorien äußerst langlebig sind, obwohl sie auf einem grundlegenden Irrtum beruhen, der bei kritischer Prüfung der Fakten durchaus schon recht früh hätte erkannt werden können.

Große Teilchen

Die Entdeckung der Makromoleküle

Als Makromoleküle bezeichnet man Moleküle, die aus über 1000 miteinander verbundenen Atomen bestehen und dadurch eine sehr große Molekularmasse von vielen tausend Dalton erreichen können. Dalton ist die Masseneinheit, die nach dem englischen Physiker John Dalton (1766–1844) benannt wurde.

Dass es so große Moleküle gibt, ist erst seit etwa 1920 bekannt. Sie hatten sich allerdings schon früher bei chemischen Synthesen unangenehm bemerkbar gemacht. Anstelle der gewünschten Substanz entstand dabei manchmal in den Reagenzröhrchen ein klebriger Brei, der sich kaum mehr in Lösung bringen ließ. Es ist vor allem das Verdienst von Hermann Staudinger, das Rätsel dieser bei Chemikern als „Pampe“ gefürchteten Synthesestörungen mithilfe des Konzepts der Makromolekülbildung aufgeklärt zu haben. Die von ihm vorrangig untersuchten fadenförmigen Zellulose-Makromoleküle entstanden nach Staudingers Vorstellungen durch „Polymerisation“. Damit bezeichnete er „alle Prozesse, bei denen zwei oder mehrere Moleküle sich zu einem Produkt mit gleicher Zusammensetzung, aber höherem Molekulargewicht vereinigen“. Heute unterscheidet man die Polymerisation nach den zugrunde liegenden chemischen Reaktionsmechanismen in Polykondensation und Polyaddition.

Staudinger konnte sich allerdings recht lange nicht mit seinen Vorstellungen durchsetzen. Als er 1925 an der Eidgenössischen Technischen Hochschule (ETH) Zürich darüber einen Vortrag hielt, entgegneten ihm die Kollegen, dass Moleküle mit einer Masse von mehr als 5000 Dalton gar nicht existenzfähig sein könnten. Die anfängliche Ablehnung des Makromolekül-Konzepts kam vor allem von Vertretern der damals sehr stark vertretenen Kolloidchemie. Sie hielten die von Staudinger beschriebenen Partikel für kolloidale Aggregate. Als Kolloid wird ein System aus zwei oder mehreren Stoffen bezeichnet, die einen Mischungszustand zwischen niedermolekularer Mischung und grobkörnigem Gemenge bilden. Den Kolloiden wurden auch vielfältige Funktionen in der belebten Natur zugesprochen. Wolfgang Oestwald, der als Vater der Kolloidchemie gilt, schrieb dazu 1910: „Eine Fülle von Erscheinungen in der organisierten Substanz findet schon jetzt durch den

Vergleich mit den entsprechenden Eigentümlichkeiten kolloidaler Gebilde im Reagenzglas ihre entsprechende Erklärung ... Die Kolloidchemie ist heute das gelobte Land der allgemeinen Biologie.“

Die Biologen erlagen diesem verlockenden Angebot und betrachteten die Zelle als ein kolloidales System. Die Anwendung der Gesetze der Kolloidchemie auf natürliche Strukturen und Lebensfunktionen erwies sich jedoch als Irrweg und behinderte für lange Zeit den wissenschaftlichen Fortschritt auf dem Gebiet der Zellbiologie. Erst die Arbeiten von Hermann Staudinger an Naturstoffen wiesen auch der Biologie den richtigen Weg. Für seine Experimente wählte Staudinger allerdings kein sehr geeignetes Makromolekül aus. Er arbeitete nämlich zunächst vor allem mit Zellulose. Um sie genauer untersuchen zu können, musste sie erst in Lösung gebracht werden. Dabei zerfiel das große fadenförmige Molekül oft durch zufällige Spaltungsvorgänge in unterschiedlich lange Teilstücke, sodass verschiedene Molekülmassen auftraten. Die Versuchsergebnisse widersprachen deshalb zum Teil den Erwartungen Staudingers. Trotz der experimentellen Schwierigkeiten gelang es Staudinger aber durch zähe Beharrlichkeit und zielstrebige Arbeit sein Makromolekülkonzept zu beweisen und schließlich auch die Kollegen davon zu überzeugen. Sein Polymerisationsprinzip erklärte nicht nur den Aufbau zahlreicher Naturstoffe, sondern legte auch die Grundlagen für die Kunststoffchemie. Der Durchbruch zur Umsetzung dieser neuen Erkenntnisse für die großtechnische Herstellung von vielfältigen Kunststoffen gelang später vor allem Guilio Natta und Karl Ziegler mit der Polymerisation von Ethylen durch Einsatz von geeigneten Katalysatoren.

Mit der Erforschung der Makromoleküle begann Staudinger schon 1912, nachdem er als Professor für Organische Chemie an die ETH-Zürich berufen worden war. Als dort seine Arbeiten aber nicht die entsprechende Anerkennung und notwendige Unterstützung erfuhren, folgte Staudinger einem Ruf an die Universität Freiburg im Breisgau. Dort dauerte es jedoch auch noch bis 1940, bevor Staudinger zum Leiter der neu gegründeten Abteilung für Makromolekulare Chemie ernannt wurde. Diese Verzögerung hatte allerdings weniger wissenschaftliche als vielmehr politische Gründe: 1933 wurde nämlich der berühmte Philosoph Martin Heidegger Rektor der Universität Freiburg. Er trat demonstrativ am „Tag der Nationalen Arbeit“ der NSDAP bei und übte sein Amt im Sinne der NS-Ideologie aus. Dabei geriet Staudinger in sein Visier, weil er während des Ersten Weltkrieges pazifistische Artikel geschrieben hatte. Als besonders verwerflich empfand Heidegger, dass Staudinger sich während seiner Zeit in Zürich um die Schweizer Staatsbürgerschaft beworben hatte. Diese „Vergehen“ sollten nach Heideggers Meinung mit der Entlassung aus dem Hochschuldienst geahndet werden. Der Kultusminister kam vor allem wegen der belastenden Aussagen von Heidegger zu folgendem Schluss: „Aufgrund dieser Tatsachen kommt Prof. Dr. Staudinger als Erzieher für die deutsche akademische Jugend nicht mehr in Betracht." Staudinger wurde vorgeladen und musste selbst einen Antrag auf Entlassung stellen. Als einziges Zugeständnis wurde ihm versprochen, dass der Antrag noch für ein halbes Jahr ruhen würde. Man wollte abwarten, ob „neuerliche Bedenken" auftauchen.

Glücklicherweise trat Heidegger 1934 als Rektor zurück. Danach durfte Staudinger seinen Entlassungsantrag zurückziehen. Inzwischen hatten wohl auch die Nationalsozialisten erkannt, dass die Forschungen Staudingers nicht nur eine große wissenschaftliche Bedeutung hatten, sondern auch für die Wirtschaft von unschätzbarem Wert waren.

Die Chemieunternehmen begannen mit der Produktion von vielfältigen makromolekularen Stoffen, die zum Teil auch für die Kriegswirtschaft von großer Bedeutung waren. Vor allem aus diesen Gründen wurde 1940 in Freiburg die „Forschungsabteilung für makromolekulare Chemie am Chemischen Universitätslaboratorium" gegründet, dessen Leitung Staudinger übernahm. Es war damals in Europa das erste Forschungsinstitut, das auf die Erforschung der Polymere spezialisiert war. Gegen Ende des Zweiten Weltkriegs wurde es durch Bomben zerstört. Staudinger baute es nach dem Krieg mühsam wieder auf. 1951 wurde es nach Staudingers Emeritierung in ein staatliches Forschungsinstitut umgewandelt und von der Universität abgetrennt. Staudinger blieb bis 1956 Leiter dieses Instituts. Danach wurde es wieder von der Universität übernommen und ist heute im „Hermann-Staudinger-Haus" untergebracht.

1953 erhielt Hermann Staudinger den Nobelpreis für Chemie als Anerkennung für die Begründung der makromolekularen Chemie. In der Laudatio sagte ein Mitglied des Nobelpreiskomitees, dass „die Entwicklung dieser Disziplin nicht gerade das Bild eines friedlichen Zusammenlebens zwischen Forschern" geboten habe. Staudinger verstarb 1965 in Freiburg im Alter von 84 Jahren. 1999 ehrte die Gesellschaft Deutscher Chemiker gemeinsam mit der American Chemical Society das Lebenswerk Staudingers, indem sie es zum „Historischen Meilenstein der Chemie" ernannten. In der Laudatio hieß es: „Indem wir die Begründung der Polymerwissenschaften als Internationalen Chemischen Meilenstein kennzeichnen, würdigen wir eine der größten wissenschaftlichen Entdeckungen des 20. Jahrhunderts. Sie hat weitreichende technische Fortschritte möglich gemacht, die unser Leben verändert haben." Dieses Lob ist keineswegs übertrieben, wenn man sich die heutigen Anwendungsbereiche der polymeren Kunststoffe vor Augen führt: Sie reichen vom Fahrzeugbau über die Luft- und Raumfahrt bis zur Elektrotechnik und Mikroelektronik. Polymere sind aber auch aus der Medizin sowie der Textil- und Lebensmittelindustrie nicht mehr wegzudenken.

Aber nicht nur für die Chemie hatten die Forschungsergebnisse Staudingers überragende Bedeutung. Auch die Biologie profitierte sehr stark davon, indem sie sich von der Kolloidhypothese löste und das Makromolekülkonzept auf die Struktur der lebensnotwendigen Eiweißverbindungen übertrug. In diesem Bereich kommen vor allem dem schwedischen Wissenschaftler Theodor Svedberg die größten Verdienste zu. Er konnte 1924 mithilfe der von ihm entwickelten Ultrazentrifuge nachweisen, dass alle Teilchen des Blutfarbstoffs Hämoglobin gleich schnell sedimentieren. Damit war bewiesen, dass sie die gleiche Molekülmasse hatten. Daraus folgerte Svedberg, dass Hämoglobin kein kolloidales Aggregat ist, sondern ein definiertes Makromolekül. Nach zahlreichen anderen Experimenten wurde klar, dass diese Schlussfolgerung für alle Proteinmoleküle zutrifft. Während Svedberg den Kolloidirrtum aufklärte, unterlief ihm aber bei der Interpretation seiner grandiosen Forschungsergebnisse selbst ein folgenschwerer Irrtum: Die Molekülgewichte, die er bei seinen Zentrifugationsexperimenten fand, ergaben fast immer 17 500 oder ein Vielfaches davon. Er glaubte darin eine Gesetzmäßigkeit entdeckt zu haben, die als „Svedberg'sche Regel" auch in die Literatur einging. Es dauerte zwanzig Jahre, bis sich herausstellte, dass diese Regel keine Gültigkeit hat. Trotzdem wurde der Sedimentationskoeffizient nach Svedberg benannt. Er erhielt auch zweifellos zu Recht schon 1926 für seine hervorragenden wissenschaftlichen Leistungen den Nobelpreis.

1951 konnte der englische Chemiker Alexander Todd nachweisen, dass nicht nur die Proteine, sondern auch die Nukleinsäuren als Makromoleküle einzustufen sind. Er wurde dafür in den Adelsstand erhoben. Zwei Jahre später entdeckten James Watson und Francis Crick, dass die Erbsubstanz Desoxyribonukleinsäure (DNS) ein großes doppelsträngiges Makromolekül ist, das eine Spiralform aufweist. Sie wurden ebenso wie Todd für ihre bahnbrechenden Entdeckungen mit dem Nobelpreis ausgezeichnet.

Russische Sensation

Die Affäre um das „Polywasser"

Als „Polywasser" wurde in den 60er Jahren des 20. Jahrhunderts eine besondere Art von Wasser bezeichnet, die in einem russischen Institut entdeckt worden war und damals auf der ganzen Welt für großes Aufsehen sorgte. Die Bezeichnung „Polywasser" wurde allerdings nicht in Russland geprägt, sondern in Amerika, weil dort zwei Wissenschaftler aufgrund von Spektralmessungen zu der Auffassung gelangt waren, dass das anomale russische Wasser ein Polymer aus H_2O-Molekülen darstellt.

Begonnen hatte die rasante wissenschaftliche Karriere des Polywassers 1961 in dem russischen Provinzstädtchen Kostroma. Dort erforschte der noch ziemlich unbekannte Chemiker Nikolai Fedjakin in einem kleinen Hochschulinstitut das Verhalten von Flüssigkeiten in haarfeinen Quarzkapillaren. Bei einem seiner Versuche schloss er in einer solchen Kapillare mehrfach destilliertes Wasser tagelang unter Vakuum ein. Dabei konnte er beobachten, dass sich im oberen, zunächst flüssigkeitsfreien Teil des Röhrchens ein winziger Tropfen bildete. Im Laufe von Wochen vergrößerte er sich, während das eingeschlossene Wasser weniger wurde. Fedjakin öffnete die Kapillare und stellte fest, dass die neu entstandene Flüssigkeit zähflüssig war. Da er bei den Versuchen immer nur hochreines Wasser eingesetzt hatte, schloss Fedjakin aus seinen Ergebnissen, dass eine „allomorphe Modifikation" eingetreten war. So bezeichnen Chemiker das Vorkommen verschiedener Zustandsformen einer Substanz. Von Wasser war bisher allerdings nur bekannt, dass es je nach Temperatur von einem flüssigen in festen oder gasförmigen Zustand übergehen kann.

1962 hörte Professor Boris Derjagin von dem erstaunlichen Forschungsergebnis aus der Provinz. Er war damals Direktor des Instituts für Physikalische Chemie der Sowjetischen Akademie der Wissenschaften in Moskau. Umgehend holte er Fedjakin an sein Institut und richtete für ihn ein eigenes Labor ein. Gemeinsam verbesserten die beiden Forscher das Verfahren zur Gewinnung dieses „anomalen Wassers" so weit, dass sie schließlich ausreichend von der gelartigen Substanz hatten, um ihre Eigenschaften genauer zu bestimmen. Sie wichen erheblich von denen des normalen Wassers ab. Der Siedepunkt lag nicht bei 100° C, sondern bei 300° C und der Gefrierpunkt wurde erst bei –40° C erreicht. Das spezifische Gewicht war deutlich höher als beim bisher bekannten H_2O, die Viskosität betrug sogar das 15fache. Die Ergebnisse waren so interessant, dass Derjagin in seinem Institut eine neue Arbeitsgruppe zur systematischen Erforschung des anomalen Wassers bildete. Zeitweilig waren in diesem Bereich 39 Mitarbeiter beschäftigt.

Die Resultate der Untersuchungen wurden zunächst nur in sowjetischen Zeitschriften publiziert. Deshalb dauerte es fast fünf Jahre, bis man auch außerhalb Russlands davon Kenntnis nahm. Dafür ausschlaggebend war ein Vortrag, den Derjagin 1966 bei den berühmten „Faraday-Diskussionen" im englischen Nottingham hielt. Dort beschrieb er ausführlich, wie das „anomale Wasser" hergestellt wurde und welche Eigenschaften es hatte. Außerdem äußerte er die Vermutung, dass der zähflüssige Zustand die eigentlich stabile Form des Wassers darstelle. Britische Wissenschaftler wiederholten die beschriebenen Experimente und erzielten das gleiche Ergebnis wie Derjagin und Fedjakin. Brian Pethika, der Direktor des großen Unilever-Forschungszentrums in der Nähe von Liverpool, kam zu der Überzeugung, dass das anomale Wasser auch für die Lebensmitteltechnologie von großer Wichtigkeit sein könnte. Er stoppte deshalb einige laufende Forschungsprojekte und ließ die freigesetzten Wissenschaftler das anomale Wasser erforschen.

Da die Forschungen weitgehend geheim gehalten wurden, erfuhren die Amerikaner erst 1968 von dem russischen Wunderwasser. Sie fürchteten ähnlich wie bei der Weltraumforschung gegenüber den Russen ins Hintertreffen zu geraten. Der Schock, dass Juri Gagarin 1961 als erster Mensch einen Weltraumflug angetreten hatte, war damals in den USA noch stark wirksam. Deshalb wurden für die Erforschung des Polywassers schnell große und teure Projekte gestartet. Die amerikanischen Forscher setzten die neuesten und empfindlichsten Analyseapparate ein, um möglichst rasch zu ergründen, wie es zu dieser höchst ungewöhnlichen Veränderung in der Molekülstruktur des Wassers kommt. Vor allem Ellis R. Lippincott von der Universität Maryland und Robert Stromberg vom amerikanischen Eichamt waren in dieser Hinsicht besonders erfolgreich. Sie veröffentlichten 1969 in dem hoch angesehenen Wissenschaftsjournal „Science" einen Artikel über ihre Spektralanalysen. Darin berichteten sie, dass in dem anomalen Wasser eine Verkettung der H_2O-Bestandteile zu riesigen Makromolekülen aufgetreten sei. Eine solche Polymerisation kannte man aus der Herstellung von Kunststoffen wie z.B. das Polyäthylen. Die Arbeit der beiden amerikanischen Forscher erregte großes Aufsehen. Auch in den Medien wurde ausführlich darüber berichtet, da das geheimnisvolle Wasser angeblich auch gefährlich sein konnte. Das behauptete jedenfalls F. J. Donahoe vom Wilkes-Institut in Pennsylvania. Er schrieb, dass Polywasser wahrscheinlich die gefährlichste Substanz auf der ganzen Welt sei, weil es die Fähigkeit habe, normales Wasser in einen anderen Aggregatzustand zu überführen. Wenn auch nur Spuren aus dem Labor in die

Umwelt gelangten, so würde sich möglicherweise alles Wasser in ein zähflüssiges Gel verwandeln und damit für die gesamte belebte Natur unbrauchbar werden.

Nach diesem Bericht begann sich auch das Pentagon für das Polywasser zu interessieren und stellte erhebliche Forschungsmittel zur Verfügung. Dementsprechend schwoll die Zahl der Veröffentlichungen an. In dem Zeitraum 1969–71 wurden jährlich mehr als 100 Artikel zu diesem Thema publiziert. In dieser Publikationswelle gingen zunächst die wenigen kritischen Stimmen weitgehend unter. Beispielsweise schrieb der Professor für Physikalische Chemie an der Universität von Kalifornien Joel H. Hildebrand in einem Leserbrief in „Science“: „Die Verfechter des Polywassers in den Seiten von ‚Science‘ und anderswo mögen daran interessiert sein zu erfahren, dass einige von uns Schwierigkeiten haben, deren Produkt zu schlucken. Ein Grund dafür ist, dass uns der Inhalt eines Gefäßes skeptisch stimmt, auf dessen Etikett ein neuartiger Name steht, jedoch keine klare Inhaltsangabe. Ein anderer Grund: Uns erscheint die Natur einer angeblich reinen Flüssigkeit, die nur von bestimmten Personen nach merkwürdigen Verfahren hergestellt werden kann, verdächtig ... wenn eine stabilere Art des Wassers möglich wäre, halten wir es für schwer verständlich, dass überhaupt noch gewöhnliches Wasser auf der Erde übrig geblieben ist.“ Am Ende seines Leserbriefes äußerte Hildebrand die Vermutung, dass in den Kapillaren sich ein Gemisch aus Wasser und winzigen Siliziumteilchen gebildet haben könnte.

Auf den Leserbrief reagierte Prof. Leland C. Allen von der Princeton-Universität mit dem Vorwurf, dass sich der Kollege Hildebrand sehr unwissenschaftlich geäußert habe. Allen hatte ebenso wie sein Kollege Peter Kollmann quantentheoretische Berechnungen durchgeführt, mit denen die Existenz des Polywassers erklärt werden konnte. Wegen der grundsätzlichen Bedeutung des Polywassers empfahl Allen es als „Modell eines idealen Forschungsthemas“.

Einen besonders originellen Beitrag zur Polywasserdiskussion lieferte Richard Feynman, der 1965 zusammen mit zwei anderen Wissenschaftlern den Nobelpreis für Physik erhalten hatte. Er schrieb: „Eine Substanz wie Polywasser kann es nicht geben, denn gäbe es sie, so würde bestimmt auch ein Tier existieren, das keine Nahrung braucht. Es würde Wasser trinken und Polywasser ausscheiden.“ Feynman bezog sich mit dieser Stellungnahme darauf, dass bei der chemischen Umsetzung Energie freigesetzt werden müsste, die für die Existenz eines Lebewesens ausreichen würde.

Auch in Moskau war inzwischen eine heftige Diskussion über das Polywasser entbrannt. Auf einer Tagung der Sowjetischen Akademie der Wissenschaften wurde Derjagin nach seinem Vortrag von dem Spektroskopie-Spezialisten V. L. Talrose scharf angegriffen. Er warf Derjagin vor, die von ihm stammenden Polywasserproben seien mit Fetten und anderen Stoffen verunreinigt gewesen.

Wenig später meldete Dennis Rousseau von der Universität in Südkalifornien, dass Polywasser hauptsächlich aus Natrium und Kalium bestehe. Die Substanzen hätten sich vermutlich aus den Quarzkapillaren gelöst. 1971 führten Allen und Kollmann neue Berechnungen durch und widerriefen danach ihre vorher mitgeteilten Ergebnisse. Derjagin selbst schickte erst 1973 einen Leserbrief an die Wissenschaftszeitschrift „Nature", in dem er einräumte, dass das russische Spezialwasser „auf Verunreinigungen und nicht auf die Existenz von polymeren Wassermolekülen zurückzuführen" war. Danach wurde es auch in Russland still um das Polywasser. Als Überbleibsel dieses großen wissenschaftlichen Irrtums ruhen seitdem mehr als 500 Publikationen in den Bibliotheken der ganzen Welt. Die Blamage wäre den Wissenschaftlern erspart geblieben, wenn jemand in den Arbeiten des berühmten französischen Chemikers Lavoisier nachgelesen hätte. Er hatte nämlich schon vor 200 Jahren festgestellt, dass sehr langes Kochen von Wasser in einem versiegelten Glaskolben zu einer Eindickung führt. Als Ursache konnte Lavoisier nachweisen, dass sich allmählich Bestandteile des Glases herauslösen und das Wasser verändern. Diese Versuchsergebnisse waren aber leider im Laufe der Zeit in Vergessenheit geraten.

Umstrittener Ätherwind

Die Erforschung des Lichts

Der große englische Gelehrte Isaac Newton (1643–1727) war ein sehr vielseitiger Forscher, der die Physik in mehreren Bereichen ganz wesentlich beeinflusst hat. Sein besonderes Interesse galt aber zweifellos der Natur des Lichts. Schon als Jugendlicher beschäftigte er sich mit einfachen optischen Versuchen. Als 1665 in England die Pest wütete, wurde auch das Trinity College in Cambridge geschlossen, an dem der 22-jährige Newton studierte. Er kehrte deshalb in sein Heimatdorf zurück und widmete sich dort intensiv der Erforschung von Lichtphänomenen. Bei einem seiner ersten Versuche ließ er durch ein Loch im geschlossenen Fensterladen Sonnenlicht auf ein dreikantiges Prisma fallen. Zu seinem Erstaunen zeigte sich auf der gegenüberliegenden weißen Wand des Zimmers ein Farbband, das alle Farben des Regenbogens enthielt. Newton hatte damit entdeckt, dass sich weißes Licht in die Farben

Rot, Orange, Gelb, Grün, Blau, Indigo und Violett zerlegen lässt. Heute wird nicht mehr zwischen Indigo und Violett unterschieden. Newton hatte die beiden Farben getrennt aufgeführt, weil ihm die Idee gefiel, dass die Farbskala der 7-stufigen Notenskala entsprach. Dem durch das Prisma entstandenen Farbband gab Newton den Namen „Spektrum". Diese Bezeichnung hat sich bis heute erhalten.

Nach der Entdeckung der Spektralfarben unternahm Newton noch zahlreiche Versuche, bevor er seine Theorie über die Entstehung des Lichtspektrums veröffentlichte. Er stellte sich mit seiner neuen Hypothese in einen deutlichen Gegensatz zu der damals herrschenden Lehrmeinung, die davon ausging, dass die Farben durch eine Verunreinigung des weißen Lichts mit materiellen Substanzen entstehen. Dementsprechend heftig fiel die Kritik der zahlreichen Kollegen aus. Die ablehnende Reaktion verärgerte Newton so, dass er 1672 gegenüber dem Sekretär der Londoner Royal Society äußerte: „Ich hatte den Gedanken, eine andere Abhandlung über die Farben zu schreiben, um sie in einer Ihrer Versammlungen vorzutragen. Doch finde ich es wider meine Neigung, für diesen Gegenstand nochmals die Feder auf das Papier zu setzen."

1704 veröffentlichte Newton dann aber noch eine weitere sehr ausführliche Arbeit über seine optischen Studien. Viele seiner Ausführungen haben sich später als richtig erwiesen, aber in einem wesentlichen Punkt irrte sich der geniale Forscher. Er war nämlich davon überzeugt, dass Licht aus kleinsten Körperchen, so genannten „Korpuskeln" besteht. Wegen Newtons großer Berühmtheit blieb diese falsche Vorstellung fast ein Jahrhundert erhalten. Erst der britische Arzt und Physiker Thomas Young (1773–1829) entdeckte 1802 bei Interferenzversuchen die wellenartige Ausbreitung des Lichts. Er berechnete auch die Wellenlängen der verschiedenen Spektralfarben. Die Wellennatur des Lichts veranlasste kritische Physiker aber bald zu der Frage nach dem Stoff, in dem sich die Lichtschwingungen ausbreiten könnten. Es entstand die Vorstellung, dass das Weltall von einem extrem feinen Medium ausgefüllt ist, das man „Weltäther" nannte. Diese „Ätherhypothese" wurde für über 50 Jahre zur allgemein akzeptierten Lehrmeinung.

Auch der amerikanische Physiker Albert A. Michelson war ein Anhänger dieser Theorie. Er begann 1881 mit Versuchen zur Messung der Geschwindigkeit, mit der sich die Erde bewegt. Er ging dabei von der Überlegung aus, dass sich die Erde im Weltäther bewegt und ihn dabei selbst in Bewegung versetzt, so dass ein so genannter Ätherwind entsteht. Die Geschwindigkeit des Lichts sollte mit dem Ätherwind zunehmen. Senkrecht zur Richtung des Ätherwindes sollte das Licht jedoch seine normale Geschwindigkeit aufweisen. Mit Hilfe von Messungen der Lichtgeschwindigkeit in verschiedenen Richtungen glaubte Michelson deshalb die Geschwindigkeit der Erde bestimmen zu können. Als eine Ausgangsbasis nahm Michelson die Geschwindigkeit, mit der sich die Erde auf der Sonnenumlaufbahn bewegt. Sie wurde auf etwa 30 km pro Sekunde geschätzt. Die Geschwindigkeit des Lichts war mit ca. 300 000 km pro Sekunde um ein Vielfaches höher. Aus diesem riesigen Unterschied konnte Michelson schon erkennen, dass die Abweichungen der Lichtgeschwindigkeit, die er messen wollte, winzig klein sein mussten.

Um trotzdem brauchbare Ergebnisse zu erzielen, entwickelte Michelson eine Messvorrichtung, die nach dem Interferenzprinzip arbeitet und deshalb Michelson-Interferometer genannt wird. In diesem Gerät wird ein Lichtstrahl durch einen teildurchlässigen Spiegel, genannt Strahlteiler, in zwei zueinander senkrecht verlaufende Teilstrahlen aufgespalten. Jeder Teilstrahl wird an einem senkrechten Spiegel in seine Strahlrichtung zurückreflektiert, sodass, nach dem erneuten Durchgang durch den Strahlteiler, beide Teilstrahlen wieder überlagert sind und dann die Interferenzstrukturen erzeugen. Mit diesem Messprinzip war es theoretisch möglich, Unterschiede von einem milliardstel Meter zu erkennen. Die Versuche führte Michelson mehrfach durch, wobei er aber seine Apparatur immer wieder drehte. Durch die Wirkung des Ätherwindes sollte dabei je nach Stellung des Messgerätes die Lichtgeschwindigkeit geringfügig erhöht oder erniedrigt werden, was in den Interferenzstreifen zu Änderungen führen würde. Da durch die Erdrotation der Ätherwind seine Richtung ändern konnte, musste Michelson seine Messungen auch zu verschiedenen Tageszeiten durchführen. Ebenso spielte die Stellung der Erde zur Sonne eine wichtige Rolle, sodass auch in verschiedenen Jahreszeiten gemessen werden musste. Es war zu erwarten, dass zu bestimmten Jahreszeiten minimale bzw. maximale Geschwindigkeiten des Ätherwindes auftreten würden. Aus der Differenz hoffte Michelson die Bewegung unseres gesamten Sonnensystems errechnen zu können.

Eine wichtige Voraussetzung für alle diese Versuche war, dass die Wegstrecken für die Lichtstrahlen immer gleich blieben. Es erwies sich als sehr schwierig, diese Grundeinstellung der Messapparatur wirklich vollkommen konstant zu halten. Michelson stellte fest, dass schon ein Gewicht von etwa 30 g genügte, um den Spiegelarm seiner sehr massiv gebauten Apparatur so abzulenken, dass die Ergebnisse der Messungen drastisch verändert wurden. Auch Temperaturdifferenzen von einem hundertstel Grad oder geringste Bodenerschütterungen beeinflussten die Messungen erheblich.

Bei der ersten Versuchsserie, die Michelson 1881 durchführte, arbeitete er mit recht kurzen Wegstrecken von 1,2 Metern. Die Berechnungen ergaben, dass der Ätherwind bei der Drehung der Apparatur eine Differenz der Lichtgeschwindigkeit bewirken musste, die etwa einem Zehntel eines Interferenzstreifens entsprach. Trotz aller Probleme bei der Durchführung der Messungen war Michelson überzeugt, dass dieser Unterschied messbar sein sollte. Er konnte aber trotz mehrfacher Wiederholung der Messungen keine Differenzen feststellen und verneinte deshalb in seiner Publikation die Existenz eines Ätherwindes.

Die Veröffentlichung stieß jedoch schnell auf heftige Kritik. Insbesondere der niederländische Physiker H. A. Lorentz wies zu Recht darauf hin, dass Michelson die Wirkung des Ätherwindes auf die Querarme seines Messgerätes nicht einkalkuliert hatte. Bei Berücksichtigung dieses Effektes würden die Auswirkungen des Ätherwindes auf die Lichtstrahlen so gering, dass sie mit der eingesetzten Messapparatur nicht mehr eindeutig erfassbar seien.

Michelson erkannte diesen Einwand als gerechtfertigt an. Er baute mit seinem Kollegen Edward Morley ein neues, viel aufwändigeres Messgerät, in dem vor allem die Messstrecke für die Lichtstrahlen auf 10 Meter verlängert wurde. Im Juli des Jahres 1887 konnten nach vielen Tests schließlich die ersten Messungen durchgeführt werden. Es ergaben sich aber wieder keinerlei Hinweise auf die Wirkung des Ätherwindes. Michelson und Morley, die damals beide noch fest an die Existenz des Weltäthers glaubten, waren von den Ergebnissen sehr enttäuscht. Vermutlich gab Michelson deshalb die Forschung auf diesem Gebiet zeitweilig ganz auf. Er konzentrierte sich in den folgenden Jahren darauf, die Wellenlänge des Lichts hinsichtlich ihrer Eignung als absolutes Längenmaß zu untersuchen. Morley baute aber neue und wesentlich verfeinerte Interferometer. Um auszuschließen, dass der Ätherwind durch die Abschirmung der Versuchsapparatur behindert würde, erprobten Morley und sein Mitarbeiter Dayton Miller die neuen Messgeräte auch auf einem 90 m langen Hügel. Aber auch dabei konnten sie keine Abweichungen der Lichtgeschwindigkeit feststellen. Während Morley nun auch keinen Sinn in weiteren Versuchen sah, beschloss Dayton Miller das Interferometer weitgehend ohne Abschirmung auf dem 1800 m hohen Mount Wilson aufzubauen, um dort nochmals Messungen durchzuführen. Bei seinen Experimenten im September 1924 entdeckte er erstmals deutliche Abweichungen vom Nullwert und schrieb: „Es konnte zweifelsfrei gezeigt werden, dass die Effekte real und systematisch waren." Aus den gemessenen Abweichungen der Lichtstrahlen errechnete Miller eine Erdbewegung von ca. 10 km pro Sekunde. Für diese Untersuchungen erhielt Miller den Preis der Amerikanischen Gesellschaft zur Förderung der Wissenschaft.

Millers positives Ergebnis rief erneut Michelson auf den Plan, der ein riesiges Interferometer baute, das er 1930 ebenfalls auf dem Mount Wilson installierte. Er konnte im Gegensatz zu Miller keine Auswirkungen des Ätherwindes feststellen. Auch zwei in Deutschland durchgeführte Experimente zeigten keine signifikanten Effekte. Miller wies allerdings zu Recht darauf hin, dass die Versuchsbedingungen sehr verschieden waren. Sein eigenes Experiment war nach seiner Aussage das einzige, das in großer Höhe und weitgehend ohne Abweichung durchgeführt worden war. Das Eindringen des Ätherwindes sei deshalb bei ihm am wenigsten behindert gewesen.

Trotz dieser zweifellos richtigen Einwände setzte sich jedoch in Fachkreisen die Meinung durch, dass Miller einem Irrtum erlegen sein musste. Diese Änderung in der Beurteilung der vorher so gefeierten Ergebnisse wurde vor allem durch neue theoretische Erkenntnisse bewirkt. Inzwischen hatte nämlich Einstein 1905 die Spezielle Relativitätstheorie veröffentlicht. Sie wurde anfangs zwar nicht so recht ernst genommen, aber im Laufe der Jahre zeigte sich immer deutlicher ihre Gültigkeit.

Einstein schrieb damals in den „Annalen der Physik" Folgendes: „Die misslungenen Versuche, die Bewegung der Erde relativ zum Lichtmedium zu konstatieren, führten zu der Vermutung, dass dem Begriff der absoluten Ruhe nicht nur in der Mechanik, sondern auch in der Elektrodynamik keine Eigenschaften der Erscheinungen entsprachen ... Wir wollen diese Vermutung (deren Inhalt im folgenden Prinzip der Relativität genannt wird) zur Voraussetzung erheben und außerdem die mit ihm scheinbar unverträgliche Voraussetzung einführen, dass sich das Licht im leeren Raum stets mit einer bestimmten, vom Bewegungszustande des emittierenden Körpers unabhängigen Geschwindigkeit fortpflanzt." Mit der Einführung der Speziellen Relativitätstheorie, die 1915 durch die Allgemeine Relativitätstheorie ergänzt wurde, war die Annahme, dass ein Weltäther existieren müsse, überflüssig geworden. Dementsprechend ließ das Interesse an weiteren Experimenten zum Nachweis des Ätherwindes deutlich nach. Immerhin wurde aber bis 1963 immer wieder erfolglos versucht, Millers Befunde zu verifizieren. Da dies nicht gelang, kam man schließlich zu dem Schluss, dass die von Miller gemessenen Effekte vermutlich durch Temperaturschwankungen verursacht worden waren.

Der Wissenschaftsjournalist William Vargara fasste die irrtumbehaftete Geschichte des Äthers so zusammen: „Die Erfindung und das Verschwinden des Welt- oder Lichtäthers ist ein hervorragendes Beispiel für eine wissenschaftliche Hypothese. Sie dient dazu, Vorgänge zu erklären, für die man sonst keine Deutung weiß. Aber sie ist nur so lange gültig, bis ein kluger Mann kommt, der dieser Arbeitshypothese nicht mehr bedarf und sie durch seine neuen Erkenntnisse über Bord wirft."

Fragliches Ereignis

Die Suche nach den Gravitationswellen

Als Gravitation wird eine Eigenschaft der Materie bezeichnet, die dazu führt, dass sich Massen gegenseitig anziehen. Die Formel zur Errechnung der Gravitationskraft wurde bereits 1682 von dem genialen englischen Physiker Isaac Newton gefunden. Seinem Kollegen Henry Cavendish gelang es 1798, die Gravitationskraft zwischen zwei massiven Bleikugeln zu bestimmen. Die Anziehungskraft zwischen den beiden schweren Körpern betrug nur ein Fünfhundertmillionstel ihres Gewichts. Trotzdem konnte Cavendish aus diesem Ereignis die Gravitationskonstante errechnen. Seitdem ist allgemein anerkannt, dass auch in der Umgebung von Himmelskörpern Gravitationsfelder bestehen, die sich gegenseitig beeinflussen. Wenn im Weltraum ein solches Gravitationsfeld verändert wird, z. B. weil ein Stern explodiert, so sollen nach der von Einstein 1915 publizierten Allgemeinen Relativitätstheorie Gravitationswellen entstehen, die sich mit Lichtgeschwindigkeit nach allen Richtungen ausbreiten. Diese Wellen müssten mit einer mehr oder minder großen zeitlichen Verzögerung auch auf der Erde ankommen. Würde beispielsweise unsere Sonne plötzlich zerplatzen, wäre zu erwarten, dass etwa 8 Sekunden später die dadurch ausgelösten Gravitationswellen die Erde erreichen. Unser Planet würde dadurch vermutlich gradlinig ins Weltall katapultiert werden, aber Gott sei Dank besteht nur eine sehr geringe Wahrscheinlichkeit, dass eine solche Katastrophe in absehbarer Zeit eintritt.

In der Unendlichkeit des Weltraums verschwinden allerdings laufend Sterne oder es entstehen Schwarze Löcher. Dementsprechend sollten auch immer wieder Gravitationswellen auftreten, die mit Lichtgeschwindigkeit durch das All rasen. Sobald sie die Erde erreichen, könnten sie eventuell auch messbar sein. Bisher existiert allerdings nur ein indirekter Beweis für die Existenz von Gravitationswellen. Die Astronomen R. Hulse und J. Taylor untersuchten 25 Jahre lang die Veränderung der Bahn des Binärpulsars PSR1913+16. Dabei beobachteten sie periodische Abweichungen der Bahnbewegungen dieses Neutronen-Doppelstern-Systems. Dieses ungewöhnliche Phänomen erklärten die beiden Forscher durch den Energieverlust, der durch die Abstrahlung von Gravitationswellen verursacht worden sein könnte. Die Hypothese wird vor allem dadurch gestützt, dass die astronomischen Beobachtungen mit den Vorhersagen der Einstein'schen Allgemeinen Relativitätstheorie erstaunlich gut übereinstimmen. Hulse und Taylor erhielten für ihre Untersuchungen 1993 den Nobelpreis.

Schon seit einiger Zeit wird auch versucht, Gravitationswellen mit verschiedenen Messverfahren direkt zu erfassen. Trotz aller Anstrengungen schlugen aber alle derartigen Versuche jahrzehntelang fehl. Das erklärt sich vor allem aus den extrem geringen Auswirkungen, die auf der Erde durch Gravitationswellen zu erwarten sind. Die theoretisch nachweisbaren relativen Längenänderungen liegen in der Größenordnung von 10^{-20}. Das heißt, dass sich z. B. auf eine Distanz von 3 km nur eine Längenveränderung von etwa einem Tausendstel eines Protonendurchmessers ergeben würde.

Deshalb war die Aufregung groß, als der amerikanische Physiker Joseph Weber von der University of Maryland 1969 berichtete, er habe Gravitationswellen nachgewiesen. Weber war ein international anerkannter Experimentalphysiker und deshalb wurde sein Bericht auch in Fachkreisen durchaus ernst genommen. Er hatte schon Anfang der sechziger Jahre mit den Vorbereitungen für seine Aufsehen erregenden Versuche begonnen, die sehr aufwändig und kostspielig waren. Zunächst baute er eine „Gravitationswellenantenne", die aus einem großen Aluminiumzylinder bestand. Diesen eineinhalb Tonnen schweren Zylinder umgab Weber mit einer Vakuumkammer. Außerdem konstruierte er eine Aufhängevorrichtung aus dünnem Draht, die er mit Blei und Gummiplatten gegen den Boden isolierte. Damit erreichte Weber, dass der Zylinder frei schwingen konnte, aber gleichzeitig sehr gut gegen unerwünschte äußere Einflüsse wie z. B. Wind oder Bodenerschütterungen der verschiedensten Art abgeschirmt war. Es war nicht zu erwarten, dass dieser riesige Zylinder sich beim Durchgang eines Gravitationsimpulses in messbarer Weise verformen würde. Da die Gravitationsstrahlung aber oszilliert, sollte ein entsprechend dimensionierter Körper in Vibrationen versetzt werden, die als besser erfassbar eingeschätzt wurden. Herzstück des komplizierten Messgeräts waren deshalb höchst sensible Detektoren, die auch die feinsten Schwingungen des Zylinders registrierten. Sie bestanden aus so genannten piezoelektrischen Kristallen, die an dem Zylinder befestigt waren. Solche Kristalle erzeugen ein elektrisches Potenzial, wenn sie durch irgendeine Kraft deformiert werden. Da Weber klar war, dass das durch Gravitationswellen induzierbare Potenzial sehr gering sein würde, setzte er entsprechend leistungsfähige Signalverstärker ein. Die so extrem hochgepuschten Signale sollten dann registriert und analysiert werden. Ein zweites genau gleich gebautes Messgerät stellte Weber etwa 1000 km entfernt in der Nähe von Chicago auf. Später kam sogar noch eine dritte Registriereinheit hinzu. Die große Entfernung zwischen den Stationen hatte den Sinn, dass kleinere lokale Erschütterungen nur von einem Gerät registriert werden konnten. Echte Gravitationswellen mussten aber bei den Detektoren zu gleicher Zeit eine Reaktion auslösen.

Nachdem die Messstationen intensiv getestet worden waren, begann die mehrjährige Experimentalphase. Die lange Zeit war notwendig, da ja nicht bekannt war, wann und wo ein Stern verglühen würde, der groß genug und auch nahe zur Erde war, um ausreichend starke Gravitationswellen entstehen zu lassen. Einen Hinweis konnten allenfalls Astronomen geben, wenn ihnen bei der Beobachtung des Weltalls ein entsprechendes Ereignis auffiel. Da wegen der Empfindlichkeit der Messgeräte dauernd kleinere Ausschläge registriert wurden, mussten außerdem aufwändige Computerprogramme eingesetzt werden, die während der ganzen Messperiode alle Schwingungen, die von den Antennen aufgefangen wurden, miteinander verglichen und in dieser Datenflut nach Übereinstimmungen suchten.

Webers Geduld wurde belohnt: 1969 konnte er über mehrere Ausschläge der beiden Messgeräte berichten, die gleichzeitig und mit etwa gleicher Stärke aufgetreten waren. Ein zufälliges Zusammentreffen dieser Ereignisse war so unwahrscheinlich, dass Weber sich berechtigt fühlte, den Nachweis von Gravitationswellen bekannt zu geben. Einige Kritiker hielten es zwar für möglich, dass Sonnenwinde als Ursache in Frage kämen, aber Weber konnte diesen Einwand entkräften. Die Medien reagierten begeistert auf diese physikalische Großtat und Weber wurde mehrfach für den Nobelpreis vorgeschlagen.

Auf der ganzen Welt begannen nun auch andere physikalische Arbeitsgruppen ähnliche Antennen zum Empfang von Gravitationswellen zu bauen. Aber obwohl manche sogar noch größer und empfindlicher waren als Webers Messgeräte, wurden keine positiven Resultate erzielt. Deshalb mehrten sich in den folgenden Jahren die kritischen Stimmen. Insbesondere die von Weber angewandten statistischen Verfahren konnten nach Meinung von Fachleuten zu einer falschen Interpretation der Ergebnisse geführt haben. Auch die zur Unterdrückung des Hintergrundrauschens eingesetzte Technik erschien problematisch. Es wurde vor allem beanstandet, dass im Laufe der Jahre keine Verbesserung der Nettosignale erzielt wurde, sondern eher eine Verschlechterung auftrat. Weber wehrte sich energisch gegen diese Vorwürfe und gab durchaus zu Recht zu bedenken, er habe wohl das Glück gehabt, dass während seiner Messperiode entsprechend große Sterne zerfallen seien. Bei späteren Messungen fehlten evtl. solche Ereignisse, sodass auch keine Gravitationswellen registriert werden konnten. Diese Argumentation war schwer zu widerlegen, denn niemand kann vorhersehen, wie oft und wann stellare Katastrophen auftreten.

Schließlich zeigte sich aber ein gravierender Fehler, der Weber bei der Registrierung der Gravitationswellen an seinen Messstationen unterlaufen war: Er hatte anhand der auf Papierstreifen registrierten Schwingungsimpulse die

Koinzidenz der Ereignisse errechnet. Dabei kam es aber zu einer Verwechslung der Zeitzonen, sodass in Wirklichkeit ein zeitlicher Abstand von 4 Stunden vorlag. Grundlegende Berechnungen ergaben auch, dass Gravitationswellen, die bei stellaren Katastrophen entstehen, zu schwach sind, um sie mit den damals verfügbaren Geräten registrieren zu können. Die von Weber gemessenen Impulse hatten nach Auffassung entsprechender Fachleute eine viel zu hohe Energie. Wenn bei dem Zerfall von Sternen so hohe Energiemengen freigesetzt würden, so müsste das Weltall in relativ kurzer Zeit „ausgebrannt" sein. Unter Berücksichtigung all dieser Faktoren erscheint es doch relativ wahrscheinlich, dass Weber tatsächlich einem Irrtum erlegen ist, obwohl er aus seiner Sicht alles getan hatte, um falsche positive Ergebnisse auszuschließen. Er blieb auch zeitlebens davon überzeugt, dass er tatsächlich Gravitationswellen aufgefangen hatte.

Inzwischen kann man mit Hilfe der Lasertechnologie noch viel empfindlichere „Gravitationsantennen" bauen. Seit dem Jahr 2000 wird auch in Deutschland in der Nähe von Hannover mit dem Geo-600-Projekt ein neuer Versuch unternommen, Gravitationswellen zu beobachten. Das Projekt wurde als Teil der Weltausstellung geplant. Die „Antenne" besteht aus zwei 600 m langen Vakuumröhren, in denen ein Laserinterferometer eingebaut ist. Die Laserstrahlen sind so eingerichtet, dass sie sich gegenseitig auslöschen. Sollten Gravitationswellen auf das System treffen, würde durch eine geringe Ablenkung der Laserstrahlen die Auslöschung aufgehoben und es müsste ein messbarer Impuls entstehen. Das Messgerät ist allerdings so empfindlich, dass sogar die etwa 200 km entfernte Brandung der Nordsee Impulse auslösen könnte. Deshalb ist das ganze System an Pendeln aufgehängt.

Seit Juli 2003 ist die Messstation auch mit dem Max-Planck-Institut für Gravitationsforschung in der Nähe von Potsdam verbunden. Dort steht ein riesiger Computer, der nur damit beschäftigt ist, in dem Wust von registrierten Messdaten nach Hinweisen auf Gravitationswellen zu suchen.

Trotz des gewaltigen technischen Aufwandes ist es jedoch bisher nicht gelungen Gravitationswellen nachzuweisen. Aber die Forscher wollen das aufwändige Projekt, an dem Briten und Deutsche zusammenarbeiten, noch längst nicht aufgeben. Sie stehen derzeit auch in Konkurrenz zu zwei anderen großen Arbeitsgruppen, die ebenfalls mit der Lasertechnik Gravitationswellen erfassen wollen. Vielleicht gelingt es in den nächsten Jahren tatsächlich das langgesuchte Phänomen nachzuweisen. Es ist aber auch durchaus möglich, dass die Forscher trotz aller Anstrengungen scheitern und die Skeptiker Recht behalten, die meinen, es sei ein sehr kostspieliger Irrtum zu glauben, man könne Gravitationswellen auf der Erde messen.

Starke Kräfte

Die Entdeckung der Kontinentalverschiebung

Heute lernt jedes Kind in der Schule, dass die Kontinente sich im Laufe der Erdgeschichte gegeneinander verschoben haben, wobei insbesondere Amerika und Afrika voneinander getrennt wurden. Diese Vorstellung erscheint schon beim ersten Blick auf die Weltkarte überzeugend, denn die Küstenformen des westlichen Afrikas und des östlichen Südamerikas passen wie zwei Puzzleteile ineinander.

Trotz dieser augenfälligen Ähnlichkeiten wurde die Theorie der Kontinentalverschiebung von den meisten Geophysikern fast ein halbes Jahrhundert für falsch gehalten. Warum so viele durchaus fähige Wissenschaftler in dieser Hinsicht so lange irrten, ist heute kaum mehr verständlich. Wahrscheinlich spielte dabei eine nicht unwesentliche Rolle, dass ein eher Fachfremder die Verschiebungshypothese aufgestellt hatte. Es handelte sich um den Meteorologen Alfred Lothar Wegener. Er wurde 1880 in Berlin geboren. Nach seinem Studium, das er in Heidelberg, Innsbruck und Berlin absolvierte, nahm er an mehreren Expeditionen teil, die ihn vor allem nach Grönland führten. Ab 1909 war er Privatdozent für Meteorologie an der Universität Marburg. 1919 wurde er zum Vorstand der meteorologischen Abteilung der Deutschen Seewarte ernannt. Kurz darauf erhielt er einen Ruf als Professor an die Universität Hamburg, drei Jahre später übernahm er eine Professur in Graz. 1930 kam er im Alter von 50 Jahren als Leiter einer großen Grönland-Expedition ums Leben.

Die Kontinentalverschiebungstheorie stellte Wegener bereits 1912 auf. Seiner Meinung nach konnten die frappanten Ähnlichkeiten der Küsten Afrikas und Südamerikas kein Zufall sein. Deshalb suchte er nach Hinweisen, die dafür sprachen, dass Afrika und Amerika in früheren Zeiten ein gemeinsamer Kontinent gewesen waren. Er fand zunächst Ähnlichkeiten in der Tier- und Pflanzenwelt von Westafrika und Ostbrasilien. Diese Befunde hatten aber keine große Beweiskraft, denn die Tiere und Pflanzen konnten auch durch den Handelsverkehr zwischen den Kontinenten ausgetauscht worden sein. Deshalb konzentrierte sich Wegener besonders auf übereinstimmende Fossilfunde, die auf beiden Kontinenten vorkamen und aus Zeiten stammten, wo ein von Menschen bedingter Austausch noch nicht möglich war. Als er auch noch sehr ähnliche geologische Daten in den Gesteinsschichten der zueinander passenden afrikanischen und südamerikanischen Küstenregionen fand, glaubte er seine Theorie ausreichend belegen zu können und bereitete seinen ersten Vortrag vor. Zwei Monate vor diesem Vortrag schrieb er voller Euphorie die folgenden Zeilen nieder: „... und wenn sich hier nun eine solche Fülle überraschender Vereinfachungen ergibt, wenn es sich zeigt, daß jetzt Sinn und Verstand in die ganze geologische Entwicklungsgeschichte der Erde kommt, warum sollen wir zögern, die alte Anschauung über Bord zu werfen? Warum soll man zehn oder gar 30 Jahre mit der Idee zurückhalten? ... Ich glaube nicht, daß die alten Vorstellungen noch zehn Jahre zu leben haben." In dieser Hinsicht irrte sich Wegener allerdings gewaltig. Es dauerte bis 1960, bevor seine Verschiebungstheorie allgemein anerkannt wurde.

Als er im Januar 1912 seine Hypothese auf der Jahresversammlung der Geologischen Gesellschaft in Frankfurt erstmals vorstellte, stieß er auf allgemeine Ablehnung. Die Kommentare in der Fachliteratur der folgenden Jahre waren auch alles andere als schmeichelhaft. Die Wegener'sche Theorie wurde beispielsweise als „Phantasiegebilde, welches wie eine Seifenblase zergehen mußte", bezeichnet. Der Wiener Klimaforscher Kerner-Merilaun reagierte noch heftiger und beschrieb die Verschiebungstheorie als „Fieberphantasien eines von Krustendrehkrankheit und Polschubseuche schwer Befallenen". Max Semper, ein damals recht bekannter Geologe, meinte, Wegener solle doch „künftig die Geologie nicht weiter beehren, sondern Fachgebiete aufsuchen, die bisher noch vergaßen, über ihr Tor zu schreiben: O heiliger Sankt Florian, verschon dies Haus, zünd andre an!".

Einige dieser wahrlich nicht sehr qualifizierten Äußerungen lassen sich vielleicht noch als erste Spontanreaktionen auf eine neue und gewöhnungsbedürftige Theorie erklären. Aber auch nach Jahrzehnten, als der Sturm der Entrüstung abgeklungen war, blieben die Stellungnahmen äußerst negativ. Beispielsweise schrieb Harold Jeffreys 1952 in seinem Buch ›Die Erde‹, dass „die Parteigänger der Kontinentaldrift in 30 Jahren keine Erklärung zustande gebracht haben, die einer Nachprüfung standhält". Der russische Geophysiker Vladimir Belussow äußerte sich 1954 noch kritischer: „Viele Hypothesen der Geotektonik haben der geotektonischen Wissenschaft erheblichen Schaden zugefügt ... Das anschaulichste Beispiel dafür hat Wegeners Hypothese von der Kontinentalverschiebung geliefert. Sie ist phantastisch und hat nichts mit Wissenschaft zu tun." Und auch Fred Hoyle, ein englischer Astrophysiker, reihte sich noch 1955 in die Ablehnungsfront ein, indem er in seinem Buch ›Grenzen der Astronomie‹ schrieb: „Wie es ein Kontinent, der aus 35 Kilometer starkem Felsgestein besteht, anstellen soll, sich fortzubewegen, ist nie wirklich erklärt worden."

Hoyle offenbarte mit dieser Stellungnahme vermutlich den Hauptgrund für die rigorose Ablehnung der Wegener'schen Theorie: Es fehlte eine akzeptable Erklärung für die ungeheure Energie, die bei einer Verschiebung ganzer Kontinente wirksam werden muss. Wegener hatte als treibende Kraft die Gezeiten angenommen, aber die Physiker konnten schnell nachweisen, dass es sich dabei um einen Irrtum handelte. Die dabei wirkenden Kräfte sind keinesfalls ausreichend, um riesige Landmassen zu bewegen.

Es war aber durchaus nicht gerechtfertigt, die gesamte Verschiebungstheorie zu verwerfen, nur weil Wegener sich hinsichtlich der dafür notwendigen Kraftquelle getäuscht hatte. Das zeigte sich aber erst 1960, als neue Erkenntnisse auf dem Gebiet der Geotektonik für eine weitgehende Bestätigung der Wegener'schen Hypothese sorgten. Die neuen Vorstellungen werden unter dem Begriff „Plattentektonik" zusammengefasst. Nach dieser Theorie besteht die oberste Gesteinsschale der Erde (Lithosphäre; ca. 100–150 km dick) aus etwa 20 starren Platten, die auf dem zähflüssigen Erdmantel bewegt werden. Als Ursache für diese Bewegung wird die so genannte „Mantelkonvektion" angenommen. Sie kommt durch die hohe Temperaturdifferenz zwischen Erdkern und Erdoberfläche zustande. Heißes Material aus dem Erdinneren steigt wegen seiner geringeren Dichte auf, während das darüber liegende kältere Gestein infolge seiner höheren Dichte absinkt.

Leider war es Alfred Wegener nicht mehr vergönnt, die Anerkennung seiner Kontinentalverschiebungstheorie mitzuerleben. Er brach 1930 zu einer großen Expedition nach Grönland auf. Trotz schlechter Wetterbedingungen gelang es, ein westlich gelegenes Versorgungslager und den Stützpunkt „Eismitte" aufzubauen. Im Herbst des gleichen Jahres versuchte Wegener mit mehreren Männern die Station Eismitte für den Winter mit Proviant zu versorgen. Nur unter größten Anstrengungen erreichte er mit nur noch zwei Begleitern die Station. Während ein Mann wegen starker Erfrierungen dort blieb, machte sich Wegener mit Rasmus Villumsen auf den Rückweg zur Weststation. Dort kamen die beiden aber nie an. Bei einer im Frühjahr 1931 gestarteten Suchaktion fand man Wegeners Leiche. Sein Begleiter blieb bis heute verschollen. Auch Wegeners Tagebuch wurde nicht gefunden. Vermutlich hatte es Villumsen an sich genommen, bevor er allein versuchte, die Weststation zu erreichen und dabei wohl auch ums Leben kam. Alfred Wegeners Bruder Kurt führte die Expedition nach diesen tragischen Ereignissen zu Ende.

Der frühe Tod Wegeners hat vermutlich mit dazu beigetragen, dass es so lange gedauert hat, bis seine Verschiebungshypothese allgemein anerkannt wurde. Um die großen Verdienste zu würdigen, die Wegener sich nicht nur mit dieser Theorie, sondern auch noch mit vielen anderen wissenschaftlichen Leistungen erworben hat, wurde 1980 das in Bremerhaven gegründete Deutsche Zentrum für Polar- und Meeresforschung nach ihm benannt. Es zählt inzwischen zu den weltweit führenden Forschungseinrichtungen auf diesen Gebieten. Zu dem Institut gehören auch die Forschungsstelle Potsdam, die Biologische Anstalt Helgoland und die Wattenmeerstation Sylt. Die über 700 Mitarbeiter des Instituts haben vor allem die Aufgabe, die deutsche Polarforschung zu koordinieren und die erforderliche Ausrüstung und Logistik zur Verfügung zu stellen. Dafür wurde sogar ein eigenes Forschungsschiff mit dem Namen „Polarstern" gebaut. Im Bereich der Meeresforschung wird insbesondere die Nordsee erkundet. Außerdem werden Untersuchungen zur Meeresverschmutzung und an marinen Naturstoffen durchgeführt. Auch meerestechnische Entwicklungen gehören zu den Aufgaben des Instituts. Mit diesem breit gefächerten wissenschaftlichen Spektrum spiegelt das Institut auch die große Bandbreite der Forschungsaktivitäten von Alfred Wegener wider.

Literaturverzeichnis

1. Archäologie und Geschichte

Ein erfolgreicher Phantast

Cobet, J.: Heinrich Schliemann. C. H. Beck, München 1997.

Molnar, R.: Der Schatz des Priamos. http://www.edu.uni-klu.ac.at/~rmolnar/molnar2.htm

Vandenberg, Ph.: Der Schatz des Priamos. Bastei-Lübbe, Bergisch Gladbach 1995.

Zankl, H.: Fälscher, Schwindler, Scharlatane. VCH-Wiley, Weinheim 2003.

Unerwartete Schätze

Gehrke, H.-J: Alexander der Große. Beck, München 2000.

Leick, R.: Schätze im Hinterhof. Der Spiegel 31/2002. http://www.spiegel.de/spiegel/0,1518,207993,00

Manfredi, V. M.: Alexander. Der Herrscher der Welt. Piper, München 2002.

Wiegers, M.: Entdeckt: Alexanders Residenz im Osten. wysiwyg://34//http:/www.abendblatt.de/daten/2002/08/01/52898

Seltsame Texte

Berger, K.: Qumran. Reclam, Stuttgart 1998.

Burrows, M.: Die Schriftrollen vom Toten Meer, in: L. Deuel (Hrsg): Das Abenteuer Archäologie. Bastei-Lübbe, Bergisch Gladbach 1988, S. 239–265.

Maier, I.: Die Tempelrolle vom Toten Meer und das Neue Jerusalem. Uni TB, Reinhardt, München 1997.

Zankl, H.: Die Launen des Zufalls. Primus, Darmstadt 2002, S. 23–26.

Ohne Kultur?

Demandt, A.: Die Kelten. Beck, München 2002.

Frey, O. H. u. F. R. Herrmann: Die Keltenfürsten vom Glauberg 1996.

Herold, A.: Ein Lob den Barbaren. http://www.wissenschaft-online.de/artikel/592651

Planck, D. u. O. Braasch: Unterirdisches Baden-Württemberg. 250 000 Jahre Geschichte und Archäologie im Luftbild. Theiss, Stuttgart 1994.

Rieckhoff, S. u. J. Biel: Die Kelten in Deutschland. Theiss, Stuttgart 2001.

Weite Reisen

Franke, H.: Sino-western relations under the Mongol Empire. J. Royal. Asiatic. Soc. 6, S. 49–72 (1966).

Henze, D.: Enzyklopädie der Entdecker und Erforscher der Erde. Akad. Druck- und Verlagsanstalt, Graz 1978.

Krämer, W., G. Trenkler G. u. D. Krämer: Das neue Lexikon der populären Irrtümer. Piper, München 2000.
Münkler, M.: Marco Polo. Beck, München 1998.
Wood, F.: Marco Polo war nicht in China. Piper, München 1995.

Neue Welt

Krämer, W. u. G. Trenkler: Lexikon der populären Irrtümer. Piper, München 2002.
Prause, G.: Niemand hat Kolumbus ausgelacht. Econ & List, Düsseldorf 1998.
Waller, K.: Lexikon der klassischen Irrtümer. Piper, München 2002.
Zankl, H.: Fälscher, Schwindler, Scharlatane. Wiley-VCH, Weinheim 2003.

Gefährliches Feuer

Backes, U. et al.: Reichstagsbrand. Aufklärung einer historischen Legende. Piper, München 1986.
Bahar, A. u. W. Kugel: Der Reichstagsbrand. Quintessenz-Verlag, Berlin 2001.
Bahar, A. u. W. Kugel: Pappmaché. http://www.zlb.de/projekte/kultur-archiv
Janßen, K. H.: Der Reichstagsbrand – Ende einer Fälschung. DIE ZEIT Nr. 9 (1986).
Klein, A. u. B. Böhme: Diskussionsforum zum Reichstagsbrand. http://www.zlb.de/projekte/kulturbox-archiv/brand/einleitung
Krämer, W., G. Trenkler u. D. Krämer: Das neue Lexikon der populären Irrtümer. Piper, München 2001.
Mendelsohn, T. u. G. Brack: Neues vom Reichstagsbrand. http://www.swr.de/betrifft/2003
Tobias, F.: Der Reichstagsbrand. Legende und Wirklichkeit. Grote, Rastatt 1962.

2. Anthropologie

Fragwürdige Kultur

Blumenschine, R. J. u. J. A. Cavallo: Frühe Hominiden – Aasfresser. Spektrum der Wissenschaft 12/1992, S. 88–95.
Heberer, G.: Menschliche Abstammungslehre. G. Fischer, Stuttgart 1965.
Schrenk, F., T. G. Bromage u. H. Kaessmann: Die Frühzeit des Menschen. Biologie in unserer Zeit 32, S. 353–359 (2002).
Tattersall, J.: Puzzle Menschwerdung. Spektrum, Heidelberg 1997.
Zankl, H.: Die Launen des Zufalls. Primus, Darmstadt 2002.

Seltsame Funde

Lewin, R.: Spuren der Menschwerdung. Spektrum, Heidelberg 1992.
Schrenk, F. u. T. G. Bromage.: Adams Eltern. Expeditionen in die Welt der Frühmenschen. Beck, München 2002.
Tattersall, J.: Puzzle Menschwerdung. Spektrum, Heidelberg 1997.
Toth, N.: Die ersten Steinwerkzeuge. In: B. Streit (Hrsg.): Evolution des Menschen. Spektrum, Heidelberg 1995, S. 138–150.

Wiege der Menschheit

Henke, W. u. H. Rothe: Stammesgeschichte des Menschen. Springer, Heidelberg 1999.

Leakey, R. u. R. Lewin: Der Ursprung des Menschen. Fischer, Frankfurt 1998.

Schrenk, F.: Die Frühzeit des Menschen. Beck, München 2001.

Tattersall, J.: Puzzle Menschwerdung. Spektrum, Heidelberg 1997.

Verkannter Urmensch

Kuckenberg, M.: Lag Eden im Neandertal? Econ, München 1999.

Leverkus, E.: Wie der Neandertaler zu seinem Namen kam. Reinsburg, Stuttgart 1999 und http://www.archaeologie-online.de/print.php

Schmitz, R. W. u. J. Thissen: Neandertal. Die Geschichte geht weiter. Spektrum, Heidelberg 2000.

Zankl, H.: Die Launen des Zufalls. Primus, Darmstadt 2002.

Zollikofer, Ch. u. M. Ponce de Leon: Neanderthal cranial ontogeny and its implications for late hominid diversity. Nature 412, 534–538 (2002).

Interessante Schädel

Affeldt, E.: Phrenologie. http://www.uni-bielefeld.de/biologie/Studenten/Schaedel/phrenologie.html

Gould, J. F.: Der falsch vermessene Mensch. Birkhäuser, Basel 1983.

Knußmann, R.: Vergleichende Biologie des Menschen. G. Fischer, Stuttgart 1996.

Zankl, H.: Fälscher, Schwindler, Scharlatane. Wiley-VCH, Weinheim 2003.

3. Psychologie

Zu viel Sex

Degen, R.: Lexikon der Psychoirrtümer. Eichborn, Frankfurt 2000.

Dewdney, A. K.: Alles fauler Zauber? Birkhäuser, Basel 1998.

Freud, S.: Chronologie. http://freud.t0.or.at/freud/chronolg/chrnlg-d.htm

Haeberle, E. J.: Die Sexualität des Menschen. Nikol, Hamburg 1985.

Kerr, J.: Eine höchst gefährliche Methode. Kindler, München 1994.

Mertens, W.: Psychoanalyse. Beck, München 2000.

Kritische Schwelle

Degen, R.: Lexikon der Psychoirrtümer. Eichborn, Frankfurt 2000.

Moore, T. E.: Subliminal Perception: Facts and Fallacies. Skeptical Inquirer, 1992. http://www.csicop.org/si/9204/subliminal-perception.html

Packard, V.: Die geheimen Verführer. Econ 1992.

Prause, G. u. Th. von Randow: Der Teufel in der Wissenschaft. Rasch & Röhring, Hamburg 1985.

Rötzer, F.: Subliminale Werbung – die geheime Verführung? (2000). wysiwyg://9/http://www.heise.de/tp/deutsch/special/auf/8575/1.html

Rötzer, F.: Die Russen werden angeblich mit subliminaler Werbung bombardiert (2002). wysiwyg://27/http://www.heise.de/tp/deutsch/special/auf/13239/1.html

Falsche Statistik

Anderson, J. C: Die Anatomie der sexuellen Revolution. http://www.vision.org/deutsch/jml/0006/anatomy.html

Haeberle, E. J.: Die Sexualität des Menschen. Nikol, Hamburg 1985.

Jones, J. H.: Alfred C. Kinsey. A Public/Private Life. Norton, New York 1997.

Kinsey, A. et al.: Sexual Behavior in the Human Female. Replica Books 1998.

Kinsey, A. et al.: Sexual Behavior in the Human Male. Replica Books 1998.

Krämer, W., G. Trenkler u. D. Krämer: Das neue Lexikon der populären Irrtümer. Piper, München 2000.

Zerstörter Penis

Hamer, D. u. P. Copeland: Das unausweichliche Erbe. Scherz, Bern 1998.

LeVay, S.: Keimzellen der Lust. Spektrum, Heidelberg 1994.

Money J. u. A. Ehrhardt: Man & Woman, Boy & Girl. J. Hopkins Univ. Press, Baltimore 1972.

Öller, R.: Weibliches und männliches Gehirn. http://www.vobs.at/bio/a-phys/a-gehirn

Pool, R.: Evas Rippe. Droemer Knaur, München 1995.

Zankl, H.: Phänomen Sexualität. Wissenschaftliche Buchgesellschaft, Darmstadt 1998.

Kranke Persönlichkeit

Amelang, M. u. C. Schmidt-Rathjens: Psychometrische Gütekritierien und Persönlichkeits-Korrelate der Krankheitsprädiktoren von Grossarth-Maticek und Eysenck. Diagnostica 39, 281–298 (1993).

Degen, R.: Lexikon der Psychoirrtümer. Eichborn, Frankfurt 2000.

Faller, H. et al.: Kausalattribution „Krebspersönlichkeit" – ein Ausdruck maladaptiver Krankheitsverarbeitung? Ztschr. Klin. Psychol. Psychiatrie und Psychother. 44, 104–116 (1996).

Myrtek, M.: Psychophysiologische Reaktivität, Stress, TypA-Verhalten und Feindseligkeit als Risikofaktoren der koronaren Herzkrankheit. Verhaltenstherapie und Verhaltensmedizin 20, 89–119 (1999).

Wirsching, M.: Psychosomatische Medizin. Beck, München 1996.

Zankl, H.: Fälscher, Schwindler, Scharlatane. Wiley-VCH, Weinheim 2003.

4. Medizin

Seltsame Theorie

Crookbank, F. D.: The Mongol in our Midst. Dutton, New York 1924.

Down, J. L. H.: Observation on an Ethnic Classification of Idiots. London Hosp. Reports 3, 259–262 (1866).

Pies, N. J.: Eponymgeber und doch weitgehend anonym. Zum 100. Todestag des Arztes Langdon Down (1828–1896). Med. Genetik 8, 335–339 (1996).

Pies, N. J.: John Langdon Haydon Longdon-Down (1828–1896). Ein Pionier der Sozialpädiatrie. Braun, Karlsruhe 1996.

Stüssel, H.: Die erste Beschreibung der Menschen mit Down-Syndrom. http://www.down-syndrom.org/ak104.html

Zu viel Sauerstoff

Jacobson, R. M. u. A. R. Feinstein: Oxygen as a cause of blindness in premature infants. J. Clin. Epidemiol. 25, 1265–1287 (1992).

Köbberling, J.: Der Zweifel als Triebkraft des Erkenntnisgewinns in der Medizin. In: R. Kunz et al. (Hrsg.): Lehrbuch der Evidenz-basierten Medizin. Dtsch. Ärzteverlag, Köln 2000.

Retinopathia praematurorum. http://www.ma.uni-heidelberg.de/inst/augen/rpm.html

Schmidt, U., J. Murken u. V. Klauß: Wandel der Blindheitsursachen im Kindesalter. Klin. Mbl. Augenheilk. 193, 457–464 (1988).

Das „Mörderchromosom"

Buselmaier, W. u. G. Tariverdian: Humangenetik. Springer, Heidelberg 1999.

Fölsung, A.: Der Mogelfaktor. Rasch & Röhring, Hamburg 1984.

Nielsen, J.: XYY-Männer. http://www.aaa.dk/TURNER/TYSK/XYY_TYSK.html

Vogel, F. u. P. Proppung: Ist unser Schicksal angeboren? Severin & Siedler, Berlin 1981.

Zang, K. u. B. Leyking: Der XYY-Mann. Thieme, Stuttgart 1981.

Gefährliche Bauchlage

Abramson, H.: Accidental mechanical suffocation in infants. J. Pediatr. 25, 404–413 (1944).

Engelberts, A. C. u. G. A. deJonge: Choice of sleeping position for infants. Arch. Dis. Child. 65, 462–467 (1990).

Fietze, J.: Plötzlicher Kindstod. wysiwyg://33/http://yavivo.de/...hlaf/10Kinderschlaf/20arten/80Sids.html

Högberg, K. u. E. Bergström: Suffocated Prone: The Iatrogenic Tragedy of SIDS. Amer. Journal of Public Health 90, 527–531 (2000).

Przyklenk, B.: Der plötzliche Säuglingstod. http:/www.haunerjournal-lmu.de/hj2_00/Seiten/saeug.html

Tichatschak, E.: Plötzlicher Kindstod. wysiwyg://44/http://www.netdoktor.at/Krankheiten/fakta/sids.html

Gefährdeter Magen

Degen, R.: Lexikon der Psychoirrtümer. Eichborn, Frankfurt 2000.

Krämer, W., G. Trenkler u. D. Krämer: Das neue Lexikon der populären Irrtümer. Piper, München 2001.

Malfertheiner, P. (Hrsg.): Helicobacter pylori. Von der Grundlage zur Therapie. Thieme, Stuttgart 2000.

Peck-Radosavljevic, M.: Magen- und Zwölffingerdarmgeschwüre. wysiwyg://120/http://www.netdoctor.at/Krankheiten/Fakta/magengeschwuer.shtml

Warren, J. B. u. B. Marshall: Unidentified curved bacilli on gastric epithelium in active chronic gastritis. Lancet 1983, S. 1273–1275.

Wirsching, M.: Psychosomatische Medizin. Beck, München 1996.

5. Pharmakologie

Kampf dem Schmerz

Ridder, M. de: Heroin. Vom Arzneimittel zur Droge. Campus, Frankfurt 2000.

Deutsche Hauptstelle für Suchtfragen (DHS): Heroin. http://www.dhs.de/basis/heroin/html

Eiden, F.: Irrtümer bei der Suche nach neuen Arzneimitteln. In: D. Czeschlik (Hrsg.): Irrtümer in der Wissenschaft. Springer, Heidelberg 1987.

Evers, M.: Viel Spaß mit Heroin. Der Spiegel 26/2000. http://www.uni-klu.ac.at/gossimit/pap/guest/heroin.html

Schmidbauer, W. u. J. vom Scheidt: Handbuch der Rauschdrogen. Fischer, Frankfurt 1998.

Tödlicher Irrtum

Czeschlik, D. (Hrsg.): Irrtümer in der Wissenschaft. Springer, Heidelberg 1987.

Dewdney, A. K.: Alles fauler Zauber? Birkhäuser, Basel 1998.

Freud, S.: Schriften über Kokain. Fischer, Frankfurt 1996.

Prause, G. u. T. von Randow: Der Teufel in der Wissenschaft. Rasch & Röhring, Hamburg 1985.

Schmidbauer, W. u. J. vom Scheid: Handbuch der Rauschdrogen. Fischer, Frankfurt 1998.

Gestörtes Wachstum

Gehrke, H.: Contergan. Das katastrophale Schlafmittel. http://portale.web.de/Wissenschaft/Contergan

Kirk, B.: Der Contergan-Fall, eine unvermeidbare Arzneimittelkatastrophe? Wissenschaftl. Verlagsges., Stuttgart 1999.

Steiner, A.: Contergan. http://www.cis.tugraz.at/orge/hoegroup/tfa/Contergan.html

Wolf, E.: Thalidomid steht vor einem Comeback. wysiwyg://212/http://www.pharma zeutische Zeitung.de/pza/1999-26/pharm2.html

Zacharias, S.: Allein die Dosis macht, daß ein Ding ein Gift ist. Klinik Umschau 5 (1996). http://www.fu-berlin.de/fun/allgemein/kus/5-96/a8.html

Schützende Hormone

Callies, F. u. B. Allolio: Adrenopause. Eine substitutionsbedürftige Hormoninsuffizienz? Klinikarzt 31, 365–369 (2002).

Dören, M.: Östrogene und Gestagene in der Postmenopause. Keine chronische Medikation zur Prävention. Klinikarzt 31, 352–359 (2002).

Koch, K.: Hormonersatz-Therapie: Rechnung mit Unbekannten. Dtsch. Ärzteblatt 97/33 (2000).

Löwel, H. et al.: Vergleiche sind zulässig. Dtsch. Ärzteblatt 40 C 2008–2009.

Müller-Oerlinghausen, B.: Hormontherapie im Klimakterium. www.akdae.de

Zitzmann, M. u. E. Nieschlag: Wann und wie therapieren? Der Altershypogonadismus des Mannes. Klinikarzt 31, 360–364 (2002).

6. Biologie

Geheimnisvolle Entwicklung

Jahn, J. (Hrsg.): Geschiche der Biologie. Spektrum, Heidelberg 2000.

Lönnig, W. E.: Embryologie. http://www.mpiz-koeln.mpg.de/~loennig/mendel/mendel12.html

Müller, A. W. u. M. Hassel: Entwicklungsbiologie. Springer, Heidelberg 1999.

Öller, R.: Geschichte der Biologie. http://www.vobs.at/bio/vobs-x.html

Trocchio, di F.: Der große Schwindel. Rowohlt, Reinbek 1999.

Zankl, H.: Von der Keimzelle zum Individuum. Beck, München 2001.

Komplexe Wirkung

Eckhardt, K. U.: Erythropoietin: Karriere eines Hormons. Dtsch. Ärzteblatt 95/6 A 285–290 (1998).

Kubitschek, J.: Hundert Jahre RAS – Ein Therapiekonzept hat sich durchgesetzt. http://www.highlights-forschung.de/initiativen/100_Jahre_RAS/ras1.html

N. N.: ACE-Hemmer. http://www.cardiologe.de/patient/therapie/medikamentoes/acehemmer.html

Thews, G., E. Mutschler u. P. Vaupel: Anatomie, Physiologie, Pathophysiologie des Menschen. WVG, Stuttgart 1999.

Ullrich, K. J.: Ursachen großer und kleiner Irrtümer über die Funktion der Niere. In: D. Czeschlik (Hrsg.): Irrtümer der Wissenschaft. Springer, Heidelberg 1987.

Dynamisches Phänomen

N N.: Huntington-Krankheit. http://www.m-ww.de/krankheiten/erbkran...en/chorea_huntington.html

Schmidtke, J.: Vererbung und Ererbtes – Ein humangenetischer Ratgeber. Rowohlt, Reinbek 1997, S. 208.

Schneider, R. U.: Wissen ist Ohnmacht. http://www-x.nzz.ch/folio/archiv/2000/09/articles/res.html

Vogel, F. u. A. G. Motulsky: Human Genetics. Springer, Heidelberg 1997, S. 142.

Zankl, H: Die Launen des Zufalls. Primus, Darmstadt 2002, S. 72.

Angeregte Teilung

Bergsmann, O.: Low-Power-Laser (LPL) und Regulationstherapie. http://www.imf.edu/publikationen/cont_pub_laser2.html

Kohn, A.: False Prophets. Blackwell, Oxford 1986.

Lillge, W.: Biophysik und das Leben. Fusion 3/2001. http://www.solidaritaet.com/fusion/2001/3/wol.html

N. N.: „Inneres Licht" aus bloßen Händen. http://www.psi-infos.de/body-bio photonen_geistiges_heilen.html

Popp, F. A.: Die Botschaft der Nahrung. Zweitausendeins, Frankfurt 2000.

Schulze, R.: Allgemeine Grundlagen der bioenergetischen Blutdiagnose. http://www.blutdiagnose.com/page2.html

Gescheite Würmer

Prause G. u. Th. von Randow.: Der Teufel in der Wissenschaft. Rasch und Röhring Hamburg 1985, S. 256–261.

Singer, W.: Wahrnehmen, Erinnern, Vergessen. Medizin Aspekte 1, 2002. http://www.medizin-aspekte.de/1202/aktuell/wahrnehmen.htm

Sinz, R.: Neurobiologie und Gedächtnis. UTB, G. Fischer, Stuttgart 1979.

Stangl, W.: Wie funktioniert das Gedächtnis? wysiwyg://8/http://www.stangl-taller.at...R/GEDAECHTNIS/Gedaechtnisfunktion.shtml

Tsien, J. Z.: Die kluge Genmaus. Spektrum der Wissenschaft/Juli 2000, S. 36–42.

7. Ernährungs- und Umweltwissenschaften

Gesunde Keime?

Gonder, U.: Zwischen Küche und Apotheke: was ist dran an Functional Foods? http://www.optipage.de/pfeffer/functional.html

Kastilan, S.: Trend Probiotik: Wie gesund sind die neuen Mode-Joghurts? http://www.guter-rat.de/gesundheit/ges_04.html

Metschnikoff, J.: The Prolongation of Life. New York 1908.

Pollmer, U. u. S. Warmuth: Lexikon der populären Ernährungsirrtümer. Piper, München 2002.

Pollmer, U. et al.: Prost Mahlzeit! Krank durch gesunde Ernährung. Kiepenheuer & Witsch, Köln 2001.

Teuber, M.: Rundgespräche der Kommission für Ökologie 15, S. 93 (1998).

Theuretzbacher, U.: Ernährung: Probiotik. wysiwyg://6/http://www.infoline.at/ernaehrung/probiotik.html

Gequälte Kinder

Dröser, Ch.: Falsches Komma. DIE ZEIT 41/1997. wysiwyg://66/http://www.zeit.de/stimmts/print_1997_41_ stimmts.html

Idradinata, P. et al.: Adverse effects of iron supplementation on weight gain of iron-replete young children. Lancet 343, S. 1252 (1994).

Krämer, W. u. G. Trenkler: Lexikon der populären Irrtümer. Piper, München 2002.

N. N.: Eisen, ein wichtiges Spurenelement. http://www.gesundheit.de/static/themen/ernaehrung/naehrstoffe/eisen1.html

Pollmer, U. et al.: Prost Mahlzeit! Krank durch gesunde Ernährung. Kiepenheuer & Witsch, Köln 2001.

Pollmer, U. u. S. Warmuth: Lexikon der populären Ernährungsirrtümer. Piper, München 2002.

Unklares Gewicht

Holch, C.: Ernährung. Das Fett bleibt dran! www.chrismon.de/ctexte/2003

Pollmer, U. et al.: Prost Mahlzeit! Krank durch gesunde Ernährung. Kiepenheuer & Witsch, Köln 2001, S. 245–287.

Pollmer, U. u. S. Warmuth.: Lexikon der populären Ernährungsirrtümer. Piper, München 2002, S. 167–170.

Yaari, S. u. U. Goldbourt: Voluntary and involuntary weight loss. Amer. J. Epidemiol. 148, 546–555 (1998).
Worm, N.: Diätlos glücklich. Systemed, Lünen 2003.

Riskante Sanierung

Koller, U.: Asbest. http://www.umweltministerium.bayern.de/service/umwberat/ubbasb.html
Krämer, W. u. G. Mackenthun: Die Panikmacher. Piper, München 2001.
Maxeiner, D. u. M. Miersch: Lexikon der Ökoirrtümer. Piper, München 2002.
N. N.: Asbest. http://www.maerkischer-kreis.de/gesund/schadstoffe_asbest.html
N. N.: Fasern/Asbest. http://www.baubiologie-leipzig.de/htm/fase.htm

Gefährliche Strahlung

Deutsches Krebsregister: Stellungnahme des KKR zu Dr. Körblein. http://www.kinderkrebsregister.de/stellungnahme0601.html
Keller, A.: 10 Jahre nach Tschernobyl. Elektrizitätswirtschaft 17/18 (1995).
Maxeiner, D. u. M. Miersch: Lexikon der Ökoirrtümer. Piper, München 2002.
Michaelis, J./P. Kaatsch u. U. Kaletsch: Leukämien im Kindesalter. Dtsch. Ärzteblatt 96, A 918–924 (1999).
Michaelis, J.: Diskussionsbeiträge zur KKW-Studie/Pressemitteilung. http://info.imsd.uni-mainz.de/Michaelis/forum38_1.html
Prause, G. u. Th. v. Randow: Der Teufel in der Wissenschaft. Rasch & Röhring, Hamburg 1985.

Umstrittener Schmutz

Beasley, R. et al.: Worldwide variation in prevalence of symptoms of asthma, allergenic rhinocon junctivitis and atopic eczema: ISAAC. Lancet, 351, 1225–1232 (1998).
ISAAC Phase Two Study Protocol. http://isaac.auckland,ac.nz/Phasetwo/StudProt.html
Maxeiner, D. u. M. Miersch: Lexikon der Ökoirrtümer. Piper, München 2002.
N. N..: Auf dem Weg zur Volkskrankheit des 21. Jahrhunderts. www.regenbogen-apotheke.de/1_volkskrankheit.html
Shirikawa, T. et al.: The inverse association between tuberculin responses and atopic disorders. Science 275, 77–79 (1997).
Wichmann, H. E.: Die Verbreitung von Atemwegssymptomen in Erfurt und Jena. GSF-Jahresbericht 1992.
Wichmann, H. E.: Kindliche Atemwegserkrankungen und Luftschadstoffe. GSF-Jahresbericht 1990.

8. Chemie und Physik

Ein flüchtiger Stoff

Karlson, P.: In: D. Czeschlik (Hrsg.): Irrtümer in der Wisseschaft. Springer, Heidelberg 1987.

N. N.: Stahl, Georg Ernst. http://www.mdr.de/geschichte/personen/143187.html

Prause, G. u. T. von Randow: Der Teufel in der Wissenschaft. Rasch & Röhring, Hamburg 1985.

Thiemann, F. et al.: Luft und Sauerstoff. NiU-Chemie 11, S. 9–12 (2000).

Weller, M.: Die Phlogistontheorie von G. E. Stahl. wysiwyg://29/http://www.mweller.de/privat/zula/gesch/verf03.html

Zankl, H.: Die Launen des Zufalls. Primus, Darmstadt 2002.

Große Teilchen

Brockhaus: Nobelpreise. Chronik herausragender Leistungen. F. A. Brockhaus, Mannheim 2001.

Karlson, P.: Wie und warum entstehen wissenschaftliche Irrtümer? In: D. Czeschlik (Hrsg.): Irrtümer der Wissenschaft. Springer, Heidelberg 1987, S. 1–20.

Müller, M.: Kunststoffe aus Makromolekülen. Bayer AG, Leverkusen 2001.

Trost, W.: Hermann Staudinger – nicht nur als Wissenschaftler ein Vorbild. http://www.hsgerlenbach.de/geschichte/staudinger2.html

Zankl, H.: Molekül des Lebens. in: Die Launen des Zufalls. Primus, Darmstadt 2002, S. 49–53.

Russische Sensation

August, H. J.: Gefärbte Knochen und Polywasser. Wiener Zeitung Lexikon. wysiwyg://92/http://www.wienerzeitung.at

Fölsing, A.: Der Mogelfaktor. Rasch & Röhring, Hamburg 1984, S. 80–85.

Franks, F.: In: R. U. Sexl (Hrsg.): Polywasser. Betrug oder Irrtum in der Wissenschaft? Vieweg, Wiesbaden 1984.

Hiller, B.: Die Polywasser-Affaire. http://home.t-online.de/home/Bernhard.Hiller

Prause, G. u. Th. von Randow: Der Teufel in der Wissenschaft. Rasch & Röhring, Hamburg 1985, S. 261–266.

Umstrittener Ätherwind

Bürgin, L.: Irrtümer der Wissenschaft. Gondrom, Bindlach 1997, S. 59–66.

Collins, H. u. T. Pinch: Der Golem der Forschung. Berlin Verlag, Berlin 1999, S. 41–58.

Prause, G. u. T. von Randow: Der Teufel in der Wissenschaft. Rasch und Röhring, Hamburg 1985, S. 207–209.

Fragliches Ereignis

Brüning, R.: Was sind Gravitationswellen? www.quarks.de/relativ/70602.htm

Collins, H. u. T. Pinch: Der Golem der Forschung. Berlin Verlag, Berlin 1999, S. 115–137.

Danzmann, K.: Ein zartes Zittern. Bild der Wissenschaft 1991/8, S. 80–83.
Heise online: Athlon-Cluster sucht Gravitationswellen. www.ct.heise.de/newsticker/data/as-02. 7. 03–000
Prause, G., u. Th. von Randow: Der Teufel in der Wissenschaft. Rasch & Röhring, Hamburg 1985, S. 251–256.

Starke Kräfte

Bürgin, L.: Irrtümer der Wissenschaft. Gondrom, Bindlach 1998, S. 75–84.
N. N.: Plattentektonik. http://www.geologieinfo.de/plattentektonik
Pauls, M.: Geschichte der deutschen Polarforschung. wysiwyg://12/http://www.awi-bremerhaven.de
Prause, G. u. Th. von Randow: Der Teufel in der Wissenschaft. Rasch & Röhring, Hamburg 1985, S. 193–195.

Register